바다의 제왕

바다의 제왕

두족류, 5억 년의 비범한 진화 이야기

대나 스타프 지음 | 박유진 옮김

뿌리와
이파리

나란 매크로콘치와 짝을 이룬

마이크로콘치 앤톤에게

두족류는 예사롭지 않은 가용 수단을 갖춘 만큼
바다의 제왕이 될 만했다. 그리고 실제로 그렇게 되었다.

—자크이브 쿠스토와 필리프 디올레,
『문어와 오징어: 지적인 연체동물Octopus and Squid
: The Soft Intelligence』

차례

머리말

왜 하필 오징어인가?

인류가 출현하기 한참 전에 우리 지구는 이상하고 무시무시한 동물들이 지배했다. 그중 일부는 몸집이 거대해졌는데, 지구상에 나타났던 동물 가운데 가장 큰 축에 들었다. 영광스러운 4억 년 동안 그들은 다양하게 진화해 게걸스러운 포식자에서 얌전한 부식자에 이르기까지 온갖 생태적 지위를 차지했으나, 얼마 후 전 지구에 대재앙이 닥치는 바람에 멸종되다시피 했다. 그들의 후손 가운데 보잘것없는 몇몇만 살아남아 지금 우리 곁에 있다.

물론 두족류頭足類, cephalopod 얘기다.

공룡 얘기를 하고 있었을 법도 하지만, 작은 힌트가 하나 있었다. 바로 해당 동물들의 지배 기간이 엄청나게 길었다는 점이다. 공룡은 두족류만큼 오래도록 존속하지 못했다. 그래도 사람들은 대부분 공룡은 어느 정도 알지만, 두족류는 들어본 적이 없다. (미국에서는 'cephalopod'를 읽을 때 첫 음절에 강세를 주며 '세펄러파드[séfələpàd]'라고 발음한다. 영국과 유럽에서는 어원이 고대 그리스어라는 점을 존중해 'c'를 거센소리로 간주하여 '케팔로포드[kéfalopòd]'라고 발음하기도 한다.) 심지어 그 별난 동물이 눈과 귀에 익은 사람들도 십중팔구는 현존하는 두족류인 오징어와 문어만 알 뿐, 오래전에 멸종된 조상은 알지 못한다. 나조차도 꽤 오랫동안 그런 처지였다.

내가 두족류를 처음 만난 것은 열 살 때 가족여행을 하면서였다. 캘리포니아주 몬터레이 베이 수족관에서 나는 대왕문어giant Pacific octopus(정식 명칭은 그냥 '문어'다—옮긴이)의 일렁거리는 피부, 꿈틀거리는 팔, 친밀감 드는 눈을 보며 넋을 잃고 서 있었다. 집으로 돌아오자마자 아버지의 자상한 도움으로 중고 해수 어항을 구한 나는 학교에서 '문어 키우는 여자애'로 알려지게 되었다.

나는 그 놀라운 동물에 관한 정보를 닥치는 대로 습득했다. 1990년대에 그랬다는 말은 도서관에서 해양 생물 관련 서적을 빌려 두족류가 언급된 한두 페이지를 탐독했다는 뜻이었다. 오직 두족류만 다룬 책은 딱 한 권밖에 찾지 못했다. 자크이브 쿠스토와 필리프 디올레가 쓴 『문어와 오징어: 지적인 연체동물』이라는 책이었다.[1] 바로 그 책에서 나는 두족류가 오래전에 '바다의 제왕'이었다는 말을 처음 접했다.

그런 새로운 정보를 접하기가 무섭게 여러 가지 의문이 일어났다. 문어와 오징어는 언제 바다를 지배했을까? 그들의 왕국은 어떤 모습이었을까? 그 왕국은 왜 더이상 존재하지 않을까? 하지만 쿠스토는 그런 의문을 푸는 일은 제쳐두고, 언제나 흥미진진한 현생 두족류 탐구로 돌아갔다. 그래서 나도 똑같이 했다.

나는 스쿠버 다이빙을 배웠고(이번에도 아버지 덕분이었다. 아버지가 나와 함께 배워주어 든든했다.) 해양 생물학 수업도 기회 닿는 대로 모조리 들었다. 그리고 11년 만에 몬터레이로 돌아갔는데, 그때 나는 스탠퍼드 대학교 홉킨스 해양 연구소의 대학원생이었다. 해양 생물학자들 말고는 그 연구소—미국에서 두 번째로 오래된 해양 연구소—를 들어본 사람이 거의 없지만, 그곳은 유명한 몬터레이 베이 수족관과 이웃하며 협력하는 사이다.

홉킨스 연구소에서 나는 6년 동안 훔볼트오징어의 생식 습성을 연구했다. 그러면서 배 모는 법과 그물 던지는 법을, 캘리포니아에서 릴낚시 하는 법을, 멕시코에서 100미터 낚싯줄로 손낚시 하는 법을 배웠다. 세라믹 칼로 오징어 피부를 종이보다 얇게 써는 법, 수십 년 치 데이터를 입력하면 도표를 출력하는 컴퓨터 프로그램을 작성하는 법도 배웠다. 그리고 오징어에 관한 최신 과학을 누구에게 설명해주는 일은 아무리 해도 질리지 않지만 과학 지식을 직접 생산하는 일에는 종종 싫증이 난다는 사실도 깨달았다. 그래서 6년 후 나는 과학 지식 생산보다 과학 소통이 적성에 맞는다고 확신하며 박사 학위를 가지고 몬터레이를 떠났다.

그러는 사이에 훌륭한 두족류 책이 몇 권 출간되었지만,[2] 그 동물들이 바다의 제왕으로 군림했던 전성기를 다룬 책은 한 권도 없었다. 나는 두족류의 옛 왕국에 관해 어릴 적부터 품어왔던 의문을 풀어보려 할 때마다 또다시 한두 페이지만 탐독하게 되었는데, 그때 읽은 책들의 주제는 선사시대 생물이었다. 그리고 이 말은 대체로 그 책들의 주제가 공룡이라는 뜻이었다. 전형적인 공룡 책에서는 생물이 바다에서 진화해 여러 흥미로운 형태로 다양화한 후 마침내 육지로 진출하는 과정을 서둘러 설명한 다음 거기서부터 이야기를 '본격적으로' 시작한다.

그런 편향은 충분히 이해할 만하다. 누구나 공룡을 좋아한다. 트리케라톱스*Triceratops* 인형을 가지고 노는 아이들부터 〈쥬라기 공원Jurassic Park〉 시리즈를 즐겨 보는 어른들까지 다 그렇다. 나도 예외가 아니다. 아주 오래된 학창 시절 추억 중 하나는 초등학교 2학년 때의 일이다. 반 친구들과 함께 『티라노사우루스는 사나운 짐승이었어요Tyrannosaurus Was a Beast』라는 시집[3]을 읽다가, 거기서 시를 한 편 골라 외워 오라는 흥미진진한 숙제를 받았다. 나는 「디플로도쿠스Diplodocus」라는 시를 골랐는데, 그다지 흥미진진하지 않은 연 하나가 지금까지도 머릿속에 아로새겨져 있다. "옛날 옛적에 디플로도쿠스는 터벅터벅 걸어갔어요, 디플로도쿠스는 터벅터벅 걸어갔어요."

공룡 사랑이 우리 문화(특히 아동기 문화) 속에 워낙 깊이 자리잡고 있다 보니, 항상 이랬다고 생각하기 쉽다. 하지만 사실상 20세기 전반기 내내 공룡은 느리고 멍청하며 재미없는 동물로 여겨졌다. 대중뿐 아니라 다름 아닌 공룡 연구자들조차 그렇게 생각했다. 그러다 1960년대 말에 예일 대학교의 전설적인 고생물학자 존 오스트롬이 데이노니쿠스*Deinonychus*를 발견하고서 그 공룡이 민첩하고 활동적이며 에너지 넘쳤다고 평했는데, 이는 통념과 완전히 반대되는 생각이었다.[4] 오스트롬의 제자 밥 배커는 데이노니쿠스 못지않게 민첩하고 활동적이며 에너지 넘칠 뿐 아니라 말솜씨와 그림 실력도 뛰어난 인물로, 스승의 작은 혁명을 '공룡 르네상스'[5]라 부르며 옹호하게 되었다. 그처럼 공룡을 새롭게 바라보는 관점은 1970년대와 80년대 내내 기세가 커졌으나, 예전의 '터벅터벅' 관점도 「디플로도쿠스」란 시에서처럼 간간이 나타났다.

오스트롬은 현생 조류가 잔존하는 공룡이라며 티라노사우루스와 트리케라톱스 같은 고대 공룡을 '비非조류 공룡'이라 불러야 마땅하다고 제창했다. 배커는 사회적 행동이 복잡한 온혈 비조류 공룡들의 모습을 보여주었는데, 그런 모습은 나중에 영화 〈쥬라기 공원〉 시리즈에서 묘사되기도 했다. 공룡이 정말 매혹적이라는 것은 내가 감히 이의를 제기할 만한 관점이 아니다.

그런데 말이다.

두족류의 화석기록은 훨씬 예전인 5억 년 전으로 거슬러 올라간다. 공룡 화석은 고작 2억 3000만 년밖에 되지 않았다. 두족류 화석기록은 지구 역사상 가장 극적인 멸종을 이해하는 데 도움이 된다(유성 충돌이 유발한 백악기 대멸종보다도 극적인 멸종이었다). 두족류 화석기록은 매우 기이하면서도 아름다운 암석의 형태로 남기도 하는데, 사람들은 그런 형태를 뱀, 탑, 물소 등등 여러 가지로 해석해왔다. 그리고 각각의 두족류 화석에는 배아에서 성체에 이르기까지 해당 동물의 생활사가 희한하게 요약되어 있으므로, 그들의 화석기록은 진화의 매우 까다로운 수수께끼 가운데 일부를 푸는 데 도움이 될지도 모른다.

게다가 고대 두족류는 공룡과 여러 가지 흥미로운 특징을 공유한다. 그중 하나는 몸집이 엄청나게 크다는 점이다. 화석으로 남은 가장 긴 두족류 껍데기는 길이가 6미터에 이른다. 가장 큰 공룡의 (어마어마한 길이와 맞먹지는 않지만) 키와 맞먹는 수치다. 생전에 그런 두족류는 촉완(觸腕, 촉수觸手)을 뻗으면 몸길이가 몇 미터씩 늘어나기도 했을 것이다. 그리고 두족류가 바다를 지배한 것은 공룡의 조상이 육지로 기어 올라오기도 한참 전이었지만, 이들 두 거대한 집단의 마지막 멸종은 묘하게도 동시에 일어났다.

나의 멋진 비밀이 여기 있다. 고대 두족류에 관한 가용 정보가 도서관 책장에는 별로 없을지 몰라도 전문 학술지에는 가득 들어 있다. 두족류를 연구하는 고생물학자들은 새로 발견하고 해석한 바를 해마다(체감상으로는 달마다!)『악타 팔라이온톨로지카 폴로니카Acta Palaeontologica Polonica』와 『레타이아Lethaia』같은 전문지에 싣는다. 나는 그 연구자들 중 몇몇을 학창 시절에 만났는데, 그들은 친절하게도 나를 다른 두족류 권위자들에게 인도해주었다. 나는 그런 전문가들과 인터뷰한 내용을 이 책의 여러 부분에서 인용할 것이다. 일본, 독일, 포클랜드제도, 솔트레이크시티 등 세계 곳곳에서 연구자들은 열정을 쏟아 시간을 거슬러 올라가며 고대 수중 세계를 이해하려 애쓰고 있다. 두족류가 르네상스를 구가하기에 이보다 좋은 때는 없었다.

안타깝게도 'cephalopod'(두족류)라는 이름 자체가 큰 걸림돌이다. 그 이름은 'dinosaur'(공룡)만큼 귀에 착착 감기지 않는다. 영미권에서는 라틴어를 제대로 배우지 않은 어린아이들도 'dinosaur'를 '무서운 도마뱀'(terrible lizard)으로 풀이할 줄 안다. 'cephalopod'는 대체 무슨 뜻일까? 오징어를 애피타이저 삼아 '머리에 다리 달린 동물들'의 별나지만 멋진 세계로 들어가 보자.

머리에 다리 달린
동물들의 세계

제트 추진으로 헤엄치다 공중을 날기도 하는 오징어, 진줏빛으로 아롱지며 탄력도 넘치는 오징어는 참으로 경이로운 자연의 산물이다. 그들은 빠르다. 올림픽 챔피언보다 두 배로 빨리 헤엄치고, 눈 깜박할 사이에 촉완을 내뻗고, 그야말로 생각의 속도로 겉모습을 바꿀 수 있다. 그들은 화려하다. 어떤 종은 다리 끝의 발광부로 먹이를 유인하고, 어떤 종은 먹물을 내뿜어 자화상을 그린다. 또 그들의 피부는 선명한 빨간색에서 진줏빛 파란색에 이르기까지 온갖 색깔을 만들어낸다.

하지만 사람들은 대부분 오징어를 잘 모른다. 우리는 보통 신화나 미식이라는 색안경을 끼고 오징어를 보며 그 경이로운 동물들의 역할을 무서운 크라켄(북유럽 전설에 나오는 바다괴물―옮긴이)이나 맛있는 식재료로 한정한다.

당신이 첫째 부류라서 밤에 쥘 베른의 『해저 2만 리』나 피터 벤츨리의 『버뮤다의 공포』 같은 이야기 속 장면 때문에 잠 못 들고 있다면, 마음 놓고 눈을 붙여도 된다. 대왕오징어giant squid는 12미터 가까이 자라기도 하지만 8미터짜리가 훨씬 흔하고, 그런 몸길이의 대부분은 가느다랗고 신축성 있는 촉완이 차지한다. 게다가 믿을 만한 기록 중에는 오징어가 얼마나 크냐를 떠나 배를 위험에 빠뜨리거나 사람을 죽였다는 이야기가 전혀 없다.

한편 당신이 오징어에 대해 아는 것이 오징어 튀김과 오징어 회덮밥 중 무엇이 자기 입맛에 더 맞는지뿐이라면, 당신만 그런 게 아니다.

헤엄치는 단백질바

오징어와 맞닥뜨리는 동물들은 거의 다 오징어를 먹어보려 한다. 심지어 곰과 늑대도 어쩌다 오징어가 해변으로 떠밀려 와 있으면 주워 먹는다고 알려졌다.

그 불쌍한 것들은 맛있게 태어났다. 오징어는 새끼를 엄청나게 많이 만든다. 새끼 수가 종에 따라 수백 마리에서 수십만 마리에 이르는데, 그중 대다수는 성체가 되기 전에 잡아먹힌다. 알에서 깨어난 새끼들은 손톱보다 작다. 그래서 새끼 오징어의 첫 포식자들 또한 작다. 바로 새끼 물고기와 수생벌레다.

하지만 오징어는 빨리 자란다. 살아남은 새끼들은 며칠 내지 몇 주 만에 판을 뒤집는다. 한때 적이었던 동물들을 먹고 살이 오른 오징어는 바다표범과 바닷새, 상어와 고래 같은 더 큰 포식자들의 관심을 끌기 시작한다. 그들의 오징어 섭취량은 상상을 초월한다. 언젠가 과학자들이 사우스조지아섬의 코끼리물범elephant seal 60마리를 위세척해서 보니 오징어가 내용물 무게의 96.2퍼센트를 차지했다.[1] 과학자들의 추산에 따르면 그 섬의 코끼리물범 개체군은 오징어와 문어를 해마다 230만여 톤씩 먹어치운다.[2] 한편 향유고래 한 마리는 오징어를 '날'마다 700~800마리씩 먹을 수 있다.

오징어 팔자 참 기구하다. 하지만 그 덕분에 영광스럽게도(?) 오징어는 '생태계 핵심종ecological keystone'이라 불린다. 그들은 아주 작게 시작해서 아주 빠르게 자라 아주 커지다 보니 온갖 크기의 해양 포식자들에게 풍부한 먹잇감이 된다. 한 가지 먹이가 모두에게 맞는다는 의미에서 '만능one-prey-fits-all' 해결책인 셈이다. 이렇듯 여러 종의 오징어는 생물학적 컨베이어 벨트 역할을 하여 에너지를 아주 작은 플랑크톤에서부터 최상위 포식자에게까지 옮긴다. 인간도 거기 포함된다.

오징어와 그들의 친척인 문어, 갑오징어가 인간에게 잡아먹힌 것은 아마 인간이 바다 근처에 살기 시작했을 때부터 줄곧 벌어져온 일일 터이다. 하지만 지난 몇십 년 동안 오징어 어업은 전례 없는 호황을 맞았는데, 이는 얼마나 많은 오징어가 인간 이외의 동물들에게 이미 잡아먹히고 있는지를 사람들이 깨달았기 때문이었다. 전후 상황을 좀 설명하자면, 세계 최대 규모의 어업에서는 페루멸치Peruvian anchoveta를 포획 대상으로 삼는다. 페루멸치는 주로 어분과 어유를 만드는 데 쓰이는 작은 물고기다. 2014년에는 300만여 톤의 페루멸치가 인간에게 잡혔다.[3] 이를 '한 섬에서' 코끼리물범에게 잡힌 오징어가 200만여 톤이라는 사실과 비교해보라. 과학자들의 추산에 따르면 1980년대에는 고래, 바다표범, 바닷새에게 잡아먹힌 오징어의 양이 전 세계 모든 어선단의 총포획량(포획한 물고기, 오징어 등 온갖 수산물의 총량)보다 많았다.[4]

인류의 기벽을 익히 아는 사람들에게는 그런 정보 때문에 우리가 바다에서 오징어를 훨씬 많이 잡아 올리게 되었다는 사실이 놀라운 일이 아닐 것이다.

세계 곳곳의 대규모 어업에서는 보통 참치, 대구, 청어 같은 어류를 포획 대상으로 삼는다. 하지만 일부 어업에서는 다른 종류의 해양 동물들을 노리는데, 그중 포획 규모가 가장 큰 대상은 중남미 연안의 훔볼트오징어 Humboldt squid다. 2014년에는 훔볼트오징어가 100만 톤 넘게 잡혔다. 그밖의 어떤 비非어류, 이를테면 새우, 바닷가재, 전복 따위보다도 훨씬 많이 잡힌 것이다. 폭발적 성장이었다. 훔볼트오징어잡이는 1965년에야 시작됐

그림 1.1 훔볼트오징어는 2미터까지 자라고 알을 수백만 개 낳기도 한다. 이들은 몸집도 크고 개체 수도 풍부해서 세계 최대 규모의 무척추동물 어업을 지탱해준다. (사진 출처: Carrie Vonderhaar, Ocean Futures Society)

는데, 당시 그 오징어의 포획량은 100톤에 불과했다. (코미디언 크리스 록과 작가 J. K. 롤링도 1965년에 태어났다. 두 사람의 성공과 훔볼트오징어 어업의 성공을 비교하는 일은 독자 몫으로 남겨두겠다.) 훔볼트오징어잡이 열풍은 여러 종류의 오징어에 대한 어업계의 관심이 지난 몇십 년 동안 전반적으로 증가했음을 보여주는 대표 사례다. 단백질에 대한 세상의 갈망이 커지는 것은 세계 인구 증가와 궤를 같이하는데, 앞서 언급한 참치, 대구, 청어 같은 어종을 잡는 여러 오래된 어업에서 포획량을 늘리기가 아무래도 힘들어지자 사람들은 오징어로 관심을 돌리기 시작했다.

오징어가 인간 포식자에게나 비인간 포식자들에게나 그토록 매력적인 이유는 크고 단단한 부위, 즉 이렇다 할 만한 뼈나 껍데기가 없기 때문이다. 물론 바다에는 오징어 말고도 뼈나 껍데기가 없는 동물들이 많지만, 그중 대다수는 젤라틴성으로 수분 함량이 95퍼센트에 이른다. 반면에 오징어는 실한 근육질이어서 훨씬 영양가 높은 먹을거리가 된다.[5]

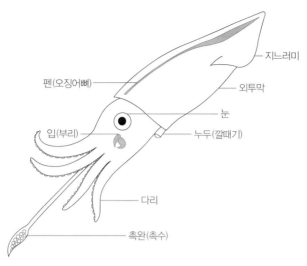

펜(오징어뼈)

지느러미

외투막

눈

입(부리)

누두(깔때기)

다리

촉완(촉수)

그림 1.2 사람 눈에는 오징어 몸이 기괴해 보인다. 머리에 다리가 붙어 있질 않나, 반대편 끄트머리에 지느러미가 달려 있질 않나. 빨판(흡반)과 분사구 같은 누두는 말할 나위도 없다. 하지만 오징어에게는 문제 될 것이 없다. (그림 출처: C. A. Clark)

당신이 오징어를 먹어보았다면, 아마도 당신이 먹은 부위는 외투막일 것이다. 외투막은 오징어의 몸통에 해당하는 두툼한 튜브 모양의 막이다. 살아 있는 오징어에서 외투막의 한쪽 끝부분은 빈틈없이 막힌 상태이며, 날개처럼 하늘거릴 수 있는 유연한 지느러미 두 개로 장식되어 있다. 다른 쪽 끝부분은 바닷물이 들어올 수 있도록 열려 있다. 오징어는 그 부분으로 물을 빨아들였다가 누두(漏斗: 깔때기)로 뿜어내어 그 반동으로 바닷속에서 나아가기도 하고 공중으로 뛰어오르기도 한다. (모든 오징어가 날 수 있는 것은 아니지만, 날 줄 아는 오징어들은 수면에 닿기 전까지 공중에서 이동하는 거리가 50미터에 이르기도 한다.)

오징어 외투막에는 세상에서 가장 큰 신경 세포가 들어 있다. 오징어들은 수천 년간 포식자를 피해 달아나는 데 그 세포를 이용해왔고, 과학자들은 80년간 현대 신경 과학의 대부분을 설명하는 데 그 세포를 이용해왔다. 1930년대에 영국 과학자 앨런 호지킨과 앤드루 헉슬리는 오징어의 거대한 신경 세포(포유류의 가장 큰 신경 세포보다 50배로 더 크다)에 바늘을 찔러 넣는 방법을 알아내어, 모든 신경이 정보 전달에 사용하는 전기 신호를 최초로 측정했다.[6] 보완 연구에 힘쓴 오스트레일리아 과학자 존 에클스와 함께, 호지킨과 헉슬리는 1963년에 노벨상을 받았다. 그때부터 연구자들은 우리 뇌의 신경 세포처럼 훨씬 작은 신경 세포에서 전기 신호를 측정하는 기술을 개발해왔다. 그들에게 연구 방향을 알려준 것은 바로 오징어였다.

오징어도 뇌가 있다. 하지만 오징어 뇌는 반구 두 개로 이뤄진 형태가 아니라 세 부분으로 되어 있다. 왼쪽 눈 뒤의 시엽視葉, optic lobe 하나, 오른쪽 눈 뒤의 또 다른 시엽 하나, 두 시엽 사이의 별난 도넛형 신경 조직 하나. 그 도넛 구멍을 지나 뻗어 있는 기관이 오징어의 식도다. 식도는 입에서 외투막 내부로 들어가는 최단 경로인데, 바로 그 외투막 내부에 위를 비롯한 각종 장기가 있다. 그러나 다들 짐작하시겠지만, 뇌를 통해 먹이를 삼키는 데엔 위험이 따른다. 오징어는 한입 한입이 구멍을 통과할 만큼 작은지, 날카로운 뼈가 있지는 않은지 꼭 확인해야 한다. 오징어의 입을 둘러싼 다리와 촉완들이 그 조심스러운 식사 과정에서 큰 도움이 된다.

오징어와 그 친척들은 모두 부속지附屬肢, appendage(몸통에 가지처럼 붙어 있는 부위-옮긴이)가 머리에 달려 있다는 해부학적 특징을 공유한다. 바로 거기서 'cephalopod'(두족류)라는 이름이 생겨났다. 'cephalopod'는 '머리-발'이란 뜻의 그리스어를 영어식으로 바꾼 말이다. 문어는 다리만 여덟 개 있지만, 오징어는 다리 여덟 개와 촉완 두 개가 있다. 다리와 촉완의 차이점은 해당 영어 단어를 보면 기억하기 쉽다. 'arm'(다리)은 'tentacle'(촉완)보다 짧다. 우리 인간도 팔다리가 있는데, 두족류의 다리와 인간의 팔다리는 길이가 늘 그대로라는 다행스러운 특징을 공유한다. 반면에 두족류의 촉완은 징그러울 정도로 신축성이 좋고, 사용하지 않을 땐 안쪽 주머니 속으

로 움츠러든다.[*]

두족류 다리는 빨판이 다닥다닥 붙어 있다는 점에서 우리 팔다리와 좀 다르긴 하다. 촉완에서 신축성이 있는 부분에는 빨판이 하나도 없다. 거기에 빨판이 있으면 촉완이 늘어나는 데 방해될 것이다. 그 대신 촉완의 끄트머리에는 먹이를 붙잡을 수 있도록 폭이 넓고 빨판으로 뒤덮인 '촉완 장부觸腕掌部, tentacular club'가 있다.

가령 오징어가 물고기를 봤다고 하자. 오징어는 몇백 분의 1초 만에 두 촉완을 내뻗는다. 그리고 넓죽한 촉완 장부의 빨판으로 물고기를 붙잡아 자기 머리 쪽으로 홱 끌어당긴다. 그다음에는 빨판이 다닥다닥 붙은 여덟 다리로 먹이를 감싸 안고서 매부리 같은 입으로 먹이의 척수를 끊어버린다. 이어서 오징어는 먹이를 한입씩 베어 물고 '치설齒舌, radula'이라는 까끌까끌한 혀를 써서 삼키며 자기 뇌가 가시에 찔리지 않도록 조심한다.

오징어는 물고기를 먹을 때 날카로운 뼈를 곧잘 발라낸다. 그리고 여느 포식자와 마찬가지로 뼈가 없는 '다른 오징어'를 잡아먹는 일도 서슴지 않는다. 그렇다, 오징어들은 대부분 기회만 닿으면 동족도 얼마든지 잡아먹는다. 어느 정도인가 하면, 심해에 사는 어떤 종은 동족 포식이 섭식 행동의 42퍼센트를 차지한다고 한다.[7]

여러 동물들이 오징어를 즐겨 먹는다는 점을 고려해보면 이런 의문이 들 만하다. 왜 오징어는 마찬가지로 근육질이지만 방어 장비를 더 잘 갖춘 대합조개와 홍합 같은 친척들의 합리적 예방 조치를 취하지 않았을까? 왜 자신의 감미로운 살을 단단한 껍데기로 보호하지 않았을까?

실은 오징어도 그렇게 했다.

---

[*] 사전적 의미에 따르면 촉완과 촉수는 동의어로 봐도 무방하지만, 실제로 촉완이라는 말은 오징어류와 관련해서만 쓰이는 경향이 있다. ─옮긴이

오징어의 계통수

오징어는 문어와 갑오징어의 가까운 친척이고, 앵무조개의 비교적 먼 친척이며, 달팽이와 조개의 훨씬 먼 친척이다. 물론 방금 '문어'라는 단어를 썼으니 해묵은 문제 하나를 짚고 넘어가야겠다. 영어 'octopus'(문어)의 복수형은 'octopuses'일까 'octopi'일까? 그것도 아니면 'octopodes'일까?

어느 쪽이든 가장 마음에 드는 형태를 쓰면 된다. 정말이다. 당신이 무슨 말을 들었든지 간에 'octopus'는 고대 그리스어도 아니고 고대 라틴어도 아니다. 아리스토텔레스는 그 동물을 '발이 많다'는 뜻에서 'polypous'라고 불렀다. 고대 로마인들은 그 단어를 빌려 와 철자를 라틴어화해 'polypus'로 바꿨다. 그러다 한참 뒤 르네상스기가 되어서야 과학자들이 '여덟'과 '발'이란 뜻의 그리스어 어근들을 쓰되 라틴어 철자법을 적용해 'octopus'란 단어를 만들고 널리 퍼뜨렸다.

그 단어가 진짜 그리스어였다면 단수형은 'octopous'이고 복수형은 'octopodes'였을 것이다. 이를 라틴어로 바꿨다면 단수형은 'octopes'이고 복수형은 'octopedes'였겠지만, 아마도 고대 로마인들은 그냥 그리스어 단어를 차용했을 것이다. 'polypus'의 경우에서처럼 말이다. 고대 로마에서는 다양한 사람들이 'polypus'의 복수형을 다양한 형태로 썼다. 뭔가 좀 유식해 보이고 싶었던 사람들은 그리스어 복수형인 'polypodes'를 썼지만, 어떤 사람들은 라틴어 접미사를 선호하여 복수형을 'polypi'로 썼다.

영미권에서 후자의 방식을 모방하는 경우에는 'octopus'를 영어로 받아들여 복수형을 'octopuses'로 쓰는데, 나도 그렇게 하기로 했다.[8]

'nautilus'(앵무조개)에 대해서도 거의 똑같은 이야기를 할 수 있다. 고대 그리스어 'nautilos'는 '뱃사람'이란 뜻이었다. 이 경우에도 근대에 와서야 과학자들이 그 단어를 라틴어화하여 해당 동물을 'nautilus'로 명명했다. 무슨 이유에선지 'nautili'가 'octopi'보다 대중성이 훨씬 낮다 보니 우리는 거의 매번 'nautiluses'라는 복수형을 접하게 된다.

'squid'(오징어)와 'cuttlefish'(갑오징어)라는 단어는 덜 편향적이어서 단수형으로도 아주 많이 쓰이고 복수형으로도 아주 많이 쓰인다. 경우에 따라선 단일 종의 오징어 여러 마리는 'squid'라 하고 여러 종의 오징어 여러 마리는 'squids'라 하는 게 좋을 수도 있으나, 이 책에서는 그렇게 구별해서 쓸 필요가 없을 것 같았다.

이제 그 문제는 정리했으니, 물렁하고 끈적하며 질척한 '연체동물mollusk'이라는 무리 전체를 살펴보자. 여기에는 두족류와 그 친척들도 모두 포함된다. ('mollusk'는 '부드럽다'는 뜻의 라틴어에서 유래한다. 고대 로마인들이 같은 단어를 '물렁하다'는 뜻이나 '끈적하다'는 뜻으로도 썼을지 궁금하지 않은가?) 연체동물의 몸은 크게 두 부분으로 나뉜다. 하나는 근육질의 발이고, 또 하나는 분비물로 껍데기를 만드는 외투막이다. 시인들이 한 가지 운문 형식으로 저마다 다른 즉흥시를 짓듯, 연체동물들도 한 가지 체제體制, body plan(몸 구조의 기본 형식─옮긴이)를 저마다 다른 생활 방식에 맞게 조정해왔다. 달팽이는 나선형 껍데기를 등에 진 채 점액을 분비하며 발로 기어가고, 조개는 발로 진흙을 파고 들어가 한 쌍의 껍데기 속에 숨는다. 오징어는 발을 다리와 촉완으로 분화시키고 외투막을 제트 추진용으로 개조하며 껍데기 생성 능력을 떨쳐버렸다.

하지만 원시 두족류는 사실상 껍데기로 특징지어졌다. 그들의 조상은 결코 달팽이가 아니지만 생김새와 행동 양식이 달팽이와 흡사한 동물로, 바다 밑바닥에서 무거운 집을 짊어지고 기어다녔다. 그러다 그 유사 달팽이들 가운데 일부가 별난 짓을 했다. 당시 나머지 동물들이 모두 계속해서 해저에서 굴을 파거나 기어다니거나 천천히 부유할 때, 현생 오징어의 아득히 먼 조상들은 껍데기를 기체로 채워 물을 가르며 떠올랐다.

그들은 헤엄 속도가 느렸지만, 빨리 헤엄칠 필요가 없었다. 해저 뷔페에서 전투 비행선처럼 유유히 돌아다니며 느긋하게 사냥감을 고르면 되었다.

공룡이 처음 나타나기 2억 5000만 년 전에 두족류는 지구의 최상위 포식자가 되었는데, 이는 모두 부력이 있는 껍데기 덕분이었다.

시간이 지나면서 두족류 계통은 크게 세 갈래로 나뉘었다. 앵무조개류 nautiloid, 초형鞘形류coleoid, 암모나이트류ammonoid. 접미사 '-oid'는 동물에게 학명을 붙일 때 흔히 쓰인다. 어감이 조금 우스꽝스럽긴 하지만 중요한 말이다. 화자가 해당 동물 무리 전체에 대해 이야기하고 있음을 알려주는 말이기 때문이다. 예를 들어 'nautiloid'는 멸종된 수백 종에서 현존하는 몇몇 종—오늘날 유일하게 껍데기가 있는 두족류—에 이르기까지 해당 계통에 속하는 모든 종을 가리킨다.

앵무조개가 있는 흔치 않은 수족관에 가본 사람이 아니라면, 살아 있는 앵무조개는 한 번도 본 적이 없을 것이다. 앵무조개 껍데기야 많이들 봤겠지만. 호랑이 줄무늬가 있는 온전한 껍데기를 봤을 수도 있겠고, 내면의 진주층이 보이도록 겉면을 갈아놓은 껍데기를 봤을 수도 있겠고, 멋진 나선형을 보여주려고 반으로 잘라놓은 껍데기를 봤을 수도 있겠다. 앵무조개 껍데기가 워낙 아름답다 보니 사람들은 그런 껍데기를 물속에 있는 상태로 내버려 두질 못하는 것 같다. 앵무조개 껍데기를 수집하려는 사람들의 강렬하고 고삐 풀린 욕구 때문에 앵무조개가 살아남지 못하면 어쩌나 하는 우려가 수십 년간 커진 끝에, 2016년 한 국제회의에서 마침내 앵무조개 껍데기 거래를 감시하며 통제하기로 합의했다. 과학자들은 멸종위기종의 국제 거래에 관한 협약Convention on International Trade in Endangered Species(사자와 코끼리처럼 유명한 멸종위기종을 보호하는 바로 그 협약)에 따른 그런 조치로 아주 오래된 앵무조개류 계통이 때 이른 가지치기를 당하지 않고 보호받길 바란다.

그 계통은 정말 아주 오래되긴 했지만, 오늘날 우리가 아는 앵무조개 종도 더 포괄적인 앵무조개류 무리도 두족류의 여명기까지 거슬러 올라가진 않는다. 여기에는 약간 헷갈리는 부분이 있어왔다. 이는 현생 앵무조개의

그림 1.3 현생 앵무조개의 껍데기를 자르면 로그 나선이 나타난다. (사진 출처: Wikimedia Commons user Chris 73)

껍데기가 외관상 고대 두족류의 껍데기와 비슷해 보이는 데다 앵무조개가 종종 살아 있는 화석이라 불리기도 하기 때문이다. 오랫동안 전문 고생물학자들마저도 '앵무조개류'를, 명백히 여타 무리에 속하지 않는 온갖 두족류를 총칭하는 포괄적 용어로 사용했는데, 물속에서 떠돌던 달팽이 닮은 시조까지 거기에 포함시켰다.

그러나 껍데기가 초기 화석과 비슷하긴 해도 오늘날의 앵무조개는 자기만의 현대적 특성을 발달시켜왔다. 그들의 머리에는 촉수가 여덟 개도 아니고 열 개도 아니고 60~90개쯤 달려 있다. 촉수 개수는 같은 종끼리도 다를 수 있다. 더 혼란스럽게도, 앵무조개의 촉수는 신축성도 없고 빨판도 없다. 그 대신 각각의 촉수는 보호초保護鞘, protective sheath라는 칼집 모양 구조물에서 길고 가늘며 끈적한 부분을 내밀었다 움츠렸다 할 수 있는 형태로 되어 있다. 게다가 앵무조개는 진화 과정 중 어느 시점에 맨 위의 두 촉수가 커지면서 하나로 합쳐져 머리덮개hood가 된 듯하다.[9] 이쯤 되면 누군가는 두 손 들고 차라리 단순한 발이 하나씩만 달린 달팽이를 연구하고 싶어질 만도 하다.

하지만 두족류의 부속지가 실은 발이 변형된 것이라는 점을 잊지 말자. 어린 오징어와 앵무조개가 알 속에서 발생하는 과정을 관찰해보면 그 연관성을 쉽게 알아차릴 수 있다. 인간 배아가 우리 진화사 속의 꼬리를 간직하듯, 두족류 배아는 결국 다리 아체芽體, bud 열 개로 분화하는 단 하나의 발로 연체동물의 유산을 자랑한다. 심지어 앵무조개의 배아도 다리가 열 개인 단계를 거친 다음, 그 아체가 더욱더 분화하는 단계로 넘어간다.[10] 그렇다면 원시 두족류는 물론이고 아마 원시 앵무조개류도 모두 다리가 열 개였을 것이다. 앵무조개류의 촉수가 결국 굉장히 많아진 것은 나중에 그 동물들의 진화 과정에서 미지의 선택압selective pressure이 작용했기 때문이다.

이제 고생물학자들은 두족류 역사의 첫 몇백만 년 동안 진짜 앵무조개류는 존재하지 않았다고 확신하는 편이다. 그 시기에는 이름을 발음하기도 힘든 플렉트로노케리드plectronocerid, 엘레스모케리드ellesmocerid, 오소케리드orthocerid 같은 동물들로 여러 가지 진화 실험이 진행되고 있었을 뿐이다(이 이름들은 곧바로 잊어버려도 좋다). '앵무조개류'란 용어는 결국 현생 앵무조개를 움트게 한 갈래를 가리키는 말로 쓰여왔는데, 그 갈래가 생겨난 것은 초창기의 저런 괴짜들 중 상당수가 이미 멸종된 후였다. 그러므로 앵무조개류 계통은 분명히 매우 오래되긴 했지만, '맨 처음'까지 거슬러 올라가지는 않는다.

사실 앵무조개류는 최초의 초형류와 암모나이트류보다 조금 더 오래되었을 뿐이다(어디까지나 지질학적 기준에 따르면 그렇다는 말이지만). 초형류와 암모나이트류가 진화한 것은 고생대의 신흥 강자인 어류와의 경쟁에 대한 반응, 어류의 포식 활동에 대한 반응인 듯하다. 대략 1억 년 동안 어류를 닮은 작고 기괴한 몇 가지 동물들이 별다른 반향을 일으키지 못한 채 요리조리 쏘다니고 있었는데, 진짜 어류가 진화하면서 해양 생태계의 판도가 뒤바

꿰었다. 어류는 가장 큰 두족류보다 몇 배로 더 크게 자라기도 했고, 헤엄속도도 훨씬 빨랐으며, 턱으로 껍데기를 부수기도 했다. 뼈 많은 그 신흥 강자들이 선사시대 바다를 휘젓고 다니기 시작하자 앵무조개류의 존재가 희미해지면서 초형류와 암모나이트류가 번성했다.

'coleoid'(초형류)라는 단어는 '칼집'을 뜻하는 그리스어에서 유래한다. 칼집은 칼을 감싸고, 초형류의 몸통은 자기 껍데기를(혹은 껍데기가 퇴화되고 남은 흔적을) 감싼다. 초형류에는 현생 두족류 중 앵무조개가 아닌 모든 동물―문어, 오징어, 갑오징어 등―과 수많은 화석종이 포함된다. 문어는 워낙 물렁해서 껍데기의 흔적도 거의 남아 있지 않지만, 오징어와 갑오징어는 둘 다 그 흔적을 희미하게나마 간직한다. 오징어는 몸속의 '글래디어스gladius'(펜pen, 오징어뼈)라는 가느다란 막대가 몸통을 빳빳하게 지탱하며 근육 운동의 구심점이 되어준다. 갑오징어는 겉모습만 보면 오징어와 흡사하지만, 몸속에 더 복잡한 '커틀본cuttlebone'(갑오징어뼈)이란 석회질 구조물이 있다. 커틀본을 새장에 매달아놓은 모습을 본 사람도 많을 텐데, 거기 함유된 칼슘 성분은 반려 조류에게 영양제가 된다.

껍데기라는 안전장치를 버리다니 진화 과정에서 그렇게 어처구니없는 일이 벌어질 수도 있나 싶을지도 모르겠다. 하지만 껍데기를 버린 덕분에 그 동물들은 오늘날 알려진 갖가지 기막힌 적응 전략을 짤 수 있었다.[11] 수족관 관리자들은 문어가 구멍을 통과하려 할 때 한계 요인이 입(부리)―문어 몸에서 유일하게 변형 불가능한 부위―의 크기뿐이라는 사실을 오래전에 깨달았다. 문어를 당당히 키우는 사람들 가운데 상당수는 자기 반려동물이 잘 있는지 보러 갔다가 그 동물이 안 보여 깜짝 놀라 어항 여과기와 배관을 들여다보고 어항 주변의 바닥도 둘러본 적이 있을 것이다. 문어는 물 밖으로 나오면 잠시 동안은 버티지만 결국은 숨이 막혀 죽게 된다. 그래서 문어 수색 작전은 다행스럽게 끝나기도 하고 비극으로 끝나기도 한다. 나도 문어를 키운 적이 있는데, 그때 수족관 잡지에 실린 경고문을 읽고 비닐 랩과 덕트 테이프를 아낌없이 써서 어항을 탈출 불가능한 상태로 만들어놓은 덕분에 참사를 용케 피했다.

2016년 뉴질랜드 국립수족관에 갇혀 있던 문어 한 마리의 대탈출 사건은 더없이 성공적인 결말을 맞았다. 문어가 바다로 잘 돌아간 것이다. '잉키 Inky'라는 그 문어는 어항에서 구멍을 하나 발견하고는 밖으로 나와 바닥을 가로질러 배수구로 들어갔다. 그리고 좁은 배수관을 따라 미끄러져 내려가 곧장 바닷속으로 입수했다. 탈옥이 그 문어가 보유한 뛰어난 탈출 기술의 유일한 적용처는 결코 아니다. 야생으로 돌아간 잉키는 바위 밑으로 기어들어 먹이를 쫓기도 하고, 바위틈 사이로 사라져 포식자들을 좌절시키기도 할 것이다.

피식자와 포식자 둘 다 초형류의 피부 때문에 당황하는 경우도 허다하다. 초형류 피부는 자연계에서 가장 복잡한 위장僞裝, camouflage 시스템이다. 'chameleonic'(카멜레온 같은)이란 단어는 정말이지 'cephalopodic'(두족류 같은)으로 대체되어야 마땅하다. 오징어, 문어, 갑오징어가 어떤 파충류보다도 주변 환경에 맞춰 피부색을 즉시 바꾸는 데 훨씬 뛰어나다는 사실을 반영해야 하기 때문이다. 카멜레온의 위장 시스템은 호르몬에 의존하는데, 그 물질은 뇌에서 만든 다음 혈류를 따라 몸 곳곳으로 퍼뜨려야 한다. 두족류의 위장 시스템은 신경계가 직접 통제한다. (피부 1제곱밀리미터에 200여 개가 존재하기도 하는) 각각의 색소 세포는 아주 자잘한 신경이 제어하는데, 그런 신경들은 뇌까지 직통으로 이어져 있다. '빠르다'고들 하는 카멜레온의 피부색 변화는 몇 분이 걸리지만,[12] 오징어의 피부색은 1초에 네 번까지 바뀌는 것으로 측정되었다.[13]

현생 초형류가 워낙 대단하다 보니 초형류의 진화사를 통틀어 그 동물들이 크게 번성하지 않았던 적이 과연 있었을까 싶기도 하다. 하지만 과거에 초형류가 실제로 얼마나 풍부하고 다양했는지는 확실하지 않다. 진화 과정에서 껍데기가 변형되고 축소될 뿐 아니라 종에 따라선 완전히 사라지기도 하다 보니 화석기록이 아주 많지는 않기 때문이다. 부드러운 몸은 딱딱한 껍데기보다 화석화될 가능성이 훨씬 낮다. 껍데기가 있는 두족류의 화석에 대해서는 아주 오래전부터 사람들이 글을 써왔지만, 문어 화석이 처음 등재된 것은 1883년이 되어서였다. 하지만 그처럼 얼마 안 되는 증거로 초형류의 진화사에 대해 수집한 정보로 미루어 보면, 초형류는 오랫동안 암모나이트류보다 못한 처지에 있었던 것 같다.

처음 출현한 이후 여러 지질시대에 걸쳐 암모나이트류는 두족류의 대성공작이었다. 그중 어느 종도 지금까지 살아남아 우리 바다를 아름답게 장식해주진 못하지만, 암모나이트류의 껍데기는 세상에서 가장 흔하고 가장 아름다운 화석으로 꼽힌다. 나선형으로 돌돌 말려 뱀돌snakestone이라 불리기도 했던 그 껍데기는 결국 머리에 양 뿔이 달린 암몬Ammon이란 고대 신의 이름을 따서 명명되었다.[14]

암모나이트류가 남긴 화석이 현생 앵무조개의 껍데기와 마찬가지로 나선형 겉껍데기이다 보니, 처음에는 암모나이트류의 연질부도 앵무조개 연질부와 특징을 공유했을 것이라고들 추정했다. 그래서 예전의 복원도에는 두툼한 다육질 머리덮개와 무안할 정도로 많은 촉수가 빠짐없이 등장했다. 그런데 유연관계를 더 연구해보니 암모나이트류는 초형류와 더 밀접히 관련되었던 것 같았다. 최근의 복원도에는 그 새로운 관점이 반영되어 있다.

암모나이트류 성체의 껍데기는 지름이 고작 몇 센티미터밖에 안 되는 것도 있었지만 무려 2미터에 이르기도 했다. 그 정도로 큰 껍데기에는 속이 비어 있기만 하다면 사람이 기어 들어갈 수도 있을 것이다. 어떤 껍데기는 워낙 성겨서 나선형 고리 사이사이로 물이 지나갈 정도였지만, 어떤 껍데기는 워낙 촘촘해서 부분 부분이 서로 맞물리며 자랐다. 또 얄브스름한 껍데기가 있었는가 하면 두툼한 껍데기도 있었고, 단순한 껍데기가 있었는가 하면 화려한 껍데기도 있었다.

암모나이트류는 매우 풍부했고 진화 속도 또한 매우 빨랐다. 그렇다 보

그림 1.4 암모나이트류 화석종을 머리덮개가 두툼하고 촉수가 수십 개인 모습으로 묘사한 이 '앵무조개 스타일' 복원도는 1916년경에 독일 화가 하인리히 하더가 그렸다. (사진 출처: Tiergarten, Berlin, by C. A. Clark)

니 고생물학자들은 암모나이트류 화석을 이용해 암석의 나이를 측정하기도 한다. 암모나이트류의 특정 종이 지질 연대의 특정 시기와 결부되는 경우가 많다. 예를 들어 닥틸리오케라스 아틀레티쿰*Dactylioceras athleticum*이라는 종의 예쁜 나선형 껍데기 화석을 어디서든 발견했다면, 주변 암석이 1억 7560만~1억 8200만 살이라고 확신해도 된다(⟨그림 1.6⟩).

딱히 유용한 방법 같지는 않은가? 그렇다면 한발 뒤로 물러나 지구 역사 이해하기라는 단순하고 작은 과제에 대해 생각해보자.

암석 시계

화석은 보통 사체로 만들어지지만, 발자국이나 배설물로 만들어지기도 한다. 사체와 그 부산물이야 세상에 널리고 널렸으니 우리가 어딜 가든 화석에 발이 걸려 넘어질 것 같기도 하지만, 실제로 화석이 만들어질 가능성은

그림 1.5 이 '오징어 스타일' 복원도는 2015년에 게재되었다. 여기서는 각각의 암모나이트류가 다리 여덟 개와 촉완 두 개, 큼직한 근육질 누두(깔때기) 하나를 뻗내고 있다. (사진 출처: Andrey Atuchin, in A. A. Mironenko, "The soft-tissue attachment scars in Late Jurassic ammonites from Central Russia," *Acta Palaeontologica Polonica* 60, no. 4 (2015): 981 – 1000.)

매우 희박하다.

당신이 가장 최근에 본 사체를 생각해보라. 창턱에서 웅크린 채 죽은 거미는 아마도 바싹 말라 부스러질 것이다. 도로 갓길에서 죽은 너구리는 부식동물(청소동물)들에게 먹힐 텐데, 그러고 남은 뼈도 모두 부서지고 풍화되어 흩어질 것이다.

이런 예들은 일반적으로 동물이 죽으면 어떻게 되는지를 잘 보여준다. 적어도 몸 전체가 남김없이 먹히고 소화되지 않는 동물들은 그렇게 된다. 그렇게 될 운명인 동물들은 화석이 되지 않는다. 인간의 특정 문화권에 매장 관습이 있긴 하지만, 자연계에서 몸이 통째로 묻히는 경우는 드물다. 화석이 잘 만들어지려면 특수한 여건이 필요하다. 화산 분화, 타르 구덩이, 진흙 흐름 등. 호박琥珀, amber은 영화 〈쥬라기 공원〉에서 공룡 DNA를 보존한 것으로 유명한 나뭇진 화석인데, 실제로 암모나이트 껍데기를 보존한 적도 있다. 해변의 어떤 나무에서 진이 흘러내렸던 모양이다.[15] 안타깝게도 해당 암모나이트의 연질부는 이미 먹히거나 썩어서 없어진 상태였다. 그래서 그 호박으로 암모나이트의 해부학적 구조에 관해 새로 알아낸 것은 하나도 없었다.

그림 1.6 쥐라기 전기, 대략 1억 8200만~1억 7560만 년 전에 살았던 닥틸리오케라스 아틀레티쿰이라는 암모나이트류의 화석 무더기. (사진 출처: Istvan Takacs)

제대로 만들어진 화석도 땅 밖으로 나올 때까지는 눈에 띄지 않는다. 화석이 땅 밖으로 나오는 가장 단순한 과정은 기나긴 세월 동안 지표가 침식되는 것이다. 그러는 가운데 간간이 산사태나 지진이 일어나 진행 속도가 빨라지기도 한다. 인간의 굴착, 폭파 활동으로 화석이 드러나기도 한다. 물론 우리는 구멍을 뚫고 뭔가를 터뜨리는 데 꽤 능한 편이지만, 웅대한 지질학적 맥락에서 그런 것들은 얼마 안 되는 자국에 불과하다. 세상의 화석 중 대다수는 우리 발밑 깊숙한 곳에, 바다 밑바닥 아래에 있어서 눈에 띌 일이 없다.

생물들이 대부분 화석화되지 않고 화석들이 대부분 발견되지 않는다는 사실을 고려하면, 지질학자와 고생물학자들이 암모나이트류처럼 화석기록 상에 유달리 많이 나타나는 생물에게 그토록 열의를 보이는 것은 당연한 일이다. 충분히 많고 다양한 화석 생물들은 연대를 알려주기도 한다.

사람들은 지구의 암석이 층층이 쌓여 있다는 사실을 오래전부터 알고 있었다. 맨 위층이 가장 젊고 맨 아래층이 가장 오래되었다는 생각은 늦잡아도 16세기까지 거슬러 올라간다. 하지만 그때부터 400년간 아무도 지구 전체가 얼마나 오래됐는지 전혀 몰랐기에, 지구 역사를 암석층으로 나누는 일은 하루를 시간과 분으로 나누는 일과 사뭇 달랐다. 오히려 암석층은 백악, 석탄, 석회암 같은 함유물에 따라 식별되었고, 과학자들에게 처음 발견된 장소의 이름을 따서 명명되었다. 예를 들면 '페름계Permian'는 러시아 페름Perm에서, '데본계Devonian'는 영국 데번Devon에서 유래한다(둘 다 1840년대에 정의됐다). 처음에는 암석층이 장소마다 상당히 다른 것 같았다. 그런 이름들을 확장하고 표준화해 전 세계에서 쓰이게 하는 데 실마리가 된 것은 바로 화석이었다.

과학자들은 특정 화석 혹은 화석 조합이 여러 장소에서 나타나는 경우가 많다는 사실을 알아차렸는데, 각종 암모나이트류 화석도 거기 포함되었다. 그런 화석들은 지질 연대의 특정 단위를 식별하는 데 지문처럼 쓰일 수 있었다. 19세기 중반에는 상당수의 부지런한 지질학자들과 훨씬 많은 죽은 지 오래된 두족류 덕분에 지구가 지질 연대를 부여받은 터였다. 100년 후에는 방사성 연대 측정법 덕분에 마침내 거기에 구체적인 숫자를 매길 수 있게 되었다.

방사성 연대 측정법을 이해하려면, 우선 암석이 탄소, 산소, 칼슘 등의 원소로 만들어졌다는 사실을 염두에 둬야 한다. 그런 원소 중 우라늄을 비롯한 일부는 비교적 가벼운 형태로도 존재하고 무거운 형태로도 존재한다. 무거운 형태의 원소 가운데 일부는 불안정해서 자신의 아주 작은 부분을 내뱉다가 결국 안정적인 가벼운 형태에 도달하는 경향이 있다. 우리는 형태별로 그 내뱉기가 발생하는 속도를 알아낼 수 있다. 그다음에 우리(여기서 '우리'란 나보다 이 기술에 훨씬 능숙한 다른 사람들을 말한다)는 암석 조각을 채취하고, 안정적인 원소 형태와 불안정한 원소 형태의 상대량을 측정하고, 그 측정값을 이용해 얼마나 오랫동안 불안정한 형태가 자신의 일부를 내뱉어서 안정적인 형태로 변해왔는지 계산한다. 그렇게 하면 해당 암석이 언제 처음 형성되었는지, 결국 얼마나 오래되었는지 알 수 있다.

지질학자에게 '이언eon'(누대累代라고도 한다-옮긴이)이란 단어는 '정말 긴 시간'보다 구체적인 표현이다. 이언은 46억 년의 지구 역사 전체를 구분하는 가장 큰 단위다. 이언(누대)은 대代, era로 나뉘고, 대는 기紀, period로 나뉜다. 기는 아마 쥐라기와 백악기 같은 이름으로 많이들 들어본 지질 연대 단위일 듯싶다(앞서 언급한 페름기와 데본기는 말할 것도 없다*).

이 글의 목적상 우리는 단 하나의 이언만 염두에 두면 된다. 그것은 바로 오늘날 우리가 아직 살고 있는 이언인 현생이언Phanerozoic, 즉 '눈에 보이는 생물'의 이언인데, 그 길이는 5억 년 정도밖에 안 된다. 현생이언은 고생대Paleozoic, 중생대Mesozoic, 신생대Cenozoic로 나뉘고, 고생대와 중생대와 신생대는 각각 그 대를 구성하는 몇몇 기들로 나뉜다. 과학자들이 정밀성을 추구하다 보니 그런 기들도 세世, epoch와 절節, age로 나뉘었지만, 우리는 거기까진 신경 쓸 필요가 없다. 그러한 정밀성을 얻을 때 암모나이트류가 크게 도움이 되었다는 사실만 알고 있으면 된다.

암모나이트류는 이상적인 지질학적 타임스탬프 역할을 한다. 그들은 이상할 정도로 진화 속도가 빨라서 지질학적 '순간순간'마다 새로운 종이 존재하다시피 했다. 암모나이트류 화석이 풍부하다는 말은 세계 곳곳의 각종 암석에서 동일한 '지문'을 발견할 수 있다는 뜻이다. 아쉬운 점이 있다면 암모나이트류를 오랫동안 암석 시계로 보다 보니 그 밖의 다른 것으로 보기가 힘들어졌다는 것뿐이다.

"암모나이트는 화석 생물이라기보다 화석이었다. 과학자들은 한 종이 다른 종을 어떻게 낳았는지, 각 종이 지구상에 어떻게 분포했는지 논의해왔었다. 하지만 암모나이트가 생전에 무엇을 했는지는 막연하기 그지없었다." 고생물학자 닐 멍크스의 말이다.[16] 그는 암모나이트류ammonoid에 관

---

* 지질시대로는 '페름기'와 '데본기' 같은 용어를 쓰고, 그 지질시대의 지층과 암석을 가리킬 때는 '페름계系'와 '데본계'라는 용어를 쓴다. -옮긴이

한 책을 썼는데, 제목을 『암모나이트Ammonites』로 지었다.[17] 그 이유는 암모나이트류에 대해 이야기할 때 일반인은 물론이고 전문 고생물학자들도 대체로 친숙하고 일상적인 '암모나이트'란 단어를 사용하기 때문이다. 하지만 멍크스도 저서의 머리말에 이렇게 써두었다. "엄밀히 말하면 '암모나이트'는 암모나이트아강Ammonoidea의 암모니티나Ammonitina란 단일 아목亞目, suborder을 가리키는 데 쓰인다."[18] 내가 그 단어를 놔두고 '암모나이트류ammonoid'라는 낯선 정식 용어를 사용하는 것은 '앵무조개류nautiloid' 및 '초형류coleoid'와 운을 맞추기 위해서이니 양해해주셨으면 좋겠다.

멍크스는 전문 고생물학자로 활동했지만, 처음에는 취미로 어류를 열심히 키웠고 동물학 학사 학위를 땄다. 어항 속 동물들을 숨 쉬고 먹고 싸며 사는 유기체로 여겨왔던 그는 고생물학 대학원에 들어가서 오래전부터 암모나이트류가 주로 쓸모 있는 돌덩이로 취급돼왔다는 사실을 깨닫고 조금 놀랐다.

암모나이트류의 생활에 관한 여러 의문에 사로잡힌 멍크스는 런던 자연사 박물관의 연체동물 화석 큐레이터 필립 파머와 의기투합했다. 결국 두 사람은 장시간 토의한 내용을 책에 담기로 했다. 2002년에 『암모나이트』를 출간하면서 멍크스와 파머는 이렇게 선언했다. 이 돌덩이들은 한때 살아 있었다. 그 동물들은 아마 이런 곳에서 살고 이런 식으로 이동하고 이런 것을 먹었을 것이다.

하지만 멍크스는 그런 추측에 한계가 있을 수밖에 없다는 점도 잘 알고 있었다. 2016년 한 잡지에 실은 「암모나이트 전쟁」이란 글에서 그는 암모나이트 화석을 생물학적으로 이해하기가 왜 그토록 어려웠는지 이야기한다. "척추동물의 뼈는 뼈에 붙은 근육과 밀접히 연관되어 있다. 공룡이나 매머드의 골격을 보면 생전에 몸의 짜임새가 어땠는지, 몸이 어떤 모습이었는지 많이 알 수 있다. 반면에 암모나이트 껍데기는 아무것도 말해주지 않는다. 근육이 붙어 있던 자국 몇 개가 희미하게 남아 있긴 하지만, 암모나이트란 동물의 연질부가 얼마나 크고 어떤 모양이었는지는 거의 알아낼 수가 없다.”[19]

그런데 암모나이트류 화석은 연질부에 대해선 자세히 알려주지 못해도 그들이 어떻게 나서 자라고 성숙했는지는 아주 많이 알려준다. 생체의 발생 과정에 관해서라면 암모나이트 껍데기도 많은 것을 말해준다. 그리고 발생은 진화 이해의 열쇠 중 하나로 떠오르고 있다(어쩌면 가장 중요한 열쇠일지도 모른다).

진화의 새로운 상징

진화에 대해 우리가 알고 있는 것도 많다. 우리는 지구상의 모든 생물이 서로 연관돼 있으며 우리가 인간과 나머지 종의 관계를 DNA로 추적할 수 있다는 사실을 안다. 각각의 종이 자연선택 과정을 거쳐 저마다 독특한 생태적 지위에 적응한다는 사실도 알고, 가끔 대량 멸종이 발생해 생태적 지위가 대거 비워지면서 살아남는 종들이 새로 적응할 기회를 얻게 된다는 사실도 안다. 또 진화와 멸종 둘 다 아주 빨리 일어날 수 있다는 사실도 안다. 우리는 곤충과 세균이 살충제와 항생제에 내성을 키우는 모습을 목격했고, 도도새와 바다소가 인간의 자연 파괴에 못 버티고 무너지는 모습도 목격했다.

하지만 우리는 여전히 배울 것이 많다.

진화학의 주요 과제 중 하나는 새로운 것의 기원을 이해하는 일이다. 우리 주변 생물들의 놀라운 다양성을 낳는 데 필요한 수준의 새로운 형태, 새로운 양식, 새로운 습성은 어떻게 생겨날까? 자연선택이라는 다윈의 기발한 묘안은 조각가에 비유할 만하다. 그렇다면 점토는 어디서 날까?

답은 ‘이보디보evo-devo’(진화발생생물학)란 별칭으로 알려진 과학 분야에서 나오기 시작했다. 이보디보는 인디 록 밴드 이름 같지만 ‘진화evolution와 발생development’을 줄인 말로 유전학에 깊이 뿌리박고 있다.[20]

우리 DNA는 알고 보면 선형적, 순차적인 조립 설명서가 아니다. 오히려 배선도, 구성 요소끼리 상호 작용하는 연결망에 가깝다. 각각의 생물은 삶을 시작할 때 거의 똑같은 모습—자랄 준비가 된 단세포의 모습—을 띠는데, 동물계에서 그 세포 속 유전자 중 상당수는 종을 막론하고 거의 똑같다. 각 세포의 고차원 제어부가 생체 구축의 어느 단계를 무시하고 어느 단계를 실행할지, 해당 단계를 언제 어떤 순서로 몇 번 실행할지 결정한다. 그런 고차원 제어부가 조금만 달라져도 극히 새로운 것이 나타날 수 있다. 팔다리나 날개의 새로운 개수, 새로운 체형, 사실상 깃털에 해당하는 새로운 파충류 비늘 등등.

지금 우리가 진화를 아직 충분히 이해하지 못한 것은 옛날 과학자들이 지구의 물리적 변화를 제대로 이해하지 못한 것과 비슷하다. 그들은 지구가 오래전부터 변해왔다는 사실을 알았지만 변화의 원리와 원인을 파악하지 못해 애를 먹었는데, 그러던 중에 판구조론이란 학설이 호응을 얻게 되었다. 일단 지구의 표층(지각)이 서로 맞물린 채 이동하는 여러 판으로 이뤄진다는 사실을 알아차리고 나니, 대륙의 모양에서부터 캥거루와 코알라 같은 유대류의 분포에 이르기까지 모든 게 이해되었다.[21]

지금 우리도 진화 생물학에서 그와 같은 돌파구를 모색하는 중일 수도 있다. 날개 넷 달린 공룡의 놀라운 사례로 미루어 보면 그럴 가능성이 충분히 있다.[22]

공룡은 엄연히 진화와 멸종의 상징이다. 우리는 대부분 그 동물들에게 일찍부터 매료된다. 다음과 같은 의문을 던질 만한 나이가 되면 곧바로 그렇게 된다. 공룡들은 '얼마나' 커졌을까? '왜'? 전부 다 '죽었다'고? '어쩌다가'? 어른이 된 고생물학자들도 계속해서 똑같은 의문과 씨름하면서 새로운 자료를 끊임없이 모아 답변을 갱신한다.

물론 정말로 모두 다 죽은 것은 아니다. 이제 우리는 조류가 현생 공룡에 해당한다는 사실을 알지만, 습관적으로 '공룡'이란 단어를 백악기 말에 멸종된 거대한 고대 동물들을 가리킬 때만 쓰는 경향이 있다. 어쨌든 그들은 깃털이 있었더라도 오늘날의 되새나 울새와 사뭇 '달라' 보이기 때문이다. 무엇보다도 하늘을 날고 깃털이 있던 원시 공룡들은 모두 날개가 네 개였던 것 같다. 현생 조류 중에 날개가 넷인 종은 하나도 없다.

음… 사실 집비둘기는 품종을 적당히 개량하면 다리에도 깃털이 난다. 보송보송한 솜털이 아니라 길쭉한 날개깃이다. 그리고 깃털만 그런 것이 아니라 다리뼈도 날개 모양과 비슷하게 자란다. 물론 그 다리도 여전히 다리다. 날개처럼 하늘을 나는 데 쓸 수는 없다. 하지만 그런 다리는 날개 넷 달린 공룡에서 날개 둘 달린 조류로 이어지는 과정에 분명 존재했을 한 단계를 암시하긴 한다. 다리가 평범한 비둘기와 다리가 날개 같은 비둘기의 차이가 생기는 까닭은 DNA 속의 제어 스위치가 두 가지 특정 유전자의 발현 양상을 바꾸기 때문이다.[23] 그 유전자는 모든 조류에게, 사실상 모든 척추동물에게 있으므로, 아마 공룡들에게도 존재했을 것이다. 알 속에서부터 해당 유전자의 발현 양상이 조금 바뀌기 시작하면 성체에서는 엄청난 차이가 나타난다. 그런 게 바로 이보디보다.

생물체가 자랄 때 어떤 변화가 일어나는지 알아내려고 배아에서 유전자 제어 · 발현 양상을 살피는 것은 두족류 연구에도 써볼 만한 기법이 되고 있다. 매사추세츠주 우즈홀 해양 생물학 연구소의 생물학자 에릭 에드싱어곤잘러스는 두족류에 속하는 여러 종의 배아를 연구해왔는데, 앞으로 몇 년 안에 과학자들이 두족류의 유전자를 변형해 약간 비둘기 품종 같은 '계열들'을 만들어낼 것이라고 확신했다. 나는 비둘기의 날개형 다리만큼 신기한 뭔가가 발견될 수도 있겠다 싶었는데, 에드싱어곤잘러스는 유전자를 적당히 변형하면 문어에서 다리가 여덟 개 말고 열 개씩 자라게 할 수도 있으리라고 말했다. 어쩌면 앵무조개 배아에서도 유전자를 변형해 성체의 다리 개수를 열 개로 줄일 수 있을지 모른다. 만약 그게 가능하다면 두족류의 진화 과정에서 그런 변화가 어떻게 일어났는지 극적으로 실증하는 셈이다.

그림 1.7 크리오케라티테스*Crioceratites*라는 암모나이트류는 백악기 초에 살았다. 크리오케라티테스의 아름다운 화석에는 그 동물의 성장 기록이 보존되어 있다. (사진 출처: Franz Anthony)

안타깝게도 물렁물렁한 다리는 뼈가 많은 다리와 날개만큼 잘 화석화되지 않으니, 고대 두족류의 다리가 몇 개였는지 확실히 알기는 영영 불가능할지도 모른다. 그래도 진화 연구와 관련해서라면 두족류 화석은 공룡 화석과 비교했을 때 두 가지 독특한 이점이 있다. 첫째, 두족류 껍데기에는 해당 개체가 알에서부터 자라온 기록이 담겨 있으므로, 우리는 개체의 일생동안 어떤 발육 변화가 일어났는지 추적할 수 있다(발육 변화의 상당 부분은 DNA 제어 스위치가 유도했을 것이다). 둘째, 두족류 화석은 공룡 화석보다 훨씬 많다.

그런 이점들은 현재 두족류 화석 분야를 이끄는 미국 고생물학자 페그 야코부치의 관심을 끌었다. 그녀는 흔쾌히 인정한다. "물론 저도 어릴 때 공룡에 미쳐 있었어요."[24] 1980년대에 '별난 고등학생'이었던 야코부치는 소행성 충돌로 공룡이 멸종됐다는 흥미진진한 새 가설에 매료되었다. 저명한 고생물학자 잭 셉코스키가 야코부치네 동네 근처에서 강연을 한 적이 있었는데, 그때 일을 야코부치는 이렇게 회상한다. "어머니—불쌍한 우리 어머니!—한테 과학 박물관에 데려다 달라고 부탁해서 강연을 들었죠. 어머니는 곤히 잠드셨어요."

셉코스키는 공룡을 연구하지 않았다. 대량 멸종을 연구했다. 멸종 패턴을 설명하려고 그는 여러 해양 동물 화석에서 나타나는 패턴을 활용했는데, 두족류는 물론이고 그보다 훨씬 작고 덜 매력적인 조개와 플랑크톤 같은 생물의 화석도 거기 포함되었다.[25] 이들은 모두 개체 수도 많고 다양성도 높았던 생물들로 화석기록 또한 풍부하다. 이는 공룡류에서 현저히 부족한 점이다. 공룡에 관한 글과 그림, 공룡 모형이야 책장과 완구점에 많이 있지만, 현장에서 공룡 화석을 보는 일은 드물다.

강연을 마무리하면서 셉코스키는 청중에게 다음 날도 와보라고, 내일은 멸종 말고 그 반대 과정인 진화에 대해 이야기하겠다고 했다. 야코부치는 어머니에게 한 번 더 차를 태워 달라고 졸랐고, 강연 내용에 더욱더 깊이 빠져들었다. 야코부치의 기억에 따르면 셉코스키는 이런 말을 했다고 한다. "어떤 무리를 멸종시키기는 쉽습니다. 그런데 새로운 무리들이 단시간에 출현하는 현상은 어떻게 설명해야 할까요?" 야코부치는 이어서 이렇게 말한다. "셉코스키는 캄브리아기 대폭발에 대해 이야기했어요. 저는 그 사건을 들어본 적도 없었죠. 훨씬 재미있어지더군요. 그걸 계기로 저의 연구 질문이 정해졌습니다. 저는 지금도 그 질문을 품고 있어요. 바로 '새로운 종은 어떻게 생겨날까?'라는 질문입니다."

야코부치는 셉코스키가 재직 중이던 시카고 대학교에 진학했는데, 처음에는 공룡을 연구했다. 하지만 곧 깨달았다고 한다. "공룡으로는 제가 하고 싶은 지적 활동을 할 수가 없어요. 공룡은 별로 흔하지 않아서 진화를 자세히 연구하는 데 활용하기 곤란하죠." 대학원에서 연구 대상을 찾던 야코부치는 이렇게 생각했다. '어떤 무리가 필요해. 공룡만큼 멋진 무리여야 해. 공룡과 같은 시대에 살았던 무리라면 좋겠어. 공룡과 같은 시기에 멸종됐는데 화석기록은 정말 풍부한 무리라면 더욱더 좋겠네.'

그런 온갖 조건에 맞추려다 보니, 무엇을 선택해야 할지는 명백했다.

이 책의 나머지 부분에서 우리는 기어다니는 유사 달팽이에서 천천히 부유하는 포식자와 잽싸게 이동하는 탈출의 명수에 이르기까지 온갖 두족류의 다사다난한 진화 과정을 더듬어볼 것이다. 우리는 암모나이트류가 승승장구하다 비극적 파멸을 맞지만 단순하고 얌전한 앵무조개류가 그 위기를 어떻게든 넘기는 모습을 목격할 것이다. 우리는 두족류 껍데기가 끝없이 변천하는 과정—나선형, 절단형, 불규칙형 등을 거쳐 결국 초형류에서 내재화되고 사라지는 과정—을 지켜볼 것이다. 마지막으로 우리는 대왕오징어에서 페퍼불꽃갑오징어flamboyant cuttlefish에 이르기까지 여러 현생 두족류의 다양성을 살펴보고 그들이 앞으로 어떻게 될지 생각해볼 것이다.

2

제국의 발흥

오징어와 문어는 원체 기묘하다 보니 외계인이라 부르고 싶은 마음을 불러일으킨다. 여러 개의 다리. 뼈가 없다는 점. 기막히게 빠른 피부색 변화. 오징어와 문어를 연구하는 과학자들마저도(어쩌면 '특히' 오징어와 문어를 연구하는 과학자들은) 이 세상 것이 아닌 듯한 그 동물들의 특성에 감탄한다.

2015년에 최초로 문어 한 종의 유전자 염기 서열이 모두 밝혀졌을 때,[1] 연구팀장은 농담 삼아 이렇게 말했다. "외계인 같은 것의 유전체genome를 해독한 건 이번이 처음입니다." 세계 곳곳의 기자들은 흐뭇해하며 이런 주옥같은 헤드라인을 썼다. "과학자들, 문어가 외계인과 다름없다고"(Geek. com), "문어, 유전 암호 너무 이상해 어쩌면 외계인일지도"(영국의 『미러Mirror』).

그때 유전자가 추출되고 식별된 문어는 캘리포니아두점박이문어California two-spot octopus라는 작고 귀여운 종이었다. 이 종은 문어를 기르는 사람들에게 인기가 많은데, 대체로 순하고 털털하기 때문이다. (내가 두 번째로 기른 문어 렉스도 두점박이문어였다.) 과학자들은 문어 특유의 유전자 수백 개를 찾아냈을 뿐 아니라, 프로토카드헤린protocadherin이란 단백질을 합성하는 유전자군도 놀랍도록 많이 발견했다. 짧은꼬리오징어bobtail squid와 대왕오징어를 비롯해 더 많은 두족류의 유전체를 해독해보니, 모두 프로토카드헤린 유전자가 풍부한 것으로 밝혀졌다. 다른 동물들은 프로토카드헤린 유전자가 그만큼 풍부하지 않은데, 척추동물은 예외다.

척추동물, 그건 바로 물고기와 거북이와 고양이와 개와 당신과 나다. 최초의 척추동물은 최초의 두족류와 비슷한 시기에 진화했는데, 어류에 해당하는 척추동물은 등장하자마자 두족류의 자연선택을 유도하는 강력한 원동력이 되었다. 오징어와 문어는 몸, 뇌, 행동의 특성상 어류와 비슷해서 '무척추 어류'라 불려오기도 했다.[2] 두족류 유전체를 연구하면, 어떻게 달팽이와 다름없던 동물이 물고기와 다름없는 동물로 진화하게 됐는지 이해하는 데 도움이 될지도 모른다.

그런데 문어 연구에 힘썼던 에드싱어곤잘러스는 이렇게 말한다. "문어의 유전체는 달팽이의 유전체와 그리 달라 보이지 않습니다."[3] 그는 전에 '삿갓조개limpet'라는 일종의 바다 달팽이의 유전체 해독을 도와준 적이 있어서, 둘을 비교하는 데 필요한 소양을 갖추고 있다. "지금 보면 문어와만 관련된 듯싶은 유전자가 어느 정도 있거든요. 그런데 전에 연구했던 달팽이로 돌아가 보면 그 달팽이와만 관련된 듯싶은 유전자도 같은 비율로 존재한단 말이죠."

하지만 에드싱어곤잘러스는 그게 재미없거나 실망스럽다고 생각하지 않는다. 오히려 정반대! 열정이 꺾이지 않는 그 과학자는 "그 유전체가 얼마나 평범해 보였는지" 잘 안다. "저는 그게 정말 흥미진진하다고 생각했어요.… 같은 유전자가 여섯 종의 동물에서 여섯 가지 다른 일을 할 수 있는 거죠. 그 유전자가 각각의 경우에 무엇을 하는지는 실험을 해봐야만 알 수 있습니다. 그렇다면 앞으로 두족류로 재미있는 연구를 많이 할 수 있다는 뜻이잖아요."

그 말은 두족류가 지구상의 나머지 모든 생물과 엄연히 연관되어 있다는 뜻이기도 하다. 두족류의 유전체가 그 증거다. 그들의 유전체는 달팽이 유전체와 비슷할 뿐 아니라, 인간이나 초파리 유전체와도 상응하는 부분이 아주 많다.

실망스러우신가? 그래도 기운 내시라. 우리 '모두'가 외계의 유산을 물려받았을 가능성도 있으니까.

무대 마련하기

지구에서 생명체가 어떻게 생겨났는지는 과학자들도 아직 잘 모르지만, 생명체가 여기에 기나긴 시간 동안 있어왔다는 것은 분명하다. 가장 오래된 생물 화석 증거는 37억 년 된 암석에서 발견된다.[4] 그 정도면 지구와의 나이 차도 10억 년 미만이다.

가장 오래된 그 화석들은 단순한 세포의 화석인데, 이는 재미없으면서도 놀라운 사실이다. 우리는 자기 자신이 세포보다 훨씬 크다 보니 여타 큰 것들, 이를테면 나무와 조개껍데기와 공룡 등에 관심을 두게 마련이다. 하지만 크기가 작긴 해도 세포성 생물이 존재했다는 초기 증거는 상당히 이상야릇하다. 세포는 복잡하다. 막과 DNA를 비롯한 수많은 구성 요소가 모두 함께 잘 작동해야 한다. 그렇게 복잡한 구조물들은 바위에서 완성형으로 불쑥 생겨나지 않았다. 그들은 분명 더 단순한 전구물질, 이를테면 자가 증식을 하는 분자들이 오랫동안 느릿느릿 어렵사리 진화한 결과였을 것이다. 그런 분자들은 필시 37억 년 이상 되었을 터이다. 어쩌면 지구만큼이나 오래됐을지도 모른다.

그런데 지구는 탄생 후 첫 10억 년 동안 대체로 엄청나게 뜨거워서 어떤 원생 분자도 존재할 수 없는 상태였을 것이다. 그렇다면 생명체는 나중에 지구가 식었을 때 '다른 곳'에서 온 것일까?

그 초창기에 젊은 태양계에는 빠른 속도로 날아다니는 천체가 엄청 많았고, 우리 지구는 끊임없이 얻어맞았다. DNA를 구성하는 산酸, acid과 당糖, sugar 같은 유기 화합물은 실제로 지구 밖에도 존재한다. 그런 물질들이 격동적이던 초창기에 지구로 대거 떨어졌을 수도 있다. 게다가 다들 알다시피 유성이 화성과 충돌할 수 있는데(실제로 충돌했다!), 그 결과로 화성의 파편들이 지구 쪽으로 돌진하게 되었을 가능성도 있다. 그리고 40억 년 전의 젊은 화성은 젊은 지구보다 훨씬 우호적인 환경으로, 기온도 쾌적하고 육지와 바다의 비율도 적당했다. 과학자들 가운데 상당수는 복합 분자나 진짜 세포 형태의 생명체가 화성에서 처음 진화한 다음 지구에 이식되었을 가능성이 있다고—심지어 높다고도—생각한다.[5]

이렇듯 우리와 문어가 자기 몸을 만드는 데 쓰는 원재료는 맨 처음에 외계에서 왔을 수도 있다. 그런 공통점이 있다는 것은 꽤 멋진 일이다.

그런데 현재는 세포들이 자라 온갖 경이로운 몸을 이룰 수 있지만, 그들이 그런 능력에 도달하는 데는 시간이 엄청나게 오래 걸렸다. (우리가 알기론) 분자들이 바뀌어 세포를 이루는 데는 10억 년도 채 안 걸렸지만, 그때부터 '30억 년' 동안 생명은 줄곧 단세포 안에 갇혀 있었다. 세포들은 분명히 진화했고 때론 함께 자라서 군체를 이루기도 했으나, 분화分化, specialization, 분업은 없었다. 그랬다는 말은 동물이 존재하지 않았다는 뜻이다. 동물의 몸이 존재하려면 우선 몸을 감쌀 피부 세포, 몸을 움직일 근육 세포, 주변 환경을 보고 냄새 맡고 맛볼 감각 세포가 필요하다.

세포들이 그 구성 분자들처럼 서로 협력하며 자라서 조직, 기관, '동물'을 이루는 데는 왜 그리 오래 걸렸을까? 어쩌면 지구의 환경이 여의치 않았을지도 모른다. 어쩌면 몇몇 세포들이 시도했으나 이점이 많지 않아 그 시도의 흔적조차 못 남기고 모두 사라져버렸을지도 모른다. 그런데 7억~8억 년 전에 어떤 변화가 일어나 지구에 처음으로 동물이 살게 되었으니, 그것은 바로 보잘것없는 해면동물이었다.

해면동물은 간신히 동물 축에 든다. 그들은 움직이지도 못하고, 감각 기관은커녕 사실상 어떤 기관도 없다. 하지만 세포들이 모여 있기만 하는 단순한 군체는 아니다. 해면동물에는 분화된 세포들이 있고, 그 세포들은 적절한 '유기적 조직체'를 이룬다. 게다가 그다음 1억~2억 년 동안 해면동물 말고는 동물이라 할 만한 게 없었다. 그들은 서서히 유전적으로도 더 다양해지고 세포도 더 다양해졌지만, 오늘날 우리가 생각하는 동물 다양성과는 거리가 한참 멀었다. 그런 다양성은 6억 년 전 에디아카라기에 가서야 나타났다. 그때부터 동물들은 출발선을 떠나 달려 나갔다.

그러니까… 어떤 의미에서는 말이다. 그들은 해저를 떠나 헤엄쳤다기보다는 해저에 앉아 있었고, 달려 나갔다기보다는 진흙에 박혀 있었다. 사실 그들은 오늘날 우리가 알아볼 만한 동물과는 사뭇 달랐다. 그들은 물속에서 하늘거리는 키 큰 엽상체였고, 진흙 속에 자리잡은 계란형 덩어리였다. 그들은 꽤 커지기도 했지만(어떤 엽상체는 2미터까지 자랐다), 팔이나 다리나 촉수도 없었고 소화관이나 주둥이나 눈도 없었다.

에디아카라기의 한 별난 동물은 당시 여느 동물보다 조금 더 복잡해지긴 했다. 킴버렐라*Kimberella*라는 둥그스름한 화석 동물은 입이 있었던지 뭔가를 긁어 먹은 자국을 바닥에 남겼다. 그 화석화된 긁힌 자국은 현생 달팽이가 '치설'이란 일종의 혀로 조류藻類, algae를 뜯어 먹으면서 남기는 자국과 매우 비슷해 보인다. 기억하실지 모르겠는데, 오징어도 치설이 있다. 오징어는 치설을 좀 더 과격하게 사용한다. 오징어에게도 치설이 있는 이유는 오징어와 달팽이 둘 다 연체동물이고 치설이 연체동물의 발명품이기 때문이다. 어쩌면 킴버렐라는 그들의 머나먼 조상일지도 모른다.[6]

그런데 또 어떤 과학자들은 킴버렐라를 해파리로 보기도 했다. 에디아카라기의 그 특이한 화석으로는 딱 잘라 판단하기가 좀 힘들다.

친숙한 동물, 이를테면 불가사리와 새우와 (결국 우리 소중한 두족류를 탄생시킬) 지극히 중요한 조개류 등을 보려면 5000만 년 뒤의 캄브리아기 대폭발―야코부치에게 평생 품고 갈 연구 질문을 안겨준 진화 축제―로 넘어가야 할 것이다. 그 성대한 사건의 시작을 알린 것은 얌전한 작은 벌레였다.

역사상 가장 천천히 일어났던 폭발

우리 현대 세계는 벌레worm로 넘쳐난다. 'worm'이란 말은 참 쓸모가 없다 싶을 만큼 모호하다. 너무나 다양한 동물을 가리키는 데 쓰이기 때문이다. 환형동물segmented worm이라는 무리가 있는데, 변변찮은 지렁이earth-worm와 화려한 크리스마스트리웜Christmas tree worm 둘 다 거기 포함된다. 공격적인 육식성 유형동물(끈벌레)ribbon worm도 있고, 대체로 식물을 빨아 먹는 선형동물roundworm도 있으며(그러나 기생성 구충hookworm과 사상충heartworm도 선형동물에 속한다), 사실상 다리가 없는 도마뱀에 해당하는 무족도마뱀slow worm도 있다.

그리고 자지벌레penis worm도 있다. 그렇다, 그게 그 동물의 진짜 이름이다. 생물학자들이 이런 문제로 책잡히지 않는 이유는 그들이 고전 교육을 받았기 때문이다. 이 무리의 학명은 'Priapulida'(새예동물)인데, 프리아포스Priapus는 그리스 신화에 나오는 풍요의 신으로 조각상과 프레스코화에서 다리만 하게 발기한 음경을 뽐내는 모습으로 묘사되는 경우가 많았다. 몸통이 통통하고 끄트머리에 두툼한 주둥이가 있는 작은 벌레와의 시각적 유사성을 부정하기는 힘들다. 하지만 여기에는 야한 유머만 있는 게 아니다. 그런 벌레와 남근의 모양새는 유체 골격hydrostatic skeleton이란 동일한 해부학적 구조에서 비롯한다.

특이하게 뼈가 없는 그 골격은 유체만으로 근력을 지지하며 전달한다. 그것은 사실상 세계 최초의 골격이었다. 오늘날 자지벌레는 유체 골격을 이용해 독특한 모양으로 굴을 파는데, 고생물학자들은 5억 4200만 년 된 암석에서 비슷한 모양을 발견했다. 킴버렐라가 뭔가를 긁어 먹고 남긴 자국이 현생 연체동물과의 연결 고리가 되듯, 아주 오래된 그 굴들은 분명히 진짜 새예동물이 판 게 아니면 새예동물과 정말 흡사한 뭔가가 팠을 것이다.

그런 굴을 실제로 판 동물이 발견된 적은 없다. 아마도 몸이 너무 연해서 화석화되지 못했을 것이다. 그 굴은 트렙티크누스 페둠*Treptichnus pedum*이란 학명을 얻었고, 캄브리아기의 시작을 나타낸다는 영광도 얻었다. 캄브리아기는 고생대의 첫 기이고 고생대는 현생이언의 첫 대이므로, 트렙티크누스는 셋 모두의 시작을 나타내는 셈이다. '흔적화석'을 놓고 그렇게 호들갑을 떠는 것이 이상해 보일지도 모르겠다. 그 화석은 동물 자체의 화석도 아니고 동물이 존재했다는 증거에 불과하니까. 하지만 트렙티크누스는 어떤 동물이 자기 몸으로 삼차원 공간을 만들며 바다 밑바닥 아래로 이동했음을 보여주는 최초의 화석이다. 이는 에디아카라기에 나타났던 어떤 것보다도 훨씬 복잡한 행동인데, 그런 행동을 하려면 더 복잡한 몸, '현대적인' 동물 몸이 필요하다.

화석기록에 따르면 자지벌레뿐 아니라 오늘날 우리가 아는 동물 유형 중 상당수가 (적어도 화석 마니아들 사이에서는) 아주 유명한 '캄브리아기 대폭발' 때 처음 나타났다.[7] 생물이 그렇게 갑자기 대폭 늘어나기 시작한 까닭은 지구의 물리적 환경이 변했기 때문인 듯하다. 여러 가지 증거로 미루어 보면, 처음에 동물이 진화하는 데 걸림돌이 된 것은 낮은 산소 농도였던 것 같다. 대기 중 산소 농도는 에디아카라기부터 점차 증가해 캄브리아기에 임계 수준에 도달했는데, 그때부터 동물들은 마침내 얼마든지 커지고 흥미로워질 수 있게 되었다.

두 손이 서로를 그리는 모습을 나타낸 M. C. 에스허르M. C. Escher의 석판화에서처럼 진화적 다양성을 유도한 가장 큰 원동력은 다양성 자체였는지도 모른다. 신종 동물들은 등장하자마자 주변 환경을 바꿔 토대로 삼고 서로서로 영향을 주고받으며, 또 다른 신종 동물들이 적응할 새로운 생태적 지위들의 순환 고리를 만들어냈다.[8]

그런 일들은 모두 해저에서 일어났다. 어쨌든 육지는 그때부터 오랫동안 휑하니 비어 있었으니까. 나무나 공룡은커녕 곤충도 전혀 없었다. 그냥 조류藻類와 미생물이 여기저기 얼룩덜룩 있었을 뿐이다. 심지어 바다도 대부분은 꽤 휑한 편이었다. 수중 생물이라고 해봐야 또 다른 조류, 약간의 해파리, 약간의 헤엄치는 자잘한 벌레 정도였다. 하지만 바다의 밑바닥은 기술 좋은 동물들의 일터였다. 첫 테이프를 끊은 것은 해면동물이었다. 그들은 물에서 아주 자잘한 먹이를 걸러내 바닥으로 옮겨서 해저를 기름지게 했다. 해저 환경이 새로이 우호적으로 바뀌자 다른 동물들도 그곳에 자리를 잡고 살았다. 유체 골격을 갖춘 그들은 굴을 팠다. 그런 굴 덕분에 양분과 수분이 지하 깊숙이 들어가서 신종 미생물이 자랄 수 있게 되었는데, 그 미생물들은 또 다른 신종 동물들의 먹이가 되었다. 그리고 동물들은 계속해서 새로운 먹잇감을 찾다 보니 결국 서로 공격할 수밖에 없었다.

포식 활동! 거미가 파리를 잡는 것에서 사자가 영양에게 살금살금 접근하는 것에 이르기까지 그 활동은 생물체의 매우 기본적인 상호 작용 가운데 하나로 알려져 있다. 그런데 오래전 에디아카라기의 단순하고 기묘한 동물들끼리 포식 활동을 했다는 증거는 거의 없다. 미국 마운트 홀리요크 대학교의 고생물학자 마크 맥미너민은 그런 원시 지구를 평화로운 에덴 동산에 빗대어 '에디아카라 동산Garden of Ediacara'이라 불렀다.[9]

동물의 포식 활동이 처음 나타난 것은 에디아카라기가 끝날 무렵이었다.[10] 캄브리아기 직전에 살았던 클라우디나Cloudina라는 화석 동물은 원뿔 여러 개가 포개져 튜브를 이루는 형태를 띠는데, 그런 몸에 구멍이 난 상태로 발견되기도 한다.[11] 피해자가 가해자보다 분명하긴 하지만, 가장 유력한 용의자는 일종의 화살벌레다. 그 작지만 사나운 포식자들은 지금도 아주 작은 해양 동물들을 위협한다. 화살벌레류는 캄브리아기 초에 일어났던 생물 다양화의 상당 부분을 유도하기도 했을 것이다. 동물들이 물어뜯기지 않으려고 무슨 수든 써봤을 테니까.

연체동물의 특징인 껍데기는 아마도 보호 기관으로서 생겨났을 것이다. 트렙티크누스 이후의 캄브리아기 초기 화석 동물들을 '소형 패각류small shellies'라고 부르는데, 그중 상당수는 원시 달팽이, 원생 달팽이, 달팽이 친척이다. 후대의 모든 연체동물과 마찬가지로 그들은 탄산칼슘으로 껍데기를 만들었다. 칼슘은 생물이 외골격이나 내골격을 강화하려고 많이들 쓰는 재료인데, 뼈에서는 인산칼슘의 형태로 나타난다. 그처럼 칼슘 화합물로 조직을 강화하는 현상을 석회화라고 한다. 석회화는 캄브리아기의 여러 동물군에서 급속히 발생했는데, 연체동물은 물론이고 산호와 불가사리의 조상도 거기 포함된다. 아무래도 방어가 가장 그럴듯한 이유인 것 같다.

그리 뻔하진 않지만 마찬가지로 효과적인 방어책 중 하나는 그냥 몸집을 키우는 것이다. 덩치가 충분히 크면 자잘한 겁쟁이 벌레한테 잡아먹힐 일은 없다. 보호 기관도 없고 몸집도 크지 않은 동물들이 선택할 만한 또 다른 방어책은 거처를 옮기는 것이다. 어떤 장소에서 자신을 지킬 수 없다면 다른 곳에 가서 자리잡고 살면 된다.

피식자에게는 안됐지만, 지구 생물의 다양성에는 다행스럽게도 포식자들 또한 적응한다(생물학자들에게도 다행스러운 일이다). 얼마 지나지 않아 훨씬 큰 포식자들이 등장했는데, 그중 가장 주목할 만한 동물은 '이상한 새우' 아노말로카리스*Anomalocaris*였다. 마침맞은 이름이 붙은 그 동물은 단순히 새우치곤 이상한 정도가 아니라 당대의 어떤 생물과 비교해도 정말 이상했다. 자잘한 동물들이 해저에서 기어다니다 굴을 파고 앉아 있거나 끽해야 물속에서 수동적으로 떠돌아다니기나 하던 세계에서 아노말로카리스는 몸길이가 1미터에 이르도록 자랐고 실제로 헤엄칠 줄도 알았다.

크고 배고픈 아노말로카리스는 분명히 피식자들이 온갖 방어책을 펼치도록 유도했을 것이다. 연체동물은 껍데기가 더 튼튼해졌다. 게다가 몸집도 더 커졌다. 그리고 그들 중 일부—최초의 두족류—는 아노말로카리스가 횡포를 부리던 해저(하층수)에서 벗어나 중층수로 올라갔다.

오래된 껍데기의 새로운 용도

동물이 하나의 수정란에서 다세포 동물로, 작은 것에서 큰 것으로, 단순한 것에서 복잡한 것으로 자라는 모습을 관찰하다 보면, 진화 과정 전체와의 유사점을 찾지 않기가 거의 불가능하다. 한때 과학자들은 한 동물이 일생 동안 자라는 모습을 지켜보기만 해도 그 동물이 지질시대 동안 어떻게 진화했는지 배울 수 있다고 생각했다. 인간의 배아는 실제로 어류와 꽤 닮은 모습에서 도마뱀과 닮은 모습을 거쳐 일련의 또 다른 모습으로 변해 간다. 지금 우리는 진화와 발생의 연관성이 그보다 복잡하고 미묘하다는 사실을 안다. 현생 인류, 도마뱀, 어류는 모두 하나의 공통 조상에서부터 진화했다. 인류가 도마뱀에서 진화하거나 도마뱀이 어류에서 진화하거나 한 것이 아니다. 그래도 세 배아의 유사점을 관찰하면 진화 과정을 이해하는 데 도움이 되긴 한다.

그와 비슷하게 현생 앵무조개의 배아와 현생 오징어의 배아도 생김새가 꽤 닮았다. 둘의 성체끼리 닮은 정도보다 훨씬 더 닮았다. 둘의 배아는 닭 배아와 마찬가지로 큼직한 공 모양의 난황에 붙은 채로 자라는데, 그 난황 위에 작은 납작모자처럼 얹혀 있다. 모자 모양의 맨 위에는 외투막에서 껍데기를 만들 부분이 있다. 그 껍데기 생성부의 주변과 아래로 퍼져 있는 것들이 몸의 나머지 부분인데, 고리 모양으로 빙 둘러 돋아 있는 앙증맞은 다리 아체들도 거기 포함된다. 그런 배아들은 생김새가 아직 별로 오징어 같지도 앵무조개 같지도 않지만, '또 다른' 종류의 연체동물을 닮긴 했다. 그것은 바로 달팽이와는 사뭇 다른 단판류Monoplacophora라는 특이하고 작은 무리다. 그 이름은 '한쪽 껍데기만 짊어졌다'는 뜻의 그리스어에서 유래하는데,[12] 단판류가 짊어진 외껍데기는 두족류 배아의 윗부분처럼 납작모자 모양이다.

단판류는 ('달팽이'나 '조개' 같은) 속명俗名이 없다. 지금은 너무나 희귀하기 때문이다. 사실 그들은 화석으로만 알려져 있었는데, 1952년에 살아 있는 개체들이 깊은 바닷속에서 저인망에 걸려 올라왔다. 한 연체동물 전문가는 그 일을 '20세기 동물학계 대사건 중 하나'로 꼽았다.[13] 이를 일개 열정가의 호들갑으로 폄하하는 사람이 있을까 봐 한마디 하자면, '살아 있는 화석'을 발견한다는 것이 얼마나 짜릿한 일일지 생각해보라(이봐요, 우리는 이게 4억 년 전에 멸종된 줄 알았다니까요!). 그리고 살아 있는 단판류가 알고 보니 달팽이와 현저히 달랐다는 점도 주목할 만하다. 예전에는 단판류 화석종들과 달팽이를 한데 묶었는데, 이는 잘못된 분류였다. 연체동물 중에서 유난히 독특한 단판류는 개체마다 배복근육, 신관腎管, 아가미가 여러 쌍씩 존재하는 것으로 밝혀졌다. 그런 반복적 구조는 산소 농도가 낮은 환경에 적응하느라 나타났을 수 있고, 삼엽충의 두드러진 특징이기도 하다. 단판류와 삼엽충이 캄브리아기 초기 동물상에서 우위를 차지한 것은 우연이 아닐 듯싶다.

당시 단판류가 엄청 많았다는 점을 고려해보면, 그들 중 하나가 두족류의 조상일 공산이 크다는 것이 놀랄 일은 아니다. 발생학으로 미루어 봐도 그렇고, 화석기록에 근거해 봐도 그렇다. 현재 매우 유력한 가설 중 하나에서는 크니그토코누스Knightoconus란 화석 동물이 단판류와 두족류의 연결고리였으리라고 본다(그 동물 자체는 두족류가 아니었겠지만 그들의 후손은 두족류였을 수 있다). 크니그토코누스의 껍데기는 납작모자보다 고깔모자에 가까운 모양으로 자랐다. 결정적으로 그 껍데기는 여유 공간이 충분해서 여러 방房, chamber으로 나뉠 수 있었다.

과학자들은 껍데기에 방이 여럿 생기는 과정이 다음과 같이 간단한 세 단계에 걸쳐 진행되었으리라고 본다. 첫째, 일부 단판류가 바닷물보다 염분 농도가 낮은 액체를 껍데기 속에 분비하기 시작했다. 열기구 속의 공기가 가열되면 주변 공기보다 가벼워지듯이, 껍데기 속의 물도 염분 농도가 낮아지면 주변 물보다 가벼워진다. 그 덕분에 해저에서 해당 동물이 계속해서 무거운 껍데기를 짊어지고 기어다니기가 한결 수월해졌을 것이다. 둘째, 그렇게 처음으로 껍데기를 가볍게 만든 동물들의 후손 가운데 일부는 액체 분비와 석회질(껍데기 성분) 추가 분비를 번갈아 하기 시작했다. 그처럼 주기적으로 석회질을 분비했으면 껍데기 속의 방들이 봉해져서 유체가 새어 나가지 못하게 됐을 것이다. 셋째, 그런 후손들의 후손들은 껍데기 속 모든 방을 관통하며 뻗어 있는 가느다란 육질 관을 이용해 액체를 빼내고 그 대신 기체를 넣었다. 이로써 부력이 더 커지자 동물의 껍데기와 연질부가 함께 중층수로 떠올랐다.

껍데기의 최대 단점은 무거워서 성장과 이동에 방해가 된다는 것이다. 달팽이는 결코 빠르기로 유명한 동물이 아니고, 비非두족류 연체동물 중 가장 큰 대왕조개는 별로 움직이지 않고 살아간다. 껍데기에 부력이 생긴 것은 두족류의 가장 중요한 혁신이었다. 그 변화는 연체동물의 체제(몸 구조의 기본 형식)가 완전히 변해, 느릿느릿 기어다니던 동물이 부유 동물, 헤엄치는 동물로 진화하는 과정에 해당했다. 그런 껍데기는 두족류의 여러 기막힌 혁신 중 첫 번째 것으로, 제트 추진과 즉각적 위장술과 복잡한 눈보다 먼저 나타났으나 지금은 잊히다시피 했다. 우리는 적절한 관점을 제공해줄 고생물학자가 필요하다. 베를린 자연사 박물관의 비외른 크뢰거는 껍데기에 부력이 생긴 것이 '곤충류에서 날개가 생긴 것만큼이나 중요한 진화 단계'라고 평한다.[14]

그런 껍데기가 뭐 그리 대수인가 싶다면, 잠시 시간을 내어 꿀벌이나 딱정벌레, 파리나 나비, 모기나 깔따구, 귀뚜라미나 매미가 없다면 세상이 어떨지 생각해보라.

비행술과 마찬가지로 부양술도 복잡한 기술이다. 두족류가 차를 몰고 꽃 가게로 가서 헬륨 탱크와 자기 껍데기를 연결할 수는 없는 노릇이었다. 무엇보다도 꽃이 등장하려면 3억 년이 더 지나야 했다. 첫 필수 단계는 크니그토코누스의 경우에서 보았듯이 방이 있는 껍데기의 발달이었다. 방과

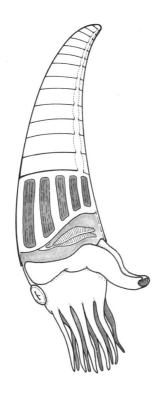

그림 2.1 A, 2.1 B 통설에 따르면 플렉트로노케라스 캄브리아는 최초의 화석 두족류였다. 그 동물의 껍데기는 여러 방으로 나뉘어 있었고, 유체 함량을 조절하는 가느다란 관도 있었다.
오른쪽 사진: 두 개체의 화석과 3밀리미터 기준자.
왼쪽 그림: 생전의 개체 모습을 상상해서 그린 복원도.
(화석 사진 출처: Jakob Vinther, 복원도: B. T. Roach)

방을 나누는 벽을 격벽septum이라고 부르는데, 그런 벽 덕분에 두족류는 껍데기에서 기체가 들어 있는 부분을 봉해 연질부가 지내는 부분과 분리함으로써 기체가 앞문으로 새어 나가지 않게 할 수 있다. 기체가 들어 있는 부분을 '방추부phragmocone'라고 부른다. 'phragmocone'이란 용어는 '울타리'란 뜻의 고대 그리스어 'phragmos'에서 유래한다. 어쨌든 방추부를 이루는 기방氣房들은 울타리로 구분되어 있으니까. 과학계에서는 저렇듯 죽은언어에 집착하는 경향이 있는데, 연질부가 지내는 부분을 가리킬 때는 뜬금없이 태세를 바꿔 그냥 '체방living chamber'이란 말을 쓴다. 껍데기가 있는 두족류는 성장하면서 스스로 더 큰 체방을 새로 만들고 이전의 체방을 봉한다. 그래서 방추부는 사실상 일련의 기방과 격벽 수십 개로 이루어진다.

앵무조개의 부력에 대해 처음 알게 됐을 때 나는 열기구 조종사가 비행을 앞두고 기구를 뜨거운 공기로 채우듯 앵무조개도 자기 껍데기에 기체를 능동적으로 주입하나 보다 했다. 내가 19세기에 살았다면, 그런 생각은 당대의 온갖 과학적 추측과 부합했을 것이다. 하지만 20세기에 몇십 년 동안 치밀히 관찰해본 결과 앵무조개는 껍데기에서 수분을 빼내는 일에만 신경을 쓰는 것으로 밝혀졌다. 수분이 빠지면 수분이 있던 곳에 기체가 서서히 스며드는데, 이는 진공 상태를 유지하기가 어려움을 보여주는 우연한 현상에 불과하다.

앵무조개의 연질부는 대부분 체방에 있지만, 기체와 유체의 비율을 조절하기 위해 방추부에도 조금 남아 있다. '연실세관連室細管, siphuncle'이라는 가느다란 육질 관이 모든 밀봉된 방들을 관통해 이어져 있다('siphuncle'은 아니나 다를까 '가느다란 관'이란 뜻의 라틴어에서 유래한다).[15] 놀랍게도 이 동물은 연실세관 속 혈액의 염분 농도를 조절함으로써, 물이 반투막을 가로질러 염분 농도 높은 쪽으로 옮겨 가는 경향 ─이른바 '삼투 현상'이란 경향─을 이용할 수 있다. 연실세관 속의 염분 농도가 비교적 높으면 방추부 기방들 속의 수분이 연실세관으로 흡수되게 마련이고, 그 결과로 비게 된 공간은 혈액에서 새어 나온 기체로 채워진다.

방추부에 새로운 기방을 연달아 추가하는 이 능력 덕분에 고대 두족류는 정말 거대한 크기에 도달할 수 있었다. 물론 몸집이 커질수록 껍데기가 무거워졌지만, 두족류는 언제나 기체를 더 주입해 무게를 상쇄할 수 있었다. 진화 과정에서 거대한 두족류가 등장할 여지가 생겨난 시작점은 최초로 기방을 갖춘 껍데기였을 텐데, 정작 그 껍데기는 꽤 쪼끄마했다.

부유 생활을 했을 가능성이 있고 연실세관까지 갖춘 그런 화석 동물들 중 첫째 부류는 몸길이가 2센티미터도 채 되지 않았다. 그 아주 작은 동물의 학명은 플렉트로노케라스 캄브리아*Plectronoceras cambria*다(〈그림 2.1〉). 'plectron'은 기타 피크와 닮은 껍데기 모양을 표현하는 말이다. 'ceras'는 껍데기가 있는 고대 두족류를 명명할 때 많이 쓰는 '가운데 이름'으로 '뿔'을 의미한다. 껍데기와 뿔은 둘 다 종에 따라 직선, 곡선, 나선 등 다양한 모양으로 자라기 때문이다. ('ceras'가 이름에 워낙 많이 들어가다 보니 고생물학자들은 그것을 'c'로 줄여 쓰기 시작했다. 예를 들면 '*Plectronoceras*'는 '*Plectronoc*'로 줄여 쓴다.) 그리고 종명 '*cambria*'는 물론 그 동물이 등장한 시대를 나타낸다.

이후의 모든 두족류가 플렉트로노케라스 캄브리아 혹은 그와 매우 비슷한 동물에서 진화한 것은 분명해 보였다. 그러니까… 두족류의 결정적인 발명품이 부력이 아니라 제트 추진이었을 가능성을 누가 제기하기 전까지는 말이다.

제트 엔진을 장착한 달팽이

두족류는 지구에서 최초로 헤엄친 동물로 꼽히는데, 꽤 특이한 영법—인간이 비행기를 날리고 로켓을 쏘아 올릴 때 쓰는 것과 같은 방법—을 개발했다. 제트 추진은 자연계에서 극히 보기 드문 일이고, 그 방법을 쓰는 동물 중에서는 오징어가 단연코 가장 빠르다. 방법 자체는 상당히 간단하다. 내부 압력을 높여서 다량의 유체를 좁은 구멍으로 세차게 뿜어 내보내기만 하면 된다. 오징어는 머리 둘레의 틈을 넓게 벌려 물을 외투막 내부로 빨아들인 다음 그 틈을 막고 훨씬 좁은 누두(깔때기)로 물을 뿜어냄으로써 그 일을 해낸다.

껍데기 화석을 보면 누두가 있었던 부분이 움푹 들어가 있다. 그래서 우리는 제트 추진이란 방법이 두족류만큼이나 오랫동안 존재해왔음을 안다. 최초의 누두는 아마 연체동물의 발이 둥글게 말린 형태에 불과했을 것이다. 우리가 즉석에서 두 손을 모아 손나팔을 만드는 것과 비슷한 식이었으리라.

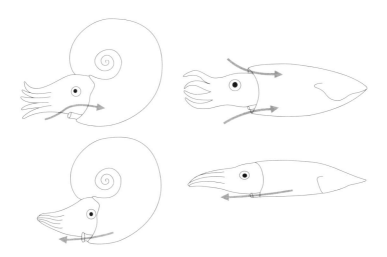

그림 2.2 껍데기가 외부에 있는 두족류와 껍데기가 내부에 있는 두족류는 제트 추진 방식이 이렇게 다르다. (출처: C. A. Clark)

보통은 손나팔을 분다고 해서 이렇다 할 추진력이 생기진 않는다. 하지만 중력과 마찰력이 아주 작은 환경에서는 이야기가 달라진다. 이를테면 우주 공간에서는 숨을 내쉬기만 해도 몸을 반대쪽으로 밀어 보내기에 충분한 추진력이 발생할 것이다.

두족류의 제트 추진도 숨으로 시작한다. 아가미를 거쳐 물을 빨아들이면 연료가 채워지게 되고, 호흡 노폐물을 내뿜으면 몸이 물을 가르며 나아가게 된다. 이 과정에서 나타나는 특이한 결과가 하나 있다. 바로 두족류는 숨을 쉬면 몸도 이동할 수밖에 없다는 점이다.

초창기의 껍데기 있는 두족류 가운데 어떤 종도 헤엄 속도가 빠르진 않았을 텐데, 처음에는 문제 될 게 없었다. 두족류를 제외하면 헤엄치는 동물이 거의 없었기 때문이다. 삼엽충을 비롯한 벌레들 말곤 동물이 별로 없던 세계에서 돌아다니기에는 두족류의 제트 추진 방식 정도면 충분히 좋았다.[16]

그런데 2010년에 고생물학자 두어 명이 패러다임을 바꿀 만한 의견을 내놓았다. 최초의 두족류가 껍데기가 아예 없고 오히려 현생 오징어와 닮은 모습이었다면 어떻게 되는가?

그런 생각은 캄브리아기의 화석 동물 넥토카리스*Nectocaris*를 중심으로 형성되었다. 그 동물은 1900년대 초에 표본 하나가 발견되어 그때부터 비공식적으로 알려져 있었다. 플렉트로노케라스보다 크고 화석기록상 먼저 존재했던(넥토카리스는 캄브리아기 초에, 플렉트로노케라스는 캄브리아기 말에 존재했다) 넥토카리스는 그래도 손바닥 안에 쏙 들어올 만큼 작았다. 길쭉한 몸 둘레에 지느러미가 있었고, 새우를 살짝 닮았다. 그래서 '헤엄치는 새우'란 뜻의 그리스어에서 유래한 이름이 붙었는데, 정확히 어느 동물군에 속했는지는 물음표로 남아 있었다.

1980년대와 1990년대에 대규모 화석 채집 활동으로 넥토카리스 화석 91개가 새로 발견되었다. 이들은 이어서 로열 온타리오 박물관에 소장된 채 과학계의 주목을 기다리고 있었다. 실제로 그런 주목을 받게 된 것

그림 2.3 A, 2.3 B '헤엄치는 새우' 넥토카리스는 실은 헤엄치는 오징어였을까? 두족류 계통수에서 플렉트로노케라스보다도 일찍 등장했다고 주장한 사람들도 있었지만, 더 면밀히 감정해본바 수렴 진화의 특이한 예에 해당하는 비非두족류 동물로 밝혀졌다.

왼쪽: 한 개체의 화석과 1센티미터 기준자.

아래: 복원도.

(화석 사진 출처: Martin R. Smith, 복원도: Marianne Collins)

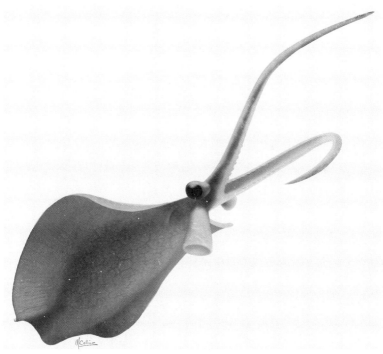

은 2008년 고생물 눈의 진화에 관심 있던 마틴 R. 스미스라는 대학원생이 토론토 대학교에 도착했을 때였다. 스미스는 지도 교수 장베르나르 카롱 Jean-Bernard Caron이 넥토카리스 화석 더미를 가리키며 이렇게 말했던 걸 기억한다. "'제대로 설명된 적이 없는 화석이 여기 있네. 이 동물도 눈이 있어. 한번 살펴보지 않겠나?' 저는 '알겠습니다. 좋아요. 재미있어 보이네요' 라고 했죠. 그런데 그게 결국은 우리가 생각했던 것보다 훨씬 큰 이야깃거리가 되어버렸어요."[17]

맨 처음 발견됐던 화석보다 훨씬 잘 보존된 새 넥토카리스 화석에는 분명히 촉수 두 개와 눈 두 개가 있었고, 결정적으로 스미스와 카롱이 누두로 판단한 관 모양의 구조도 하나 있었다. 그런 특징에 근거해 두 과학자는 넥토카리스가 원시 두족류라고, 구체적으로 말하면 겉껍데기가 없고 오징어와 닮은 만큼 원시 초형류라고 주장했다.[18]

그런 주장으로 스미스는 대학원생치고 보기 드문 위업을 달성했다. 논문이 유명 학술지 『네이처』에 실린 것이다. 그 일은 세계 곳곳의 고생물학자들에게 엄청난 논란을 야기할 정도까지는 아니더라도 제법 충격을 안겨주었다. 어쨌든, 최초의 확실한 초형류 화석은 넥토카리스보다 2억 년 뒤에 등장한 동물의 화석이니까. 스미스도 초형류의 기원이 캄브리아기 초까지 거슬러 올라간다는 생각이 '문제시될 만하다'고 인정한다. 게다가 넥토카리스의 해부학적 구조는—스미스에겐 아무래도 두족류다운 형태로 보였지만—여러 학자들에게 의심을 불러일으켰다.

어떤 과학자들은 '누두'로 추정되는 부위가 헤엄치는 데 별로 도움이 안 됐으리라는 점을 지적했다. 제트류를 만들려면 끝으로 갈수록 좁아져야 하는데 그 부위는 오히려 나팔처럼 벌어져 있었기 때문이다. 그들은 그것이 뭔가를 빨아 먹을 때 쓰던 주둥이였으리라고 추측했다.[19] 또 어떤 과학자들은 넥토카리스의 몸통과 관련된 문제를 주목했다. 넥토카리스 화석에서 보이는 몸속 공간은 주위 바닷물이 들락거리던 두족류 외투강인가, 아니면 그냥 먹이를 부지런히 소화하던 내장에 불과한가?[20]

지금 더럼 대학교에 재직 중인 스미스는 그때 일을 떠올리며 씁쓸해한다. "논문이 처음 발표됐을 때 반발이 좀 있었죠." 그는 "가장 중요한 형질은 바로 그 체강"이라는 데 동의하지만, 그것을 내장으로 보는 다른 과학자들의 의견을 넌지시 언급하며 이렇게 말한다. "I don't think those hold water(그 부위에서 물이 안 샐 것 같진 않아요/그 의견이 타당한 것 같진 않아요)." (스미스가 자기도 모르게 말장난을 하게 된 것인지 아니면 일부러 아주 능청스럽게 말장난을 한 것인지는 나도 모르겠다.)

"그 부위가 진짜로 제트 추진에 쓰인 체강이라고 믿는다면, 그건 두족류에서만 볼 수 있는 거죠." 스미스의 말이다. "넥토카리스를 두족류에서 제외하고 싶다면, 그 형질을 수렴 진화의 결과로 봐야 합니다. 그럴 가능성은 늘 있잖아요. 이를테면 박쥐도 날개가 있고 새도 날개가 있고 뭐 그런 거잖아요. 수렴 현상은 진화론에서 자주 다루는 주제 중 하나죠."

수렴은 유연관계가 먼 두 생물군의 해부학적 구조나 생화학적 특성, 생리 기능, 행동 양식 따위가 비슷해지는 현상이다. 박쥐와 새가 둘 다 공중을 날게 된 것이 전형적인 일례다. 또 태반류와 유대류 둘 다에서 늑대형 동물과 사자형 동물이 나타난 것도 수렴 진화의 예다. 그와 비슷하게 껍데기가 있는 연체동물의 별개 하위 계통들에서도 민달팽이형 동물과 삿갓조개형 동물이 수차례 등장했다. 그리고 두족류와 어류도 눈, 체형, 근섬유, 신경 섬유 등 여러 형질에서 수렴 현상이 나타났다.

넥토카리스는 어류가 등장하기 한참 전에 일찌감치 그런 수렴 현상의 선례를 남긴 듯하다.

2011년에 어느 정도는 스미스의 자극적인 논문이 나온 것이 계기가 되어 유럽의 젊은 과학자 세 명이 두족류 진화사 전체에 관한 리뷰 논문을 발표했다. 비외른 크뢰거와 디르크 푹스는 베를린에서 일하고 있었다. 크뢰거는 자연사 박물관, 푹스는 자유 대학교 소속이었다. 공동 연구자 야코프 빈터는 예일 대학교 대학원생이었다. 이 책 중간중간에서 세 사람의 이야기를 더 들어볼 텐데, 우선은 그들의 리뷰 논문 「두족류의 기원과 진화Cephalopod Origin and Evolution」가 워낙 자주 인용되며 참고 문헌으로 쓰여오다 보니 이 분야에서 새로운 기반을 형성하는 듯하다는 점을 생각해보자.[21] 진짜 앵무조개류가 흔히들 생각했던 것만큼 오래되진 않았다는 새로운 정보를 우리가 얻은 것도 크뢰거, 푹스, 빈터 덕분이다. 두족류가 껍데기 있는 조상에서 껍데기 없는 후손으로 진화했다는 최신 가설이 세워진 것 또한 세 사람 덕분이다.

리뷰 논문에서 세 사람은 한 페이지 전체를 할애하여 그들이 '캄브리아기의 미아'라고 부른 생물 넥토카리스를 다룬다. 형질을 하나하나 살펴본 그들은 넥토카리스가 연체동물도 아닌 것 같다고 결론짓는다. 하지만 몇몇 특징이 오징어를 연상시킨다는 데는 동의하며, 그 고대 동물의 생활 방식이 "오징어의 생활 방식과 현저히 유사했다"라고 말한다.

넥토카리스가 현생 오징어의 성공적인 체형에 수렴했다는 점을 생각하다 보면 캄브리아기 생태계의 본질에 관한 의문들이 생겨난다. 왜 넥토카리스와 그 친척들은 첫발을 떼기가 무섭게 사라져버렸을까? 그냥 운이 나빴던 것일까? 운만 좋았다면 후손들이 지금까지 살아남아 오징어나 어류와 싸우고 있을 수도 있었는데 어쩌다 보니 낙오하게 된 것일까? 아니면 그들이 원시 두족류의 첫 먹잇감이었을 가능성도 있지 않을까?

초포식자

두족류가 해저에서 올라오면서, 엄청난 변화가 분명하게 나타났다. 미국의 고생물학자이자 앵무조개 전문가인 피터 워드의 주장에 따르면, 진흙 속을 여기저기 뒤적이던 온갖 동물들, 그중에서도 삼엽충은 두족류의 그런 진화 탓에 그야말로 완전히 허를 찔리고 말았다. 삼엽충의 눈은 위쪽을 보지도 못했다. 그럴 이유가 전혀 없었으니까. 그런데 두족류가 등장했고, 이제 삼엽충은 자신을 지키기 위해 위쪽을 보는 눈도 발달하고 위쪽으로 솟은 가시도 발달하게 되었다.[22]

"쥐가 부엉이에게 잡아채일 때처럼 캄브리아기 해저에서 살던 무척추동물들에게는 죽음이 위쪽에서 찾아왔다. 그것도 빠르게 아무런 경고도 없이." 멍크스와 파머가 『암모나이트』에 써놓은 말이다.[23] 멍크스는 그 시기의 두족류를 '당대의 백상아리'라고 부르기도 했다.[24]

원시 두족류가 초포식자superpredator였으리라는 가설은 우리 같은 두족류 마니아들이 기꺼이 믿을 만한 이야기다. 하지만 두족류가 바닷속에서 정말 최초로 그럴 만한 크기나 지위에 이른 것은 아닐지도 모른다. 어쨌든 아노말로카리스가 여기저기로 헤엄치며 삼엽충을 먹어 치우긴 했으니까. 두족류가 한 것, 그것도 빠르게 해낸 것은 바로 그 생태적 지위를 차지하는 일이었다. 아노말로카리스와 친척들은 캄브리아기가 끝난 후에 서서히 사라졌다. 그다음에 이어진 오르도비스기에는 두족류의 다양성이 만개했다.[25]

원시 두족류의 껍데기는 곧고 길게 뻗은 모양이었는데, 대체로 길이가 30센티미터에서 2미터 사이였다. 하지만 엔도케라스 기간테움*Endoceras giganteum*('거대한 안쪽 뿔'-옮긴이)이란 적절한 이름이 붙은 한 종은 약 3.5미터까지 자랐다. 농구 골대의 림보다도 높았고, 어떤 아노말로카리스보다도 훨씬 컸다. 사실상 당시까지 등장했던 어떤 생물보다도 컸다.[26] 그 껍데기는 부력이 하도 커져서 엔도케라스가 뾰족한 쪽의 몇몇 방을 무거운 무기질로 되메워야 했을 정도였다. 무기질을 주입할 때는 아마 연실세관을 사용했을 것이다. 그런 덕분에 반대쪽 끄트머리의 연질부 무게가 상쇄되어 엔도케라스는 꼴사나운 느낌표 모양으로 깐닥거리지 않고 자기보다 작은 친척들처럼 수평으로 헤엄칠 수 있었다.

그런 원시 두족류는 말하자면 '우아하게' 헤엄치는 동물이었을 것이다. 그들의 헤엄이 워낙 우아하다 보니 독일의 고생물학자 디터 콘은 반대되는 증거가 나타나기 전까진 그들이 능동적으로 헤엄치는 동물이라기보다 플랑크톤에 가깝다고 생각하려 한다. '플랑크톤'이란 말은 보통 단세포 식물처럼 아주 작은 생물을 연상시키지만, 사람보다 길게 자라는 커다란 해파리와 살파를 가리키기도 한다. 어쩌면 아주 큰 화석 두족류 중 일부를 가리키는 말로도 쓰일 수 있을 것이다.

콘은 비외른 크뢰거와 같은 자연사 박물관에서 일하고 있는데, 사실 크뢰거의 박사 후 과정 지도 교수였으며, 두족류 고생물학의 원로라고 불려왔다. 그는 우리에게 다시 한번 알려준다. "원시 두족류는 빨리 헤엄칠 필요가 없었습니다. 대형 어류가 없었기 때문이죠. 당시 바닷속은 그 온갖 자잘한 동물들에게 천국 같은 곳이었을 거예요. 경쟁이 치열하지 않았습니다. 그런 동물에게는 아주 좋았죠."[27]

같은 연대에서 가장 많이 발견된 다른 화석이 무엇인지 생각해보면, 여러 세대의 삽화가들이 두족류가 삼엽충을 사냥하는 모습을 그려온 것도 당연해 보인다. 하지만 콘은 생각이 다르다. "우선 이런 의문을 제기해야 합니다. 삼엽충을 먹는 게 즐거운 일일까요? 삼엽충은 영양분이 별로 없습니다. 몸의 대부분은 방해석으로 된 껍질이죠."

이 시나리오의 또 다른 심각한 문제는 모든 현생 두족류가 포식 활동에 활용하는 부리가 화석기록의 해당 부분에서 쏙 빠져 있다는 점이다. "부리가 없다면 삼엽충 껍질을 어떻게 부수겠습니까?" 취리히 대학교의 크리스티안 클루그(콘의 제자 중 한 사람이다)가 제기한 의문이다.[28] 두족류의 화석기록에서 첫 1억 년 동안은 부리가 발견되지 않았는데, 치설은 몇몇 원시 두족류에서 기술된 적이 있다.[29] 클루그는 이렇게 말한다. "치설이 있으면 부리도 있어야 마땅하지만, 최소한의 흔적조차 보이지 않습니다."

클루그는 부리가 있었을 가능성도 인정한다. "물론 그게 부리가 거기 없었다는 증거는 아니죠." 원시 두족류 중 상당수를 등재한 과학자들은 그냥 부리를 찾지 않고 있었을 뿐이었다. 자신이 찾지도 않는 대상을 발견하기

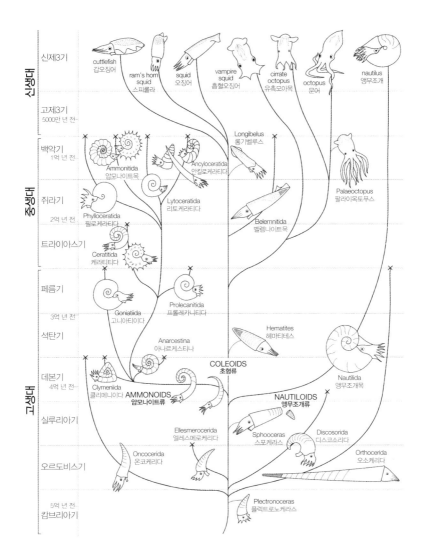

신제3기

고제3기
5000만 년 전

백악기
1억 년 전

쥐라기
2억 년 전

트라이아스기

페름기
3억 년 전

석탄기

데본기
4억 년 전

실루리아기

오르도비스기

5억 년 전
캄브리아기

신생대

중생대

고생대

cuttlefish
갑오징어

ram's horn
squid
스피룰라

squid
오징어

vampire
squid
흡혈오징어

cirrate
octopus
유촉모아목

octopus
문어

nautilus
앵무조개

Longibelus
롱기벨루스

Ammonitida
암모나이트목

Ancyloceratida
안킬로케라티다

Lytoceratida
리토케라티다

Palaeoctopus
팔라이옥토푸스

Phylloceratida
필로케라티다

Belemnitida
벨렘나이트목

Ceratitida
케라티티다

Prolecanitida
프롤레카니티다

Goniatiida
고니아티이다

Hematites
헤마티테스

Anarcestina
아나르케스티나

COLEOIDS
초형류

Nautilida
앵무조개목

Clymeniida
클리메니이다

AMMONOIDS
암모나이트류

NAUTILOIDS
앵무조개류

Ellesmerocerida
엘레스메로케리다

Sphooceras
스포케라스

Discosorida
디스코소리다

Oncocerida
온코케리다

Orthocerida
오소케리다

Plectronoceras
플렉트로노케라스

그림 2.4 여기에는 두족류의 진화사가 지구의 지질 연대별로 도식화되어 있다. 오늘날 바닷속에 있는 오징어류, 갑오징어류, 그리고 그 밖의 현생 두족류는 모두 유서 깊은 두족류 계통에서 가장 최근에 나타난 후손에 불과하다. 트라이아스기에는 이들이 존재하지 않았다! 초형류에서 해부학적 내부 구조를 그린 것은 여러 단계에 걸쳐 껍데기가 축소되는 과정을 보여주기 위해서다. 그리고 껍데기가 외부에 있는 두족류 그림에서 그런 내부 구조를 생략한 것은 껍데기의 아름다운 외견을 보여주기 위해서다. 점선은 본문에서 사연이 언급된 속屬, genus을 나타내고, 나머지 선들은 그 밖의 주요 분류군을 나타낸다. (그림 출처: Danna Staaf, C, A, Clark)

는 어렵다. 나중에 등장한 암모나이트류와 초형류 같은 두족류의 화석에서도 부리는 좀처럼 발견되지 않는다. 현생 앵무조개류의 부리와 현생 초형류의 부리가 매우 비슷하다는 사실로 미루어 보면, 두 부리는 아마도 공통 조상에서 진화했을 것이다. 어쩌면 우리는 운이 따라주지 않아서 그런 조상을 아직 발견하지 못했을 뿐인지도 모른다.

부리가 있었든 없었든 간에 원시 두족류는 분명 '뭔가'를 먹었을 것이다. 먹지 않았다면 그들의 진화 과정은 그때 거기서 끝나버렸을 테니까. 그들이 삼엽충 껍질을 씹어 먹지 않았다면, 무엇을 먹었던 것일까? 클루그는 이렇게 말한다. "몸집이 그렇게 엄청 큰 동물을 이야기할 때는 여과 섭식filter feeding에 대해 생각하게 됩니다." 어쨌든 현존하는 가장 큰 동물은 여과 섭식을 하는 수염고래니까. "어쩌면 당시 두족류는 그냥 해저와 물속의 이런저런 자잘한 먹이를 섭취했는지도 모릅니다."

그와 다르지만 연관된 가능성도 있다. 바로 부식腐食 생활을 했을 가능성이다. 정말 그랬다면 이런저런 '큼직큼직한' 먹이를 섭취했을 것이다. 어떤 이유로든 원시 두족류가 먹잇감을 사냥해 죽일 능력을 갖추지 못했다면, 그냥 노화나 질병, 사고로 먹잇감이 죽을 때까지 기다렸다가 슬쩍 다가가서 사체를 주워 먹었을 수도 있다. 콘은 이렇게 말한다. "그랬을 가능성이 가장 높을 거예요. 당시 두족류는 아마도 부식동물이었을 겁니다."

하지만 원시 두족류가 포식자였으리라는 생각을 아주 버릴 필요는 없다. 이를테면 멍크스는 굼뜬 포식 활동이란 개념을 선호한다. 잠시 시간을 내어, 껍데기가 길고 곧은 오르도비스기 두족류가 모랫바닥 몇 미터 위에서 천천히 돌아다니는 모습을 상상해보자. 그 두족류는 아래에서 달팽이 한 마리가 마찬가지로 느릿느릿 기어가고 있음을 시각이나 후각 등으로 감지한다. 그리고 제트 추진력을 살짝살짝 써서 다리의 사정거리 안에 먹이가 들어오도록 이동한 다음 먹이를 획득한다.

자연 다큐멘터리 영상물로 촬영되었다면, 그 '추격' 장면은 3배속으로 재생해야 시청자의 관심을 붙들 수 있겠지만, 어쨌든 진짜 추격은 그런 식이었을 것이다.

우리는 세상이 광대하고 불균질하다는 점을 잊지 말아야 한다. 모든 것이 모든 곳에서 진화하지는 않았다. 원시 두족류도 어떤 곳에서는 수동적으로 떠다녔겠지만, 어떤 곳에서는 좀 더 능동적으로 헤엄치는 방법을 개발했다. 진화 과정은 한 가닥짜리 실이 아니라, 많고 많은 실이 섞여 짜여 있는 것과 같다. 어떤 실은 뚝 끊겨버리지만, 어떤 실은 하도 빠르게 바뀌어 천에서 경로를 추적하기가 무척 어려울 정도다.

초포식자였든 초부식자였든 초플랑크톤이었든 간에, 원시 두족류는 여전히 우세한 쪽이었다. 어류가 등장하기 전에는.

초창기 실험

오르도비스기에 크고 작은 두족류가 바다 곳곳에 분포하면서 사냥이나 여과 섭식이나 부식 활동을 하는 동안(어쩌면 세 가지 다 했는지도 모른다) 두족류와 별로 관계없고 얌전한 '척추동물'이라는 계통에서 제대로 된 어류가 처음 탄생했다. 그들은 지느러미와 꼬리와 아가미는 물론이고 두개골도 있었으나 턱이 없었다. 그래서 물거나 씹을 필요가 없는 먹이라면 무엇이든 들이마셨는데, 그런 까닭에 필시 두족류에게는 위협이 되지 않았을 것이다. 그런데 그다음에 이어진 실루리아기에는 그 기묘하고 뼈 많은 동물들의 몸에서 정말 위험한 어떤 것이 발달했다.

턱은 부리만큼이나 먹이를 잡아먹는 데 효과적이었다. 턱을 쓰면 두족류의 껍데기를 뚫거나 부술 수도 있었다. 실루리아기의 두족류는 이제 먹이를 놓고 경쟁해야 할 상대가 생겼고, 아마도 자신이 먹잇감이 되는 상황을 처음 경험했을 것이다. 새로 등장한 어류는 두족류에게 진화의 엄중한 명령을 전달했다. 적응하거나, 죽으라.

초창기의 유악어류(턱 있는 어류)는 모두 보호 기관을 장착했는데, 그런 기관은 지금 우리에겐 상당히 투박해 보인다. 더없이 유체 역학적인 모양은 결코 아니었다. 그들은 상어도 아니었고 청새치도 아니었다. 그래도 두족류와 비교하면 그리 투박한 편도 아니었다. 두족류는 엄청 큰 연체동물 껍데기를 짊어지고 날라야 했다. 어류의 보호 기관은 적어도 굽혔다 폈다 할 수 있게 여러 마디로 나뉘어 있긴 했다. 두족류 껍데기는 보호 기관이라기보다 이동식 대피소에 가까웠다.

그런 약점을 보완하려고 실루리아기 두족류 중 일부는 과감한 방법을 썼다. 길고 곧은 껍데기의 거추장스러운 끝부분을 주기적으로 떼어낸 것이다. 그 절단형truncated 껍데기는 두족류가 헤엄칠 때 달고 다니기가 한결 수월했을 것이다. 그리고 파도에 휩쓸리거나 바위와 부딪혔을 때 손상될 가능성도 더 낮았다. 이점이 명백하긴 하지만, 자신의 껍데기를 일부러 부수는 것이 워낙 특이한 전략이다 보니, 최초의 절단형 껍데기 두족류로 알려진 종에는 바로 그 습성에서 유래한 스포케라스 트룬카툼*Sphooceras trun-catum*이란 이름이 붙었다.[30]

1860년에 스포케라스 화석을 처음 등재한 보헤미아 고생물학자 요아킴 바랑은 껍데기 절단 과정이 개체의 일생 동안 수십 차례 일어났으리라고 추정했다.[31] 앞서 언급한 엔도케라스 기간테움이 무게 균형을 맞추려고 그랬듯 스포케라스는 우선 껍데기 끄트머리의 방 3~5개를 단단한 무기질로 채웠다. 그리고 그와 같은 무기질을 이용해, 껍데기에서 계속 간직할 부분과 떼어낼 부분 사이의 격벽을 두껍게 만들었다(껍데기 일부가 떨어지는 현상이 단풍나무에서 잎이 떨어지는 것과 비슷하다 하여 그 부분에는 '낙엽성/탈락성deciduous' 부위라는 재밌는 이름이 붙었다). 끝으로 스포케라스는 연실세관을 막고 탈락성 부위를 어떻게든 분리했다. 구체적인 분리 방법은 수수께끼로 남아 있다. 그 문제는 잠시 후 다시 다루기로 하고, 일단은 또 다른 수수께끼에 대해 이야기해보자.

그림 2.5 스포케라스 트룬카툼. 이 동물이 껍데기를 내재화한 최초의 두족류였을 수도 있다. (그림 출처: Franz Anthony)

    탈락성 부위와 붙어 있다가 바닷물에 노출된 격벽에서는 둥그스름한 뚜껑이 자라났다. 그런 뚜껑은 개체의 연질부가 만들어냈을 텐데, 연질부는 껍데기의 반대편 끄트머리에 있었다. 바랑은 이를 설명하려고 꽤 별난 가설을 내놓았다. 그는 스포케라스가 특수한 촉수 두 개를 껍데기 절단부 쪽으로 쭉 뻗어 석회질을 분비해 뚜껑을 만들었을 수도 있다고 보았다.

    1980년대가 되어서야 몇몇 연구자들이 촉수 분비물로 껍데기 뚜껑이 생성된다는 가설에는 물론이고 껍데기 절단이란 개념 전체에도 이의를 제기했다. 폴란드 고생물학자 예지 지크는 "아무도 타당한 메커니즘을 제시하지 못한다"며 반대론을 폈다.[32] 그 동물이 무기질로 방을 채우고 격벽을 두껍게 할 수야 있겠지만, 그다음에는 어떻게 될까? 어떤 마법 같은 일이 일어나야 미리 정해둔 부위에서 정확히 분리가 일어날까? 지크는 껍데기에서 절단될 부분의 반대쪽 끝에 사는 연질부가 자기 껍데기를 어떻게 부쉈을지 짐작조차 못 했다. 게다가 껍데기를 부술 만한 '외부 요인'은 연질부도 죽일 수 있었다.

    그러다가 2012년에 체코 과학자 보이테흐 투레크와 슈테판 만다와 새로 발견된 스포케라스 화석 몇백 개가 아주 오래된 동물에 대한 완전히 새로운 관점으로 절단 가설을 구하러 왔다.[33]

    별보배조개cowrie를 생각해보자. 조개류 중에서 독특하게 껍데기 겉면에 자연 광택이 있는 조개다. 다른 달팽이류는 석회질을 분비하는 외투막을 비롯해 몸 전체를 계속 껍데기 내부에 두기 때문에 껍데기 겉면이 서서히 풍화되어 거칠어진다. 별보배조개가 매끈한 질감과 아름다운 무늬를 유지하는 까닭은 주기적으로 외투막을 밖으로 뻗어 껍데기 전체를 에워싸고 석회질을 새로 분비하기 때문이다.

스포케라스 껍데기, 그중에서도 뚜껑 부분은 수백만 년 동안 암석 속에 묻혀 있었는데도 별보배조개처럼 광택과 무늬가 남아 있다. 투레크와 만다는 그 동물이 외투막을 내뻗어 껍데기를 모두 감싸서 고생물학자들에게 명백한 단서를 남겼다고 결론지었다. 이 가설을 뒷받침하는 또 다른 증거는 껍데기의 반대쪽 끄트머리에서 나왔다. 머리 근처에서 열려 있는 부분의 껍데기는 워낙 얇아서 피부층 밑에서 보호받지 않았으면 부서져버렸을 것처럼 보인다.

이처럼 전과 달리 스포케라스의 외투막이 껍데기의 대부분 혹은 전부를 감쌌으리라고 보면, 껍데기 절단 과정을 이해하기가 더 쉬워진다. 스포케라스는 껍데기에서 떼어내려는 부위를 외투막으로 조금씩 녹일 수 있었을 것이다. 종이에 구멍을 줄지어 뚫어놓았을 때처럼 결과적으로 탈락성 부위는 평소에 헤엄칠 때 받는 압력만으로도 떨어져버릴 만큼 약해졌을 것이다. 물론 절단이 일어나려면 외투막을 도로 움츠려야 했을 것이다. 그러지 않았으면 탈락성 부위가 몸 내부에 남아 취지에 완전히 어긋났을 테니까.

아주 잘 보존된 표본의 무늬를 보면, 스포케라스 껍데기가 적어도 일생 중 얼마간은 노출되어 있었으리라는 추측도 할 수 있다. 투레크와 만다는 그 무늬가 현생 앵무조개의 무늬와 비슷하다고 말한다. 앵무조개는 껍데기 윗부분에 굵직굵직한 줄무늬가 있다.

현생 앵무조개의 호랑이 무늬는 선물 가게에선 생뚱맞게 화려해 보이지만, 물속에선 '역그늘색countershading'이라는 위장색을 이룬다. 앵무조개 껍데기의 윗부분은 짙은색 줄무늬가 두껍고 촘촘하게 있어서, 위에서 내려다보면 심해의 어두운색에 섞여 든다. 껍데기 아랫부분은 줄무늬가 가늘어지다가 없어져서, 아래쪽에서 올려다보면 해수면의 밝은색에 섞여 든다.

스포케라스의 무늬도 그와 비슷하다는 점으로 미루어 보면, 그들의 껍데기는 때때로 노출되어 포식자나 피식자들의 시선을 피하는 데 도움이 됐을 것이다.

지크는 스포케라스가 외투막으로 껍데기를 감싸고 껍데기 절단에 관여해야 했을 필연성을 아직도 납득하지 못하긴 하지만, 투레크와 만다의 연구를 '매우 잘 수행한 고생대 두족류 연구'로 꼽는다.[34] 수많은 스포케라스 화석을 새로 발견하고 기록하고 분석함으로써 두 과학자는 지구의 과거에 대한 인간의 이해를 확실히 증진했다. 관찰 결과는 언제까지고 쓰일 수 있지만, 해석 결과는 개선되거나 뒤집힐 여지가 있다.

투레크와 만다의 해석이 유효하다면, 스포케라스는 껍데기를 내재화해 본 최초의 두족류였던 셈이다. 몇백만 년 뒤에 몇몇 유별난 암모나이트류도 그런 시도를 했는지 모르지만, 속껍데기가 본격적으로 급격히 유행한 것은 초형류가 처음 등장하고 난 후였다. 최초의 초형류는 껍데기 절단 전략을 잠시 재개하기도 한 것 같은데, 그 전략의 개척자는 사라진 지 오래였다. 실루리아기 바다에서 원시 유악어류와 함께 사는 데 적응했던 스포케라스는 딱하게도 그다음 혁명기에 살아남을 준비가 되어 있지 않았다.

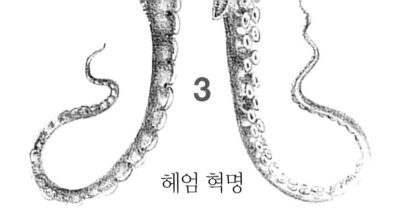

3

헤엄 혁명

스포케라스가 껍데기를 절단했다는 증거가 있긴 하지만, 그런 절단은 두족류가 거추장스러운 껍데기를 다룰 때 잘 안 쓰는 방법으로 남았다. 대세로 자리잡은 방법은 긴 머리를 틀어 올려 쪽을 짓듯이 껍데기를 돌돌 마는 것이었다. 껍데기가 나선형인 두족류는 최초의 두족류 등장 후 몇백만 년이 지났을 무렵 처음 나타나 원뿔형 껍데기 두족류와 함께 헤엄쳤다. 시간이 지나자 나선형 껍데기는 여러 무리에서 따로따로 진화해 나갔다. 그중 하나가 바로 앵무조갯과nautilid였다. 여기서 'nautilid'는 오자가 아니라, 현생 앵무조개를 탄생시킬, 앵무조개류nautiloid의 특정 하위 분류군이다.

주목할 만한 나선형 껍데기를 갖춘 또 다른 동물군은 바로 암모나이트류였다.

암모나이트류는 대단히 흥미로운 무리다. 그들은 두족류 화석기록상으론 가장 풍부하고 다양한 부류지만, 우리가 상상을 펼칠 때 길잡이가 될 만한 연질부 흔적이나 현존 후손을 하나도 남기지 않았다. 오직 껍데기만으로 우리는 어류가 많던 데본기 바다에서 그들이 처음 생겨난 사건, 알을 많이 낳고 빨리 성체로 자라도록 진화한 사건, 고생대 말에 멸종되다시피 한 사건을 짜 맞춰야 한다.

턱

4억 년 전의 데본기는 종종 어류 시대라고 불려왔다. 그런 별칭은 어류 아니고는 살아남기 어려웠던 것 같은 느낌을 주는데, 그게 완전히 틀린 말은 아니다. 하지만 데본기에는 앵무조개류와 암모나이트류 같은 두족류가 엄청나게 다양화하기도 했다. 어류와 두족류 둘 다 계속해서 헤엄을 더 잘 치게 되었고 먹이도 더 잘 먹게 되었다.

유악어류는 실루리아기에 처음 등장했지만, 데본기가 되어서야 본격적으로 번성했다. 그러면서 보호 기관이 어설펐던 판피류板皮類, placoderm가 한 단계 더 진화했고, 여러 상어류와 경골어류도 등장하게 되었다. 그다음에는 자연선택의 강력한 압박으로 몸이 유체 역학적 형태로 진화해 물을 재빠르게 가를 수 있는 어류가 생존에 유리해진 듯하다. 몇백만 년에 걸쳐 그들의 몸은 이상하고 납작한 베개형에서 우리가 어류 모양으로 당연시하는 참치 따위의 유선형으로 변화했다.

두족류에서도 비슷한 변화가 일어났다. 데본기가 끝날 무렵이 되자, 껍데기가 곧거나 헐겁게 말려 있는 두족류는 다양성과 개체 수가 줄어들고, 껍데기가 촘촘하게 말려 있는 두족류는 번성하게 되었다. 나선형 껍데기는 속도와 기동성 측면에서 절단형 껍데기와 같은 이점을 부여했을 뿐 아니라, 포식자에게 잡아먹히지 않도록 연질부를 보호해주기도 했다. 나선형 껍데기는 붙잡기도 어렵고, 붙들고 있기도 어렵고, 부수기도 어렵다. 두족류는 바로 그런 방어 수단이 필요했다.

해양 생태계는 완전히 달라졌다. 한때 주로 자잘한 부유 동물과 크지만 느리고 굼뜬 두족류가 살았던 바닷속은 이제 경쟁이 치열한 경주장―경주에서 진 동물들은 유악어류에게 잡아먹혀 죽음을 맞게 되는 곳—이 되어 있었다.

해양 생물학 용어를 조금 배우면 그때 무슨 일이 일어났는지 이해하는 데 도움이 된다. 동물은 서식지와 습성에 따라 다음과 같이 셋으로 분류할 수 있다. 밑바닥에서 사는 '벤토스benthos'(저서생물/저생생물), 물결에 따라 떠다니는 '플랑크톤plankton'(부유생물), 자유롭게 헤엄치는 '넥톤nekton'(유영생물, 이 말은 앞서 언급했던 '헤엄치는 새우' 넥토카리스Nectocaris와 같은 그리스어 어원에서 나왔다). 캄브리아기의 원시 동물들은 대부분 벤토스였다. 두족류는 일찌감치 플랑크톤과 넥톤으로 진화한 동물군 중 하나로, 그다음의 두 시대인 오르도비스기와 실루리아기에 걸쳐 여러 새로운 생태적 지위로 퍼져 나갔다. 그다음 데본기에는 분류학적 소속과 상관없이 모든 동물군에서 벤토스와 플랑크톤 단계를 벗어나 넥톤 단계로 진입하는 진화적 변화가 나타났다.

그래서 2010년에 스위스 고생물학자 크리스티안 클루그는 새로운 용어를 만들었다. 그는 어류 시대 대신 '데본기 유영 혁명Devonian Nekton Revolution'이란 말을 쓰면 어떻겠냐고 제안했다.[1] "저서생물이 받는 압력이 커지고 있었습니다." 클루그는 말한다. "데본기에는 가시가 있는 삼엽충, 가시가 있는 극피동물(성게)이 진화했어요. 방어 메커니즘의 진화가 모든 동물군에서 일어나고 있었죠."[2] 포식성 두족류가 해저에서 올라와 떠돌아다니다 틈틈이 먹잇감을 잡아채기만 하던 시절에도 생존은 꽤나 고된 일이었다. 그런데 이제는 강력한 턱을 갖춘 굶주린 어류가 파티에 끼어들었고, 피식자들은 모두 적응해야 했다.

우연치 않게 데본기 지층에서는 두족류 부리가 존재했음을 보여주는 최초의 화석 증거가 나오기도 했다.[3] "두족류에서 부리가 진화한 것은 어류에서 턱이 진화한 것에 대한 반응일 수도 있습니다."[4] 클루그의 추측이다. 그렇다고 해서 두족류와 어류가 나란히 앉아 서로 입 모양을 비교하다 두족류가 열등감을 느껴 집에 돌아가서 부리를 만들었다는 뜻은 아니다. 그랬을 리가. 클루그의 말은 다양한 피식자들이 어류의 턱에 대응해 더 좋은 보호 기관과 더 튼튼한 방어 수단을 발달시켰고, 어류의 턱 못지않게 강력한 저작 기관을 갖추지 못한 두족류는 굶주리게 되었다는 뜻이다. 유달리 단단한 부리가 생긴 두족류는 먹이를 더 많이 잡아먹을 수 있었다. 잘 먹는 동물은 대체로 굶주린 동물보다 잘 번식하므로, 부리가 단단한 두족류는 자손을 더 많이 남겨서 결국 두족류의 입을 크게 변화시키게 되었다.

빈터는 그런 관계가 다른 방향으로 진행됐을 수도 있음을 지적한다. "그 모든 걸 시작한 게 누구인지 누가 알겠습니까? 턱이 있는 척추동물 때문에 다들 '젠장, 별수 없군, 우리가 적응해야지 뭐' 했을 수도 있고, 두족류의 부리가 발달하자 어류가 '좋아, 우리도 따라가야겠군' 하고 깨달았을 수도 있어요."[5] 이와 관련된 화석기록은 아직 결론이 확실히 날 만큼 꼼꼼히 발굴되고 연구되진 않았다.

어떻게 시작됐든 간에 데본기 유영 혁명은 현재까지 줄곧 지속될 관계의 출발점이었다. 어류와 두족류, 두족류와 어류는 둘 다 다양화하여 바다를 채우며 서로 경쟁하고 서로 잡아먹었다. "그게 바로 두족류 진화의 주제인 것 같습니다." 빈터의 말이다. "끊임없이 어류와 공진화한다는 것 말이에요."

두족류의 진화 과정에서 어류가 중요한 역할을 했다는 것은 부인할 수 없지만, 두 무리의 상호 작용이 주로 경쟁인지 포식인지는 과학자들도 딱 잘라 말하지 못하는 편이다. 두족류와 어류는 같은 먹잇감을 놓고 서로 싸울까? 아니면 두족류는 어류의 턱을 피해 달아나려고만 할까? 디터 콘은 두 무리가 실제로 대등한 위치에서 만난 적이 없었다고 주장한다. 두족류는 무엇보다도 껍데기에 발목을 잡혔다. "암모나이트는 다른 동물을 사냥할 수조차 없었을 겁니다. 아주 작은 동물이라면 또 모르겠지만요. 어떤 종류든 어류가 존재하는 동안은 두족류가 아니라 어류가 최상위 포식자였습니다."[6]

그런 관점은 오래된 '어류 시대'라는 별칭에 타당성을 어느 정도 부여해 준다. 적어도 최상위 포식자가 누구냐에 따라 시대를 명명하려는 경우에는 그렇다. 하지만 그 시대를 '암모나이트류 시대'라고 부를 만한 근거도 있다. 해양 먹이 그물에서 중심 위치를 차지했을 가능성이 높은 동물이 누구냐에 따라 명명하자면 그렇게 된다. 아마 그즈음부터 두족류는 생태계 핵심종 역할을 맡아 바닷속의 자잘한 먹잇감을 먹는 한편 덩치 큰 동물들에게 풍부한 먹이가 되어주었을 것이다. 오징어가 현생 해양 포식자들에게 만능 해결책이 되었듯이, 암모나이트류는 고대 바닷속에서 같은 역할을 한 듯하다.

그런 역할을 수행할 수 있었던 것은 암모나이트류가 조상들에게 없던 중요한 진화상 이점을 개발한 덕분인 듯한데, 그것은 바로 토끼처럼 번식하는 능력이다.

교미와 산란

이 영역에서는 사실상 예나 지금이나 두족류보다 유별난 동물이 많다. 심지어 다른 연체동물들도 두족류보다는 유별난 편이다. 예를 들면 민달팽이 slug는 자웅동체(암수한몸)인데, 두 개체가 교미하는 동안 음경과 음경이 엉키기도 한다. 그래서 그들은 음경을 물어뜯어 버린다. 하지만 안심하시라, 이 장의 나머지 부분에 이만큼 거북한 이야기는 없을 테니.

현존하는 두족류는 모두 수컷 개체와 암컷 개체가 따로 있다. 그러니 멸종된 두족류도 그랬으리라고 상정하자. 하지만 화석의 성을 판별하기는 매우 어렵다. 심지어 살아 있는 동물의 성을 판별하는 것도 까다로운 경우가 있다. 수컷 앵무조개는 '스페이딕스spadix'로 식별한다. 솔직히 말하면 스페이딕스는 그냥 음경이라고 불러야 마땅하다. 발기성 기관으로 정자를 암컷에게 전달하는 역할을 하기 때문이다. 수컷 초형류는 조금 더 내성적이다. 그들은 음경에 해당하는 기관을 외투막 속에 둔 채 '교접완/생식완hectocotylus'이라는 변형된 다리로 정자를 전달한다. 스페이딕스와 교접완은 그 형태를 정확히 알고 있지 않으면 알아보기 힘들다. 그리고 대부분의 종에서 암컷을 식별하는 방법은 스페이딕스나 교접완이 없음을 확인하는 것뿐이다.

그런데 현존하는 초형류 가운데 한 종에서는 성별이 더없이 명백하다. 조개낙지argonaut라는 문어류의 암컷은 수컷보다 '다섯' 배로 더 크다. (범고래가 평균 성인보다 대략 다섯 배로 더 크고, 또 성인은 주머니쥐보다 다섯 배 정도로 더 크다.)

그런 엄청난 몸집 차이는 일부 고생물학자들의 관심을 사로잡았다. 일찍이 그들은 암모나이트류에 속하는 여러 종도 현저히 다른 두 가지 크기로 존재한다는 사실을 알아차리고, 마이크로콘치microconch(작은 껍데기)와 매크로콘치macroconch(큰 껍데기)라는 별칭을 만들어놓은 터였다. 마이크로콘치와 매크로콘치 둘 다 분명히 성체다. 껍데기에서 성장기에 쓰는 부분을 완성하고 성체기에 쓰는 마지막 체방을 만들어놓은 상태이기 때문이다. 처음에 한바탕 논란이 벌어진 후 연구자들은 대부분 현생 조개낙지를 본으로 삼아 암모나이트류의 성을 판별하기로 하여 매크로콘치를 암컷으로, 마이크로콘치를 수컷으로 여기기 시작했다. 마이크로콘치에는 '래핏lappet'이란 가늘고 긴 돌출부도 있는 경우가 많은데, 래핏은 말하자면 해부학적으로 지지대 역할을 한 듯하다(특정 현생 초형류에서 교접완이 상당히 큰 경우가 있다 보니, 마이크로콘치의 교접완도 지나치다 싶을 정도로 컸으리라고 상정되어왔다).[7] 아니면 래핏은 수컷 공작의 꼬리처럼 짝짓기 상대의 관심을 끌기 위한 장식물이었는지도 모른다.

일부 앵무조개류 화석도 매크로콘치와 마이크로콘치 형태로 존재하지만, 각각이 성체인지 확인하기는 꽤 어려운 편이다. 암모나이트류 성체를 식별하는 일은 대체로 간단하다. 여러 종이 마지막 체방을 공들여 변형해서 래핏 같은 구조물을 만들었기 때문이다. 앵무조개류 껍데기에서 성숙의 징후는 격벽의 상대적 두께와 방의 상대적 크기에서 나타나는 미묘한 변화로 구성된다. 하지만 몇몇 앵무조개류 화석에서 과학자들은 그냥 매크로콘치 형태를 '암컷'으로, 마이크로콘치 형태를 '수컷'으로 간주해버렸다.

그런데 현생 앵무조개의 껍데기는 정반대 패턴을 보여준다. 수컷이 암컷보다 약간 더 큰데, 스페이딕스를 수용할 공간이 필요해서 입구도 더 넓다. 앵무조개류의 촉수가 열 개에서 수십 개로 변화했을 때처럼 이 패턴은 분명 지금과 달리 암컷이 수컷보다 컸던 조상 때의 상태에서 지금의 상태로 진화했을 것이다. 하지만 그런 주장을 하려면, 언제 앵무조개류에서 수컷이 암컷보다 커졌는지, 왜 그렇게 됐는지 짚고 넘어가야 한다.

어떤 현생 종에서 암컷이 수컷보다 크면 우리는 보통 그런 몸집 차이가 알을 많이 낳고 품는 일과 관련돼 있으리라고 추측한다. 암컷 조개낙지는 거기서 한 단계 더 끌어올려 다리에서 나온 분비물로 껍데기 같은 육낭育囊, brood chamber을 만들어서 평생 동안 수많은 알을 품는 데 사용한다. 한편 아주 작은 수컷 조개낙지는 저마다 짝짓기를 딱 한 번씩만 하게 된다. 수컷 조개낙지의 교접완은 일회용이다. 정자로 채워져 암컷에게 삽입된 후에 떨어져 나가버린다. 우리가 아는 다른 수컷 초형류는 모두 교접완을 재사용할 수 있지만, 그들의 교접완에도 불쌍한 조개낙지에게서 유래한 이름(hectocotylus)이 붙었다. 암컷 조개낙지의 몸속에서 수컷 다리 조각을 처음 발견한 과학자가 그것을 헥토코틸루스Hectocotylus라는 속屬, genus의 기생충으로 기술했기 때문이다. 나중에야 생물학자들은 그 '벌레'가 원래 수컷 조개낙지 몸의 일부였고 다른 수컷 두족류에게도 비슷하게 변형된 다리가 있다는 사실을 알게 되었다.

반면에 수컷이 암컷보다 크면 우리는 보통 경쟁이 목적이리라고 추측한다. 분명히 오징어류 및 갑오징어류의 여러 종에서는 암컷보다 큰 수컷들이 암컷의 관심을 얻어 짝짓기를 하려고 서로 싸운다. 그들은 아주 별난 무늬를 피부로 드러내며 서로 밀고 당기고 문다. 암컷은 감탄하는 것처럼 보인다. 적어도 그들은 이긴 수컷과 교미하고 기꺼이 그 수컷의 보호를 받긴 한다. 하지만 그런 종에도 작은 수컷이 더러 있는데, 그들은 사뭇 다른 짝짓기 전략을 펼친다. 큰 수컷들이 자기 능력을 과시하는 데 반해, 그 작은 수컷들은 암컷에게 조용히 쭈뼛쭈뼛 다가간다. 경우에 따라서는 그러면서 암컷 색 패턴으로 변장하기도 한다. 진짜 암컷은 그런 행동을 싫어하지 않고, 이름값하는 그 '비열한 수컷sneaker male'과 선뜻 짝짓기를 한다. 본질적으로 그런 혼란스러운 전략은 화석기록에서 찾아내기가 사실상 불가능하다. 상상은 자유지만, 고대의 수컷 두족류가 두 가지 크기로 존재했는지를 우리가 무슨 수로 알겠는가?[8]

몸집 차이나 짝짓기 전략과 상관없이, 지금껏 연구되어온 현생 두족류의 암컷들은 모두 다수의 수컷에게서 정자를 거둬 간직했다가 알을 낳는다. 그런 방식은 생물학자들에게 흥미진진하면서도 당황스럽다. 그렇게 하면 정자끼리 경쟁할 기회, 암컷이 자기 맘에 드는 수컷들에게서 정자를 골라 받을 기회가 많아지긴 하지만, 실제 결과는 알쏭달쏭하다. 첫 번째 정자가 이길까? 마지막 정자가 이길까? 가장 빠른 정자가 이길까, 아니면 가장 섹시한 수컷의 정자가 이길까? 그것도 아니면 모든 정자가 유효한 난자들을 자기네끼리 공유하는 것일까? 이런 의문에는 현존하는 두족류로도 답하기 어렵다. 화석 두족류로는 말할 것도 없다. 생식 세포는 좀처럼 화석화되지 않는다.

그런데도 고생물학자들은 운 좋게 화석 두족류 알을 어느 정도 발견했다. (화석 정자는 아직 발견하지 못했다.) 발견된 알 화석의 다양성으로 미루어 보면, 고대 두족류는 현생 두족류 못지않게 다양한 산란 전략을 써본 듯하다. 일부 암모나이트류의 알은 현생 문어, 갑오징어, 일부 오징어 종의 알과 마찬가지로 피막에 싸여 있었던 것처럼 보인다.[9] 예나 지금이나 그런 난낭卵囊은 보통 해저의 바위나 조류藻類나 빈 껍데기처럼 비교적 안정된 물체에 붙어 있는 상태로 발견된다. 또 어떤 암모나이트류 알은 해저였다면 산소가 부족해 치명적이었을 장소에서 많이 화석화되었다. 그래서 고생물학자들은 그런 알들이 원래는 그 비우호적인 환경보다 한참 위에서, 다시 말해 산소 공급이 원활한 얕은 물속에서 떠다녔으리라고 추측한다. 오늘날 바다에서는 오징어가 그처럼 자유롭게 떠다니는 젤리 덩어리 같은 알을 낳는다.[10]

암모나이트류 알 몇 뭉치가 매크로콘치 내부에서 발견된 적도 있는데, 이는 해당 개체가 알을 품었다고 볼 만한 근거이자 매크로콘치를 암컷으로 간주할 만한 또 다른 근거다.[11] 현생 두족류에서는 그런 습성을 보기 드물지만, 심해 문어 중에는 부화할 때까지 수정란을 외투막 속에 품고 있는 종이 몇몇 있긴 하다.

운 좋게 발견한 화석 알은 너무 희귀해서 고대 두족류 성생활의 전반적인 진화 동향을 밝히는 데 쓰긴 곤란하다. 그런 목적을 위해서라면 과학자들은 연체동물 성체 껍데기의 매우 유용한 특징에 의존한다. 그것은 바로 각각의 껍데기가 개체의 평생 기록에 해당한다는 점이다. 부화할 당시 알의 크기도 거기 기록돼 있다. 암모나이트류 화석 안쪽, 나선형 껍데기 중심에는 해당 개체가 아직 배아였을 때 만든 아주 작은 '암모니텔라ammonitella'가 있다(또다시 낯선 용어로 부담스럽게 해서 죄송하지만 '암모니텔라'는 정말 어감이 좋다).

야코부치는 이렇게 설명한다. "암모니텔라는 알 속에서 완성됩니다. 개체가 부화해 껍데기 밖으로 나가면, 곧바로 껍데기에 흔적이 남아요. '바로 여기서 부화했어요' 하고 알려주는 흔적이죠. 이 녀석들은 유생기가 없습니다. 해양 무척추동물은 유생기를 거치는 경우가 드물어요. 알에서 부화하는 개체가 바로 성체의 축소판에 해당하죠." 야코부치는 또 이렇게도 말한다. "암모니텔라에는 독특한 장식 무늬가 있는 경우가 많아요. 성장기나 성체기의 장식 무늬와는 다른 무늬예요."[12] 그 사소한 세부 사항은 나중에 진화와 관련된 중대한 단서를 품고 있는 것으로 밝혀진다. 어쨌든 이보디보는 생물이 성장에 따라 달라지는 패턴에서 진화적 이점을 얼마나 많이 얻을 수 있는지 보여주는 것이니까. 하지만 지금은 성체 껍데기의 암모니텔라 크기를 측정하면 배아 크기를 알 수 있고 껍데기의 나머지 부분을 분석하면 성장 속도를 알 수 있다는 사실에 집중하자.

데본기 암모나이트류의 성장을 이런 식으로 추적하다 보면, '놀랍도록 줄어든 알' 사건과 마주하게 된다. 훌륭한 미스터리물이 으레 그렇듯, 이 이야기도 사건 현장과 동떨어진 곳에서 시작된다. 이야기의 시발점은 바로 지구의 육지에서 처음으로 숲이 출현한 일이다.

놀랍도록 줄어든 알

데본기가 시작될 무렵 육상 식물들은 물에 거품처럼 떠 있던 조류와 땅바닥에 낮게 깔려 있던 이끼류에서 진짜 입체 구조물로 진화하기 시작했다. 그들은 뿌리를 깊이 내리고 잎과 가지를 넓게 뻗으며 나무라 불려도 좋을 만큼 키도 커졌다. 육지 곳곳에 자리잡은 나무들은 이런저런 유기물 조각을 개울물과 강물 속에 떨어뜨렸고, 그런 물줄기는 결국 모든 것을 바다로 데려갔다.

영양 물질이 대거 유입되자 물속에 떠다니는 아주 작은 플랑크톤이 번성하게 되었다. 물론 모든 플랑크톤이 썩은 잎을 소화할 수 있었던 것은 아니지만, 그런 소화력이 있는 플랑크톤은 급증하여 다른 플랑크톤의 먹이가 되었다. 먹이 그물의 밑바닥에서 그처럼 에너지가 급증하자, 온갖 생물이 진화해 여러 계통으로 갈라져가는 과정 전체에 활기가 돌았다.

일단 여기까지는 괜찮다. 그런 일련의 사건이 턱의 진화와 어우러져 클루그가 말한 유영 혁명을 촉진했으리라는 점은 꽤 자명해 보인다. 그런데 클루그의 지도를 받던 대학원생 케네스 데바츠는 연구의 새로운 방향을 제시했다.[13] 물론 데본기에 암모나이트류 껍데기는 전체적으로 계속해서 더 촘촘히 말렸다. 하지만 각 암모나이트류 껍데기에서 아주 작은 암모니텔라라는 부분도 계속해서 더 촘촘히 말렸다. 게다가 암모니텔라는 촘촘히 말릴 수록 더 작아지기도 했다. 그런 현상은 어떻게 해석해야 할까?

더바츠도 원래 공룡 마니아였다가 두족류에 푹 빠져들었다. 처음에 공룡에 관심을 두다 보니 지질학을 공부하게 됐는데, 갈수록 무척추동물에 점점 더 흥미를 느꼈다. 어느 날 더바츠는 다큐멘터리를 보다가 자주 언급되는 유명한 이야기를 들었다. 문어가 어항에서 기어 나가 근처의 다른 어항에 들어가서 이웃을 잡아먹었다는 이야기였다.[14] 그 이야기를 듣고 나니 문어의 아득히 먼 조상들의 일상생활이 어땠을지 궁금해졌다. 무엇보다 궁금했던 것은 그들의 번식 습성이었다.

더바츠는 현생 문어류에서 알이 큰 종일수록 알을 적게 낳고 알이 작은 종일수록 알을 많이 낳는다는 사실을 알고 있었다. 알의 개수는 10의 거듭제곱 배나 차이가 나기도 하는데, 더바츠는 고대 암모니텔라를 끙끙대며 연구하다가 그와 비슷한 다양성을 발견했다. 큰 알을 35개쯤 낳는 암컷이 있는가 하면, 작은 알을 22만 개쯤 낳는 암컷도 있었다. 암모나이트류에서 종간의 차이는 데본기 내내 계속되었지만, 시간이 지날수록 더 작은 알을 더 많이 낳는 경향이 있었다.

캄브리아기에 처음 등장했을 때부터 두족류는 대부분 큰 알을 조금 낳는 편이었다. 그런 알에는 새끼가 자라는 데 도움이 되도록 영양분이 풍부한 난황이 잔뜩 들어 있었다. 그럴 필요가 있었다. 주변 환경에는 새끼가 먹을 만한 것이 별로 없었기 때문이다. 오르도비스기부터 초창기 원뿔형 껍데기 두족류 중 일부는 작은 알을 낳아본 듯하다. 거기 들어 있던 작은 새끼들은 플랑크톤 사이에서 스스로 살아가야 했을 것이다. 하지만 두족류 부모들이 새끼들에게 값비싼 난황 도시락을 싸주기보다 밖에 나가서 먹으라고 해도 될 만한 상황이 지속된 것은 데본기에 플랑크톤이 크게 번성한 덕분이었다. 암모나이트류는 점점 더 작은 알을 낳았고, 거기서 금세 부화한 새끼들은 플랑크톤을 마구 잡아먹었다. 그리고 알이 작아질수록 각각의 암컷이 낳을 수 있는 알도 많아졌다.

안타깝게도 작은 알의 부작용으로, 갓 부화한 새끼들은 더 다양한 크기의 포식자에게 잡아먹히기 쉽다. 암모니텔라의 나선형이 촘촘해진 것은 그런 취약성을 보완해 자신을 기키기 위해서였을 것이다. 이는 암모나이트류의 성체가 포식 압력을 갈수록 많이 받아 자연선택의 결과로 껍데기의 나선형이 촘촘해진 것과 같은 이치다.

몸집이 작은 새끼일수록 자라서 성체가 되는 데 오래 걸리는지, 다시 말해 알 크기가 줄어들면 수명이 길어지는지 궁금한 사람도 있을 것이다. 실제로 그렇지는 않았던 것 같다. 껍데기에서 배아기에 만들어진 중심부부터 마지막 체방까지 성장 궤적을 추적해보면, 해당 개체가 얼마나 빨리 성숙했는지 추산하는 데 도움이 된다. 암모나이트류는 대부분 매우 빨리 성숙한 듯하다. 어떤 종은 성숙하는 데 1년밖에 안 걸린 것 같고, 다른 종도 5년, 기껏해야 10년 정도 걸린 것 같다.

그다음에 암모나이트류는 대부분의 현생 두족류와 같은 생활 방식에 수렴했다. 현생 두족류는 짧고 굵게 사는 것으로 유명하다. 오늘날 오징어는 알을 수천 내지 수백만 개 낳고 곧바로 죽어버린다. 그래서 자기 새끼를 만날 일이 없다. 대부분의 종에서는 새끼가 자라서 알을 낳고 죽기까지 1년이 채 안 걸린다. 암모나이트류와 오징어류만 이런 전략을 채택한 것도 아니다. 곤충류도 대부분 그렇게 하고, 놀랍게도 엄청 크게 번성했으나 지금 멸종 상태인 또 다른 무리도 그렇게 했다. 그들은 바로 공룡류였다.

공룡은 모기나 오징어보다 수명이 훨씬 길었지만, 다른 척추동물, 특히 원시 포유동물에 비하면 성숙하는 속도가 빨랐다. 새로운 세대가 등장할 때마다 자연선택이 일어날 새로운 기회가 생겼다. 세대교체 속도가 포유류보다 빨랐기에 공룡은 그야말로 더 빨리 진화했다. 그들은 적응하고 확산하고 다양화하면서 1억여 년 동안 포유동물이 기를 못 펴게 했다.[15]

공룡이 일찍이 육지를 지배한 이야기는 두족류가 바다를 지배한 이야기와 흡사하다. 바다에서는 암모나이트류가 여러 시대에 걸쳐 번성했다. 그들은 나중에 겪을 여러 심각한 차질 중 첫 번째인 데본기 말 대멸종으로 퇴보했다가 얼마 지나지 않아 회복했다.

그런 위기가 닥친 것도 식물성 유기물의 유입 때문이었는지 모른다. 그러니까 원시 암모나이트류의 진화에 결정적 촉매가 되었던 것과 같은 사건 때문이었을 수도 있는 셈이다. 다들 알다시피 오늘날 바다로 흘러드는 다량의 영양분, 예컨대 농장에서 유출된 비료 성분 따위는 생태계에 매우 해로울 수 있다. 해양 세균이 과잉 영양분을 소화하면서 주변 물속의 산소를 지나치게 많이 흡수하므로, 거기서 사는 동물들이 호흡을 충분히 하지 못하게 된다.[16] 그와 비슷한 일련의 사건이 데본기 말에도 일어난 듯하다. 그러면서 광범위한 멸종으로 거대한 산호초 군집이 완전히 붕괴되고 수많은 암모나이트류 계통도 사라졌을 것이다.[17]

잔존하던 암모나이트류는 낳는 알의 수가 많고 세대가 짧은 덕분에 그 다음 시대(석탄기와 페름기)에 얼마 지나지 않아 또다시 크기와 모양이 다양해졌다. 암모나이트류가 빨리 진화하다 보니 앵무조개류의 진화가 무색해진 듯하다. 앵무조개류는 고생대 후반기 내내 소수의 비주류로 남아 있었다. 그들은 계속해서 옛날 오르도비스기 두족류처럼 큼직한 알을 낳았고 성체로 성숙하는 속도가 느렸다. 결과적으로 앵무조개류는 느릿느릿 진화하며 껍데기도 그다지 다양해지지 않은 채로 엄청 다양한 암모나이트류에게 둘러싸여 있었다.

고대 앵무조개류가 천천히 자란 것은 전혀 놀라운 일이 아니다. 물론 현생 앵무조개류도 천천히 자란다. 그들이 빨리 자라지 못하는 까닭은 껍데기를 만드는 일이 만만치 않기 때문이다. 그리고 보면 암모나이트류도 껍데기를 만들어야 했는데, 어째서 그들은 앵무조개류보다 훨씬 빨리 자랄 수 있었을까?

암모나이트류의 비결

암모나이트류 화석의 매우 아름답고 극적인 특징 중 하나는 격벽과 껍데기가 만나는 부분을 따라 나 있는 '봉합선suture line'이다. 봉합선이 우불구불할수록 격벽도 우글쭈글한데, 그토록 복잡한 구조의 목적에 대한 과학자들의 추측이 부족하지는 않다. 가장 널리 알려진 가설에서는 봉합선의 복잡성을 껍데기의 내압성과 관련짓는다.

물속에 잠긴 가스통은 모두 엄청난 수압 때문에 안쪽으로 파열될 위험이 있다. 우리 인간은 아마 그런 문제로 많이 걱정하지 않을 것이다. 인체의 대부분은 물이고, 물은 압력을 받아도 좀처럼 부피가 변하지 않는다. 우리 몸에서 공기가 들어 있는 부위는 몇 군데밖에 없다. 말랑말랑한 허파는 고통 없이 압축되는데, 우리는 허파 속의 공기를 끌어올려 머릿속의 비교적 단단한 부비강이란 공간의 압력을 외부 압력과 같게 조절할 수 있다. 수영장에서 깊이 잠수했다가 올라왔을 때 그런 현상을 체감할 수 있다. 아마 귀가 뻥 뚫리는 듯한 느낌이 들 것이다. 그런 느낌이 안 들 때는 코와 귀를 막고 풍선을 불 듯 숨을 내쉬면 도움이 될 것이다.

껍데기 속의 압력은 그런 식으로 조절할 수 없다. 두족류는 껍데기 말곤 기체 저장소가 따로 없어서 기체를 돌려쓰지 못하기 때문이다. 그렇다면 암모나이트류나 앵무조개류는 어떻게 해야 할까? 한 가지 선택지는 물속에서 수면과 가까운 얕은 곳에 머무는 것이다. 그곳은 수압이 아주 낮은 편이다. 또 다른 선택지는 우리가 잠수함을 만들 때 그러듯 껍데기가 압력을 견딜 수 있도록 껍데기를 강화하는 것이다. 인간은 공학 기술로 그렇게 하고, 두족류는 진화로 그렇게 한다.

껍데기의 벽은 껍데기의 부피에 비해 두꺼워질수록 더 큰 압력을 견딜 수 있다. 껍데기의 크기와 부피가 아주 작은 경우에는 그런 목적을 달성하기가 아주 쉽다. 그렇다면 예나 지금이나 껍데기 있는 두족류 가운데 일부

종의 작은 몸집은 심해 생활에 적응한 결과일 수도 있겠다. 방을 크게 만들려면 껍데기 벽을 그만큼 두껍게 만들어야 하는데, 그러려면 시간이 더 많이 걸릴 수밖에 없다. 현생 앵무조개가 적당한 크기에 이르도록 자라는 데 여러 해가 걸리는 것도 이 때문일 듯하다.

그런데 암모나이트류는 튼튼한 껍데기를 빨리 키우는 지름길을 발견했던 것 같다. 그들은 껍데기 두께를 두껍게 만들지 않고 방과 방 사이의 봉합부를 엄청 복잡하게 만들었다. 앵무조개류의 봉합선은 단순하지만, 암모나이트류의 봉합선은 이리저리 구부러져 복잡다단한 프랙털fractal(어떤 부분이든 전체 형태와 닮은 도형-옮긴이) 형태를 이룬다. 어떤 과학자들은 그런 복잡한 봉합부 덕분에 수압이 분산되어 껍데기의 어떤 부분도 웬만해선 부서지지 않게 된다고 생각한다.[18]

암모나이트류 껍데기 봉합선의 복잡성은 무계획적인 것이 아니다. 사실 그 봉합선은 일관성도 있어서 고생물학자들이 암모나이트류 종을 기술하고 식별할 때 쓰는 주요 수단이 되었다. 어떤 개체에서든 방과 방 사이의 격벽 수십 개가 모두 쌓아놓은 컵처럼 같은 방식으로 만들어져 있다. 개체에서만 그런 것이 아니라 각각의 종에서도 그렇다. 그리고 종별로도 독특한 패턴이 있지만, 종과 종 사이에도 명확한 관계가 있다. 봉합선 모양은 원시 암모나이트류에선 꽤 단순한 편이었는데, 진화가 진행될수록 점점 더 복잡해졌다.

봉합선 모양이 가장 단순한 원시 암모나이트류는 가장 작은 축에 들기도 했는데, 이는 아마 우연이 아니었을 것이다. 봉합선이 갈수록 복잡해진 덕분에 암모나이트류는 껍데기 벽이 얇아도 괜찮았다. 그래서 그들은 더 빨리 자랄 수 있었고, 결과적으로 수명을 늘리지 않고도 몸집을 키울 수 있었다.

복잡한 봉합선에는 포식자에게 잡아먹힐 가능성을 낮춰주는 이점도 있었을 법하다. 그런 봉합선은 수압을 잘 견뎠듯이 포식자의 턱이 가하는 압력도 잘 견뎌 껍데기가 좀처럼 부서지지 않게 해주었을 것이다. 설령 껍데

그림 3.1 현생 앵무조개 2종(왼쪽)과 고대 암모나이트류 2종(오른쪽)의 껍데기 3차원 표면 렌더링을 보면 이들 방의 복잡성 차이를 파악할 수 있다. 격벽의 생김새를 좀 더 분명히 보여주기 위해 종별로 껍데기 전체 모양 옆에 방 하나의 모양을 나타냈다. (출처: Robert Lemanis, Dieter Korn, Stefan Zachow, Erik Rybacki, and Rene Hoffman, "The Evolution and Development of Cephalopod Chambers and Their Shape," 2016.)

기의 한 부위가 부서졌더라도 구불구불한 봉합선은 균열이 번지지 않게 막아주었을 것이다. 물어도 그다지 소용없다는 사실에 실망한 상어는 더 먹기 쉬운 먹잇감을 찾으러 가지 않았을까. 그리고 암모나이트류는 그런 파손 부위를 앵무조개류보다 빨리 수리할 수 있었던 것 같기도 하다. 여러 화석 증거에 따르면, 고대 두족류가 공격을 받고도 살아남고 상처까지 치유되는 경우가 더러 있었던 것 같다. 방추부에 구멍이 하나라도 뚫리면 치명적이었다. 방추부 속의 유일한 연조직인 연실세관이 껍데기를 더 키울 수 없게 되었기 때문이다. 하지만 체방이 손상된 경우에는 개체의 유능한 외투막이 바로 거기서 손상 부위를 고칠 수 있었다.

  암모나이트류는 봉합선 덕분에 껍데기가 강해지고 성장 속도가 빨라졌다는 것이 그럴듯한 설명이긴 하지만, 처음에는 둘 중 어느 것도 그 봉합선의 이점이 아니었을 가능성 또한 존재한다. 일부 과학자들의 의견에 따르면, 복잡한 봉합선은 처음 등장했을 때 기체 교환 과정에 한몫했는지도 모른다.

현생 앵무조개는 연실세관으로 수분을 빨아내거나 도로 스며들게 해서 방 내부의 액체 대 기체 비율을 바꾸는 데 오래 걸린다. 그들은 자라면서 새로 방을 만들 때 그러기도 하고, 껍데기 일부가 떨어져 나갔을 때 부력 변화에 순응하기 위해 그러기도 한다. 하지만 이동하기 위해 그러지는 않는다. 위나 아래로 헤엄치려 할 때 앵무조개는 그냥 누두를 적당히 기울여 물을 내뿜을 뿐이다.

격벽이 더 우글쭈글했던 덕분에 암모나이트류는 현생 앵무조개보다 액체 대 기체 비율을 더 빨리 바꿔 부력을 더 빨리 조절했는지도 모른다. 정말 그랬다면 그들은 열기구처럼 움직일 수도 있었을 것이다. 열기구가 오르내리는 것은 능동적인 추진력 때문이 아니라 조종사가 열을 가하거나 식혀 기구의 부력을 조절하기 때문이다.

복잡한 봉합선이 처음에 그런 용도로 쓰였다면, 후대의 암모나이트류가 껍데기를 강화하려고 용도를 변경한 셈이다. 시간이 흐름에 따라 특정 형질의 용도가 그렇게 바뀌는 것은 꽤 흔한 일이다. 예를 들면 깃털은 처음에 공룡류에서 생겨났을 때 필시 보온용이었을 것이다. 진화의 손길이 공기 역학이라는 영역에 이르기까지는 오랜 시간이 걸렸다. 그런데 깃털을 비행용으로 쓰는 현생 조류도 온기를 유지해주는 솜털의 덕을 여전히 보고 있다. 그와 비슷하게, 암모나이트류에서 봉합선이 복잡해지기 시작했을 때는 이동이 용이해졌는지 모르나, 시간이 어느 정도 지난 다음에는 봉합선이 복잡한 암모나이트류일수록 껍데기의 내압성과 방어력이 높아진 덕을 보게 되었다.

죄송하지만 잠시 의인화를 하자면, 나는 진화가 암모나이트류에 대해 생각한 방식이 우리 딸이 점토에 대해 생각하는 방식과 같으리라고 상상하길 좋아한다. 가능성은 무궁무진하고, 창조의 황홀감은 거의 압도적이다.

그런데 그렇게 봉합선이 복잡하고 알을 많이 낳고 껍데기가 촘촘한 나선형이었음에도 불구하고, 암모나이트류는 멸종되다시피 했다.

96퍼센트 대멸종

2억 5200만 년 전에 지구는 소화 불량에 된통 걸려 곳곳에서 아가리를 벌리고 모두에게 지옥 같은 삶을 선사했다. 우리가 그 사실을 아는 것은 탄소라는 원소 때문이다. 탄소는 모든 생명체가 자기 몸을 만들 때도 쓰이고 극히 일부 생명체(과학자들)가 지구 역사를 연구할 때도 쓰인다.

탄소는 비교적 무거운 형태로도 존재하고 가벼운 형태로도 존재하는데, 두 형태 모두 지구 곳곳에서 쉽게 구할 수 있다. 디터 콘은 이렇게 설명한다. "생물체는 지구 전역의 탄소 저장고에서 가벼운 탄소를 가져다 연질부를 만들고 싶어 합니다. 지구에 생물이 많을 때는 저장고에서 가벼운 탄소가 대폭 줄어들어요."[19] 생물체가 죽어서 썩으면 그 몸을 구성하는 탄소가 지구 전역의 저장고로 돌아간다.

페름기에는 지구에 생물이 줄곧 많이 있었다. 그래서 탄소 저장고에 가벼운 종류는 얼마 없고 무거운 종류만 잔뜩 있었다. 그러다가 암석층에 기록된 바에 따르면 2억 5000만 년 전쯤에 가벼운 탄소가 갑자기 대거 유입되었다. 콘은 이렇게 말한다. "그런 상황을 정상적인 과정으로 설명하긴 어렵습니다. 탄소 순환 과정에서 뭔가 잘못된 거예요. 주요 가설에서는 시베리아에 대규모 화산이 있었다고 봅니다. 엄청 큰 화산이 그 지역의 유기물을 모두 태워버렸고, 그러면서 가벼운 탄소가 쏟아져 나온 거죠."

위에서 '엄청 큰'은 조금 절제된 표현이다. 시베리아 화산 분화는 10년간 지속됐다고 추정되고, 그런 분화가 지질에 미친 영향은 지금 200만 제곱킬로미터에 육박하는 현무암 지대를 보면 쉽게 가늠할 수 있다.[20] 범람원에서 살던 생물은 당연히 모두 죽었는데, 어찌어찌해서 그 국지적 문제는 지구 전역의 대량 멸종으로 확장되며 페름기에 마침표를 찍었다. 2억 년 후 공룡을 멸종시킨 사건만큼 유명하진 않지만 페름기 대량 멸종은 더 파괴적이었다. 꽤 냉철한 과학자들도 그 사건에 '대멸종the Great Dying'이란 극적인 이름을 붙였다. 결국 거의 모든 생물군에서 어마어마하게 죽어 나갔다. 척추동물의 70퍼센트가 말살됐고, 곤충마저 상당수가 몰살당했다. 대량 멸종이 엄청나게 회복력 강한 그 생물군에 영향을 미친 것은 그때뿐이었다.

어떻게 화산이, 아무리 화산군이라 해도, 아주 큰 규모의 화산군이라 해도, 그토록 광범위하게 영향을 미쳤을까? 어떻게 암모나이트류를 멸종시키다시피 했을까? 두족류 고생물학의 원로 콘도 모른다. 콘이 모르면 아무도 모르는 것이다.

베를린 자연사 박물관에서 지구 반 바퀴만큼 떨어진 샌터크루즈 캘리포니아 대학교의 매슈 클래펌 교수도 그 참사를 이해하려고 연구 중이다. 나는 그에게 페름기 말에 살았던 그 불운한 동물의 삶이 어땠을지 물어보았다. 10만 년은 따지고 보면 지질시대 전체에서 아주 짧은 순간에 불과하겠지만, 현생 인류 호모 사피엔스 사피엔스*Homo sapiens sapiens*의 계통이 이어져온 기간 전체만큼이나 긴 세월이기도 하다. 그런 규모의 화산 활동은 상상이 되지 않는다.

클래펌은 화산이 10만 년 동안 날마다 분화한 것도 해마다 분화한 것도 아니라고 설명한다. 그는 몇백 년이나 몇천 년마다 대규모 분화가 한 번씩 일어나 몇 년 이내로 지속됐으리라고 생각한다. 그런 각각의 분화 중 일부는 분명 규모가 정말 어마어마했을 것이다. 세인트헬렌스산이나 크라카타우섬의 분화보다 훨씬 대단했을 것이다. 그렇지 않았다면 분화가 환경에 미친 영향이 너무 완만해서 지구 시스템이 변화의 충격을 완화했을 것이기 때문이다. 대격변이 일어나지 않으면 대멸종도 일어나지 않는다. 클래펌은 100년 정도의 짧은 기간에 피해의 대부분이 발생했으리라는 가설을 세우기

그림 3.2 트라이아스기에 살았던 케노케라스*Cenoceras*라는 앵무조개류는 페름기에 멸종될 뻔했다가 회복한 앵무조개류의 후손이다. (그림 출처: Franz Anthony)

도 했다. 그는 이렇게 말한다. "제대로 확인할 방법은 없겠죠. 하지만 분명히 그런 식이었을 거예요."[21]

고대 앵무조개류도 현생 앵무조개처럼 수명이 20년 정도로 길었다면, 그 개체들은 주변 환경이 크게 교란되는 모습을 목격했을 것이다. 지구가 이산화탄소를 엄청나게 많이 내뿜는 바람에 지구 기온은 6~10도나 높아졌다. 적도 바닷물은 온탕 수온에 이르거나 그 선을 넘어섰을 것이다. 더운물은 찬물만큼 산소를 많이 붙들고 있지 못하므로 산소 농도가 급락했다. 그와 동시에 바닷물은 대기 중의 과잉 이산화탄소를 흡수했는데, 그런 이산화탄소는 화학 반응을 일으켜 바닷물의 pH를 떨어뜨렸다.

클래펌에 따르면, 우리는 이 pH 감소가 해양 생물들에게 정말 영향을 미쳤는지 여부에 대해 거의 알지 못한다. 각종 산업에서 이산화탄소가 대거 배출된 결과로 발생한 현대 해양 산성화에 관해 알아본 사람에게는 답이 명백해 보일지도 모르겠다. 산호와 조개껍데기가 녹거나 아예 만들어지지도 못하리라는 암울한 예측은 해마다 현실에 가까워지고 있다.[22] 하지만 이는 요즘 pH가 워낙 '빠르게' 변하고 있기 때문이다. 변화가 천천히 일어나면, 해양 순환 고리가 변화의 충격을 완화해줄 테니, 껍데기를 만드는 생물들에게 필요한 탄산염이 충분히 남게 될 것이다.

페름기 말의 화산 분화로 바닷물 pH가 오늘날처럼 급격히 변하게 됐다면, 대멸종기에 최대 규모의 사망 사태가 바닷속에서 발생한 이유도 바로 그 때문일 것이다. 당시 바다에서는 모든 생물 종 가운데 96퍼센트가 사라졌다. 무척추동물이 척추동물보다 큰 타격을 입었지만, 상어류와 가오리류도 상당수가 목숨을 잃었다. 암모나이트류도 물론 초토화되었다.

하지만 앵무조개는 초토화되지 않았다.

"대량 멸종 사건이 발생할 때마다 암모나이트와 앵무조개류는 그렇게 각각 다른 일을 겪었습니다." 콘의 말이다. "암모나이트는 언제나 먼저 매를 맞았지만, 앵무조개류는 그러지 않았죠."[23] 두족류에서 겉모습이 비슷한 그 두 분류군이 각각 다른 영향을 받는 이유를 설명하려 할 때 고생물학자들은 보통 둘의 번식 전략이 다르다는 점을 주목한다. 분명히 환경 변화와 관련된 어떤 요인이 수명 길고 알 크기가 큰 앵무조개류에게는 유리했던 반면 수명 짧고 알 크기가 작은 암모나이트류에게는 불리했을 것이다.

둘의 멸종 속도가 달랐던 이유가 무엇이었든, 암모나이트류의 몰락 후에 앵무조개류가 주도권을 넘겨받을 준비가 되어 있었으리라는 것은 쉽게 추측할 수 있다. 그럼에도 불구하고 몇몇 암모나이트류는 간신히 곤경에서 벗어났는데….

4

변화무쌍한 껍데기

두족류가 바다에서 가장 크고 억센 동물이었던 나날에 우리가 작별을 고하긴 했지만, 중생대에 그들은 새로운 종류의 진화적 성공을 거두었다. 풍부해지고 다양해진 것이다. 사람들은 대부분 공룡을 중생대의 대표 화석 동물로 여기지만, 고생물학자들 가운데 상당수는 그 지위에서 암모나이트류가 차지하는 비중이 1000배 넘게 크다고 본다.

앞 장에서 우리가 만난 고생대 암모나이트류는 멋진 껍데기를 만들고 알을 많이 낳았지만, 그 생물군에 명성을 가져다주는 것은 바로 중생대 암모나이트류다. 더없이 특이한 온갖 형태, 더없이 충격적인 온갖 개체 수가 나타난 시기는 바로 중생대—트라이아스기, 쥐라기, 백악기—다. 지질학적 타임스탬프로 가장 유용한 부류도 바로 중생대 암모나이트류고, 페그 야코부치 같은 과학자들의 다음과 같은 깊은 의문에 답해주기 시작하는 부류도 바로 그 암모나이트류다. 진화는 어떻게 일어날까? 새로운 생물은 어떻게 생겨날까?

우선 그런 생물들이 탄생한 세상부터 살펴보자. 그 거대한 대륙 복합체

'모든 육지' 판게아Pangaea가 짜 맞춰진 시기는 고생대 말이었으므로, 대멸종이 일어났을 무렵에는 지구의 모든 육지가 모여 하나의 군집성 덩어리를 이루고 있었다. 지금 우리가 오스트레일리아라고 부르는 땅은 남극 대륙과 인도에 붙어 있었고, 남극 대륙과 인도는 아프리카와 남아메리카에 붙어 있었고, 아프리카와 남아메리카는 북아메리카와 유라시아로 이어져 있었다. 그 광활한 땅덩어리들은 그때부터 1억 7500만 년 동안 서서히 서로 멀어져 오늘날 우리가 익히 아는 여러 대륙의 형태로 변할 터였다.

중생대의 지질 이야기는 육지를 중심으로 보면 판게아가 해체되는 과정이다. 하지만 바다를 중심으로 보면 그 초대륙을 '모든 바다' 판탈라사Panthalassa—판게아 전체를 에워싸고 있던 광대한 바다—가 단호히 침투하는 과정이다.

트라이아스기에는 판게아가 허리 쪽의 한 부분에서 쐐기 모양으로 갈라져 북반구 대륙과 남반구 대륙으로 나뉘면서 테티스해Tethys海가 생겨났다. 그다음 쥐라기 초에는 젊고 팔팔한 대서양이 북아메리카와, 여전히 한덩어리로 붙어 있던 남아메리카 및 아프리카 사이를 비집고 들어갔다. 백악기에도 이런저런 초거대 대륙들이 더욱더 나뉘어 쪼개짐에 따라 그 사이사이에서 점점 더 많은 바닷길이 열리고 넓어졌다. 그런 온갖 변화의 선봉장이었던 테티스해는 결국 인도와 아프리카가 훅 치고 들어오는 바람에 쪼그라들어 지금 우리가 지중해라고 부르는 바다가 되었다.[1]

어쩌면 그런 바다의 다양화가 바닷속 동물들의 다양화를 촉진했는지도 모른다. 진화는 외부와 단절된 상태에서 일어나지 않는다. 새로운 생물은 새로운 생태적 지위에 적응해야 한다. 풍부하고 아름답고 기묘한 중생대 암모나이트류는 고여 있던 물이 범람하고 맛있는 신종 부유생물이 무서운 신종 포식자로 진화하는 등의 환경 변화에서 영향을 받아 형성되었다.

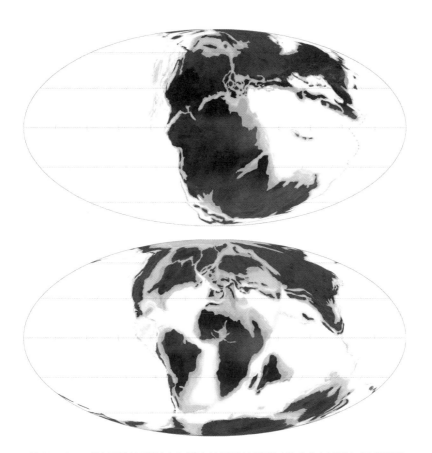

그림 4.1 A, 4.1 B 1억 8000만 년 전(쥐라기 초, 위)부터 8000만 년 전(백악기 말, 아래)까지 일어난 대륙 위치의 변화. 판게아가 나뉘어 쪼개지면서 북아메리카 대륙에 서부내륙해Western Interior Seaway가 생겨나고 남극 대륙 둘레에도 바닷길이 열렸다. (출처: Global Paleogeography and Tectonics in Deep Time, ⓒ 2016 Colorado Plateau Geosystems, Inc.)

잿더미에서 다시 일어나다

대멸종 후 5000만 년은 여전히 생물이 살아가기에 상당히 불안정하고 위험한 시기였다. 하지만 그런 상황은 진화적 혁신의 원동력이 되기도 한다. 실제로 고생물학자들은 당시 동물 다양성의 급증을 '트라이아스기 폭발'이라 일컬으며 규모 면에서 캄브리아기 대폭발과 견준다. 또 캄브리아기 대폭발과 마찬가지로 트라이아스기 폭발은 주로 바다에서 일어났다(사람들은 바다가 지구에서 막대한 부분을 차지한다는 걸 잊어먹기 십상이다). 두족류는 그런 역동적 환경을 이용하는 데 특히 적합했던 것 같다. 대멸종의 여진이 잦아들기만 하면 그들은 원기를 되찾았다. 척추동물들과 경쟁하거나 척추동물들에게 잡아먹힐 위험이 상대적으로 낮은 수준이라는 조건을 잘 활용해서.

육지에서는 척추동물들이 꽤 바빠지고 있었다. 트라이아스기는 공룡류와 포유류가 처음 등장한 시대로 유명하지만, 몸집도 크지 않고 개체 수도 많지 않았던 그들은 분추류分椎類, Temnospondyli라는 거대한 원생 양서류의 먹잇감이 되었다. 내륙 쪽 환경은 건조하고 척박했다. 식물이 무성해진 중생대 말의 육지와는 현저히 달랐다. 하지만 판게아는 매우 건조한 불모지였을망정, 판탈라사는 그렇지 않았다.

트라이아스기는 진화적 방산evolutionary radiation(계통군의 다양성이 급증하는 현상—옮긴이)의 온상이었다. 따뜻한 물이 초대륙과 외딴섬들을 에워싸고 있어서 극지방에도 빙원이 없었다. 트라이아스기 초에 해양 파충류가 처음 등장했고, 멸종될 뻔했던 암모나이트류도 얼마 지나지 않아 회복했다. 심지어 그 별난 분추류 중 일부는 바다 생활에 적응하기도 했는데, 양서류에서 그런 경우는 사실상 유례없는 일이다. 요컨대 먼바다의 생태계는 아주 잘 돌아가고 있었다.

해저 생태계는 회복하는 데 더 오래 걸렸다. 아마 산소가 계속 부족했기 때문일 것이다. 페름기에 마침표를 찍은 화산 분화와 이산화탄소 방출은 지구 기후에 흔적을 남겼다. 이산화탄소로 포화되고 온실 효과로 데워진 바닷물에서는 해양 동물들이 숨을 쉬기가 어려웠다. 저산소 환경에서 번성한 세균은 애초에 그 세균을 탄생시켰던 상황을 지속시켰다.

당시 두족류가 현생 두족류와 비슷했다면 그런 스트레스를 감당할 수 있는 소수의 동물군에 속했을 것이다. 현생 앵무조개는 이산화탄소 농도가 높을 때 쉽게 호흡하는 비범한 능력이 있을 뿐 아니라, 산소 농도가 낮은 물속에서 물질대사 속도를 줄일 수도 있다. 또 그들은 엄청난 양의 물이 아가미를 거치게 해서 물속의 잔존 산소를 최대한 흡수할 수도 있다. 오징어도 비상수단이 있다. 특히 두 종 훔볼트오징어와 흡혈오징어vampire squid는 산소를 얻기 힘들 때 대사 요구량을 쉽게 낮출 수 있다.[2]

현생 앵무조개류와 초형류 둘 다 그런 능력이 있으니, 적어도 암모나이트류 중 일부는 마찬가지로 저산소 상황을 감당할 수 있었으리라고 추측해 볼 만하다. 트라이아스기 초에 산소가 다시 바닷물로 녹아들기 시작했을 때 고대 두족류는 농도가 막 높아지기 시작한 그 귀중한 기체를 활용할 준비가 잘 되어 있었을 것이다.[3] 다른 동물들은 대부분 산소 농도가 더 높아질 때까지 기다려야 했겠지만, 트라이아스기 내내 암모나이트류와 앵무조개류는 둘 다 계속해서 다양화했다.

하지만 두족류에게도 트라이아스기가 꽃길은 아니었다. 그들은 트라이아스기 중간중간에 두어 차례의 대규모 멸종 사건과 두어 차례의 소규모 멸종 사건을 겪고 트라이아스기 말에 정말 극심한 멸종 사건을 겪으면서 곤경에 빠졌다.

트라이아스기 말 대량 멸종의 원인은 알려지지 않았다. 2억여 년 전에, 그러니까 페름기 대멸종 후 불과 5000만 년 만에 일어났으니, 비슷한 화산 활동이 원인이었을 수도 있지 않을까? 페름기 말의 현무암과 비슷한 범람현무암flood basalt이 트라이아스기 말 멸종과 같은 시기에 형성된 것으로 밝혀졌다. 그리고 다들 알다시피 화산이 지구 온도와 바닷물 산성도를 높이면 동물들은 온갖 문제에 직면하게 된다. 생리적으로 특히 예민한 동물들은 환경 변화 탓에 즉사할 수도 있고, 높은 온도와 산성도를 견뎌내는 동물들도 살아남기 위해 분투해야 한다. 해양 동물들은 짝짓기 상대를 찾으려고 화학적 신호를 물속에서 주고받는 경우가 많은데, 물의 상태가 달라지면 그런 신호가 틀어지기도 한다. 혼란스러워 번식을 못 하게 된 종들은 고생물학자 데이비드 본드 말마따나 가슴 아픈 '독신사獨身死, death by celibacy'를 맞을 수도 있다.

원인이 불확실하긴 하지만, 트라이아스기 말의 멸종 사건은 극적인 영향을 미쳤다. 분추류와 그 친척인 크로커다일crocodile을 비롯해 육지의 주요 포식자들이 대부분 몰살당하면서 공룡류가 들어설 공간이 열렸다. 바다에서는 앵무조개류가 몰락해 앵무조갯과만 덩그러니 남았는데, 그 좁은 단일 계통은 현생 앵무조개로 이어질 터였다. 앵무조갯과는 그날부터 오늘날까지 꾸물거리며 천천히 자라고 두꺼운 껍데기를 만들고 큼직한 난황질 알을 낳았다.

암모나이트류에 관해 말하자면, 트라이아스기 말에 멸종된 종이 워낙 많다 보니 과학자들은 시대의 경계선을 넘어 쥐라기로 진입한 종을 아직 하나도 못 찾았다. 하지만 분명히 몇몇 종은 쥐라기까지 살아남아 후대의 조상이 되었을 것이다. 어느 종이 살아남았든 간에 그들은 작은 알 크기와 빠른 성장 속도 덕분에 새로운 해양 환경과 잘 맞는 신세대 암모나이트류로 지체 없이 진화할 수 있었다.

그즈음 지구 환경은 안정되어 있었다. 그러니 팝콘을 챙겨 와서 자리에 앉아 쥐라기 수족관의 개장을 구경해보시라.

방어 태세를 취하다

두족류가 어류를 만만찮은 위협적 존재로 여겨왔을 수도 있겠지만, 어류는 쥐라기와 백악기에 번성한 해양 파충류에 비하면 아무것도 아니었다. 이제 세계 곳곳의 암모나이트류는 육지에서 살다 따로따로 바다로 돌아간 세 가지 파충류의 먹잇감이 되었다.

처음 등장한 종류는 '어룡' 익티오사우루스ichthyosaurs였다. 익티오사우루스는 추진력을 일으키는 큼직한 꼬리, 자그마한 지느러미발 네 개, 뾰족한 주둥이를 갖추었으나 목이라 부를 만한 부위는 없었다. 그들은 생김새는 물론이고 아마 행동도 돌고래(현생 오징어의 천적)와 아주 비슷했을 것이다. 익티오사우루스 다음에는 플레시오사우루스(수장룡)plesiosaurs가 등장했다. 플레시오사우루스는 목이 길고 머리가 작으며 꼬리가 짧고 가늘어서, 몸집이 거대하고 목이 긴 육생 공룡 용각류와 닮아 보인다. 그들은 큼직한 근육질 지느러미발 네 개로 추진력을 일으켰고 아마 작고 느린 먹잇감을 뒤쫓았을 것이다. 그런데 얼마 후 일부 플레시오사우루스는 목이 짧아지고 머리가 커졌는데, 수백만 년 후 고생물학자들은 그들에게 페록스ferox 같은 이름을 붙여 그들이 큰 먹잇감을 사냥하는 더 '사나운ferocious' 포식자였음을 암시했다. 플레시오사우루스 중에서 목이 짧은 그 하위 분류군은 플리오사우루스pliosaurs라고 불리는데, 이는 단연코 가장 쓸데없이 혼란스러운 명명법으로 꼽힐 만하다. 다행스럽게도 플리오사우루스는 큼직한 근육질 지느러미발과 날씬한 꼬리가 있다는 점에서 여전히 플레시오사우루스로 인식되긴 한다.

백악기에는 익티오사우루스가 차차 사라지고 세 번째 파충류가 익티오사우루스가 뽐냈던 큼직한 추진용 꼬리를 재현하며 나타났다. 그들은 모사사우루스mosasaurs였다. 아마도 그 기회주의적인 동물들은 비어 있던 생태적 지위를 차지했거나, 잔존하던 익티오사우루스와 경쟁해서 이겼을 것이다.

우리는 그 모든 포식성 파충류가 두족류를 잡아먹었으리라고 확신해도 괜찮을 것이다. 플레시오사우루스 화석과 익티오사우루스 화석의 위 속에서 껍데기 조각이 발견되었고,[4] 껍데기 화석에서 모사사우루스에게 물린 자국이 발견되었다. 주목할 만한 껍데기 하나에는 심지어 큰 모사사우루스와 작은 모사사우루스 둘 다에게 물린 자국이 남아 있기도 한데, 한 과학자는 그것을 부모가 새끼에게 사냥 기술을 가르쳤다는 증거로 간주했다.[5] 그런 해석은 조금 억지스러워 보일지도 모르겠다. 혈연관계가 없는 크고 작은 모사사우루스 두 마리가 먹잇감을 놓고 싸우다 한쪽이 물고 있던 먹이를 다른 쪽이 잡아챘을 가능성도 충분히 있기 때문이다.

하지만 그 해석은 해양 파충류와 두족류에 관한 고생물학계의 가장 기괴한 이야기에 비하면 억지스러운 축에도 못 든다. '에디아카라 동산'이란 말을 만든 고생물학자 마크 맥미너민을 기억하시는지? 그는 지질학계에서 더바츠 말마따나 '논란의 여지가 매우 많은 생각을 내놓기'로 악명 높다. 더바츠는 이렇게 말한다. "그 양반은 툭하면 도를 넘는 것 같아요."[6]

2011년에 마크 맥미너민과 아내 다이애나 셜트 맥미너민은 거대한 고대 두족류 '트라이아스기 크라켄Triassic Kraken'의 존재를 뒷받침하는 증거를 확보했다고 발표했다. 크라켄 몸 자체에서 화석화된 부분이 있는 것은 아니지만, 두 사람은 크라켄이 익티오사우루스를 잡아먹은 다음 그 죽은 동물의 뼈를 배열해 '자화상'을 그렸다고 믿었다. 그들의 해석은 네바다주의 특정 암층에 근거했다. 그곳에서는 커다란 익티오사우루스 아홉 마리의 척추뼈 화석이 두 줄로 특이하게 배열된 상태로 발견됐는데, 고생물학자들은 이를 여러모로 설명해보려고 수년간 애써왔다.

육지로 둘러싸인 네바다주는 2억 1500만 년 전에 따뜻하고 얕은 바다 아래에 있었다. 당시 그곳에는 여러 헤엄치는 파충류뿐 아니라 갖가지 두족류도 살고 있었다. 다양한 암모나이트류와 초형류가 그 서부내륙해에서 돌아다녔지만, 그중 어느 동물도 그다지 크지 않았다. 특히 몸길이가 15미터에 이르는 익티오사우루스와 비교하면 전혀 큰 편이 아니었다. 그런 익티오사우루스들은 분명 껍데기 있는 두족류를 열심히 잡아먹었을 것이다.

그런데 맥미너민 부부가 세운 가설에 따르면, 서부내륙해는 껍데기 없는 한 두족류의 서식지이기도 했는데, 그들은 몸집이 워낙 커서 15미터짜리 익티오사우루스를 쓰러뜨릴 수도 있었다. 그 '크라켄'은 분명 익티오사우루스를 죽이고 익티오사우루스의 살을 실컷 먹은 후 영감이 번뜩 떠올라 익티오사우루스의 척추뼈를 교묘히 배열해, 자신의 거대한 다리에 줄줄이 늘어선 빨판과 닮은 무늬를 만들어냈다.

몸이 무른 두족류는 유난히 화석기록이 드물다. 고대 문어 종이 우리가 화석 증거로 확인한 것보다 훨씬 많이 존재했으리라는 데는 반론의 여지가 거의 없다. 하지만 그중 적어도 한 종이 알려진 어떤 화석종보다는 물론이고 현대의 어떤 문어보다도 몇 배로 더 컸다는 것은 믿기 어려운 의견이다. 더바츠는 이렇게 말한다. "그건 과학이 아닙니다. 우리 고생물학자들이 뉴스에 나와서 그런 이야기를 할 때면 언제나 기분이 좀 안 좋더군요. 누군가는 이렇게 생각할 거예요. 저 사람들 뭐하는 거지? 허구한 날 말도 안 되는 생각을 내놓기만 하는 건가?"

고생물학자들은 말도 안 되는 생각을 내놓을 필요가 없다. 적어도 두족류와 관련해서라면 그럴 필요가 전혀 없다. 그런 일은 진화 과정에서 충분히 일어나기 때문이다. 중생대에 일어난 진화적 군비 경쟁 과정을 살펴보면 이를 확인할 수 있다.

세 무리의 포식성 해양 파충류 정도면 누구에게나 상대하기 버거울 만하다. 하지만 해양 파충류만 껍데기를 부순 것도 아니었고, 두족류만 먹잇감이 된 것도 아니었다. 중생대에 껍데기 있는 동물을 잡아먹은 다양한 포식자 중에는 상어를 비롯한 어류, 게와 바닷가재는 물론이고 친척을 불쌍히 여기지 않던 달팽이류도 있었다. 그들은 사실상 바닷속의 모든 연체동물 껍데기를 아작아작 씹고 깨트리고 뚫고 파고들었다. 진화 결과는 암석층에 기록되어 있는데, 이는 자연선택이 보호 기관의 지속적인 발달을 유도했기 때문이다.

연체동물들은 껍데기를 더 두껍게 만들었다. 포식자에게 방해가 되도록 가시를 길게 기르기도 했다. 또 껍데기 입구를 더 작게 만들어 앞문의 방어력을 높이는 대신 자신이 체방에서 꼼지락거릴 공간을 줄이기도 했다. 연체동물 전문가 게리 버메이가 온갖 연체동물 화석에서 찾아낸 증거에 따르면, 중생대는 다들 방어에 열심이던 시대였다. 그 패턴이 워낙 극적이어서 버메이는 거기에 '해양 중생대 혁명Marine Mesozoic Revolution'이라는 별칭을

붙였다.[7]

여느 연체동물과 마찬가지로 두족류도 최대한 빨리 적응했다. 암모나이
트류는 껍데기 모양을 적당히 바꿔 연질부를 좀 더 안쪽 깊숙이 숨길 수 있
게 했고, 바깥쪽에도 복잡한 구조물을 만들었다. 고생물학자들은 그런 온갖
껍데기 돌출부를 장식으로 간주하지만, 장식이 유일한 목적이었을 것 같지
는 않다. 지질시대에 암모나이트류 껍데기는 갈수록 물린 자국이 많아지면
서 가시 돌기도 많아졌는데, 이로 미루어 보면 포식자에게 잡아먹히지 않기
위해 가시 돌기를 발달시킨 듯하다.

사실 껍데기 장식의 진화는 페그 야코부치가 암모나이트류의 변화무쌍
한 다양성 전반을 이해하는 데 열쇠가 되었다.

변화의 비결

〈그림 4.2〉의 표본 모음을 보면 알 수 있듯이, 암모나이트류에서는 껍데기
가 엄청 다양하게 진화했다. 하지만 종들이 서로 아주 달라 보이게 하는 형
질들 가운데 상당수는 사실상 같은 형질인데 다른 시기에 발현됐을 뿐이다.
발생 과정에서 유전자 발현을 몇 번 조절하기만 하면 바다를 새로운 종으로
가득 채울 수 있다. 단, 바다에 여분의 생태적 지위가 충분히 존재하긴 해야
한다.

예를 들면 백악기 중엽에는 플레시아칸토케라스*Plesiacanthoceras*라
는 기존 암모나이트류 속에서 메토이코케라스*Metoicoceras*라는 새로운 속
이 탄생했다. 둘 다 이름이 길고 복잡하지만, 앞서 말했듯 'ceras'는 대부분
의 암모나이트류 껍데기에서 나타나는 뿔 모양을 가리키는 말에 불과하므
로 빼버려도 된다. 'plesiacantho'는 '오래되고 가시가 있다'는 뜻인데, 둘 다
해당 암모나이트류의 특징으로 기억해둘 만한 점이다. 'metoico'는 실용적
이라기보다 시적인 이름으로 '방랑자'를 의미한다. 그런 이름이 붙은 이유는

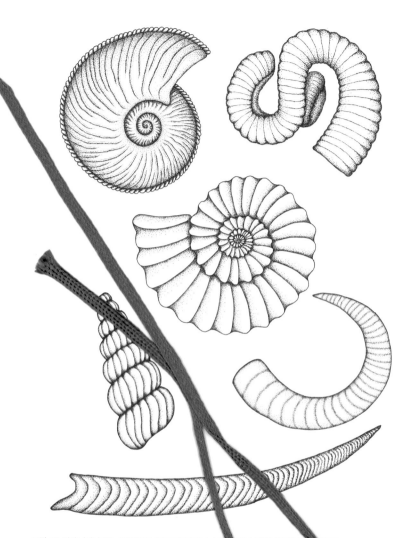

그림 4.2 여기 나타나 있는 것은 암모나이트류에서 볼 수 있는 엄청난 다양성의 맛보기일 뿐이다.
위 왼쪽: 용골 돌기가 있는 옥시콘oxycone.
위 오른쪽: 니포니테스*Nipponites*(기이한 매듭 모양).
가운데: 주름이 있는 서펜티콘serpenticone.
아래 왼쪽: 투릴리테스*Turrilites*(달팽이 껍데기 같은 나선형).
아래 오른쪽: 서토콘cyrtocone.
맨 아래: 바쿨리테스*Baculites*(곧은 원뿔형).
(출처: C. A. Clark)

해당 동물이 북아메리카에서 처음 생겨난 후 세계 곳곳으로 퍼져 나갔기 때문이다.

지금부터는 그냥 야코부치처럼 두 이름을 플레시Plesi와 메토이코Metoico라는 애칭으로 줄여 부르기로 하자. 모든 두족류의 장대한 진화사가 나타나 있는 〈그림 2.4〉로 돌아가서 보면, 플레시와 메토이코가 계통수에서 암모나이트목에 해당하는 가지에 촉수를 걸치고 있는 모습을 확인할 수 있다. 야코부치는 그들을 이렇게 소개한다. "플레시는 큼직큼직하고 아름다운 가시 돌기가 있고, 메토이코는 예쁘고 완만하며 둥글둥글한 주름이 있습니다. 이 녀석들을 보면, 둘의 껍데기가 완전히 다르다는 생각이 들죠. 하지만 어릴 때는 둘의 껍데기가 똑같습니다. 누가 누군지 구별할 수가 없어요."[8]

암모나이트류가 여느 동물과 같았다면, 그것을 알아내기가 정말 어려울 것이다. 유체幼體(어린 개체)들의 화석과 성체들의 화석을 확보했을 때, 어느 유체가 어느 성체로 자라는지를 무슨 수로 알겠는가? 하지만 앞서 배웠듯이, 암모나이트류의 매력은 각 성체가 자신의 유체 형태를 가지고 다닌다는 데 있다. "그래서 개체가 부화해서 성체가 되기까지의 과정을 하나의 껍데기에서 추적할 수 있습니다." 야코부치의 말이다.

그런 추적을 여러 번 해본 야코부치는 성체에선 일어나기 불가능한 듯한 변화가 발생 중인 개체에선 간단히 이해된다는 점을 알아차렸다. 이는 성게에서 고래에 이르기까지 온갖 동물에서 볼 수 있는 전형적인 이보디보다. 야코부치는 이렇게 설명한다. "변화의 원동력은 발생 프로그래밍이에요. 뒷다리를 없애고 싶으면, 배아에게 다리를 만들라고 명령하는 유전자를 차단하기만 하면 됩니다. 그러면 고래를 얻게 되죠." 또 그녀는 이렇게도 말한다. "혹시 우리가 암모나이트를 급조할 수 있다면 그 방법은 매우 가소적plastic일 거예요. 작은 유전자 하나를 만지작거리면, 주름 있는 암모나이트 대신 가시 돌기가 있는 암모나이트를 얻게 되는 거죠."

메토이코 화석과 플레시 화석도 분명히 그런 식으로 해석해볼 만하다.

두 속의 새끼들에게는 성체에서 나타나는 것과 다른 일종의 장식—울퉁불퉁한 주름—이 있다. 야코부치는 이렇게 말한다. "새끼들이 자랄 때 플레시에서는 주름이 억제되면서 주름 위의 자잘한 돌기가 점점 길어집니다. 메토이코에서는 반대로 돌기가 억제되죠." 그러니까 두 부류 모두에게 주름을 키우는 데 필요한 유전 명령도 있고 가시 돌기를 키우는 데 필요한 유전 명령도 있는 셈이다. 새끼들은 두 명령을 다 따른다. 그들이 자라는 도중에 제어 스위치가 딸깍하게 된다. 그러면 플레시는 주름 키우길 중단하고 가시 돌기를 키운다. 메토이코는 돌기 키우길 중단하고 매끈한 주름을 키운다. 해당 동물의 유전적 특징을 직접 검사하지 못하는 상황에서는 아쉬우나마 이렇게라도 발생 제어 방식의 단순한 변화가 화석기록상의 진화적 발산(발산 진화)으로 이어진다는 것을 확인할 수 있다.[9]

그런데 문제가 하나 있다. 만약 주름이 있는 새로운 부류가 가시 돌기가 있는 부류와 계속 같은 장소에서 지내며 계속 같은 일을 한다면—특히 계속 가시 돌기 있는 부류와 교미해서 번식한다면—발산 진화가 일어날 기회가 전혀 없을 것이다. 진화적 신기성(진화 과정에서 새로 나타난 성질)을 굳히려면 모종의 격리가 필요하다.

그런 격리는 생물 역사에서 자주 나타나는 특징으로, 지금도 세계 곳곳에서 계속 일어나고 있다. 한 곤충 무리가 허리케인에 실려 이 섬에서 저 섬으로 날아가기도 하고, 유달리 모험심 강한 몇몇 어류가 한 호수에서 다른 호수로 헤엄치기도 한다. 새로운 섬이나 새로운 호수에서 창립 개체군은 전에 살던 섬이나 호수의 개체군으로부터는 물론이고 개체군 내부에서도 발산 진화를 할 기회를 얻는다. 창립 개체군은 비어 있는 생태적 지위에서 널리 퍼져 나가며 특수화하기도 한다. 한 어류 무리는 바닥에 모래가 많은 물속에서 사는 데 적응하고, 또 한 어류 무리는 바닥에 돌이 많은 물속에서 사는 데 적응했다고 하자. 그들은 격리된 채로 다른 현지 어류와만 교미해 번식하면서 진화로 이어질 만한 변화를 축적한다. 얼마 후 모랫바닥 물에서 사는 종과 돌바닥 물에서 사는 종은 몸 색깔이 달라진다. 그리고 몸의 모양도 달라진다.

암모나이트류는 백악기 중엽에 그런 새 서식지에서 자리잡고 다양화할 절호의 기회를 얻었다. 당시에는 지금 미국과 캐나다에 해당하는 곳의 심장부가 해수면 상승으로 물에 잠겨 있었다. 그곳은 가설 속의 크라켄과 진짜 괴물 같았던 익티오사우루스가 함께 살았다는 바로 그 서부내륙해였다. 〈그림 4.1〉의 두 번째 지도를 보면 서부내륙해가 북아메리카를 둘로 나누고 있는 모습을 확인할 수 있다. 서부내륙해는 오늘날 고생물학자들에게 엄청나게 요긴하다. 비교적 접근하기 쉬운 암석층에 해양 생물 화석을 많이 남겨놓았기 때문이다. 서부내륙해는 9000만 년 전 암모나이트류의 다양성에도 엄청나게 요긴했다. 밑바닥이 울퉁불퉁하고 강에서 흘러든 영양분이 풍부해 여러 종이 특수화할 만한 아주 변덕스러운 서식지가 됐기 때문이다.[10]

물리적 서식지의 변화뿐 아니라 주변 생태계의 변화도 백악기의 생물 다양화에 일조했을 것이다. 고생대에는 바다의 메뉴가 그리 길지 않았다. 먹잇감의 종류가 한두 페이지에 불과했다. 물론 플랑크톤이 급증하긴 했었다. 앞서 살펴보았듯, 데본기에는 육지의 영양분이 유입되면서 암모나이트류 알에서 아주 자잘한 새끼들이 부화해 플랑크톤을 잡아먹게 되었다. 하지만 중생대의 플랑크톤 진화는 여러 걸음 더 나아가 온갖 신종으로 해양 먹이 그물을 채웠다. 메뉴는 거의 책만 한 크기로 확장됐는데, 영양분의 수량과 다양성이 증가하자 암모나이트류의 수량과 다양성도 그만큼 증가하게 되었다.

물론 암모나이트류가 해수면이 높아지고 영양분이 풍부해진 그 세상에서 살았던 유일한 동물군은 아니었다. 심지어 당대의 유일한 두족류도 아니었다. 왜 그들은 가까운 친척 앵무조개류보다 그토록 훨씬 빨리 진화했을까? 고생대에는 아마도 앵무조개류나 암모나이트류나 하는 짓에 별 차이 없었을 것이다. 자그마하고 둥그스름한 껍데기가 있는 동물로서 이리저리 돌아다닐 뿐이었다. 둘 중 어느 쪽도 엄청나게 많지는 않았으니, 생태적 지위가 겹쳤을 수도 있다. 그러다가 중생대에 암모나이트류는 엄청 풍부해지고 엄청 다양해졌지만, 앵무조개류는 그러지 못했다. 어쩌면 그런 차이는 모두 바로 그 발생 가소성developmental plasticity 때문이었는지도 모른다. 어쩌면 암모나이트류의 유전체가 유별나게 유연했는지도 모른다.

암모나이트류는 특유의 순응성 덕분에 플레시의 가시 돌기 같은 갖가지 방어용 구조물을 발달시킬 수 있었다. 하지만 암모나이트류 형태의 범위에는 딱히 매력적이지 않은 여러 장식도 포함된다. 메토이코의 주름은 어떨까?

껍데기는 정말 거치적거려

야코부치처럼, 유타 대학교의 고생물학자 캐슬린 리터부시도 대량 멸종에 매료되어 연구자의 길로 들어섰다. 그녀는 암모나이트류가 왜 한때 멸종될 뻔했는지, 그러다 어떻게 살아남았는지, 왜 결국 완전히 사라져버렸는지 알고 싶었다. 박사 과정에서 그녀가 연구한 트라이아스기 말 멸종은 아마도 암모나이트류가 겪은 두 번째로 심각한 위기였을 것이다. 그런데 리터부시는 쥐라기에 암모나이트류, 그중에서도 프실로케리드psilocerid라는 무리가 전성기를 맞았다는 사실을 알고 감탄했다.

"암모나이트류는 세계 곳곳에 분포했고, 풍부했으며, 몸집도 컸습니다. 그중 일부는 50센티미터나 됐어요." 리터부시의 말이다. "암모나이트류는 당시 뭘 하고 있었든지 간에 그걸 잘하고 있었습니다. 처음에는 다들 매끈했죠. 그런데 대량 멸종 사건 후 200만 년이 채 지나지 않았을 때 암모나이트류는 '모두' 주름이 있었어요. 그것도 제대로 된 주름이요." 내게 요점을 확실히 전달하려고 리터부시는 형용사를 하나 더 써서 "'말도 안 되는' 주름"이란 표현까지 덧붙이고는 이렇게 말한다. "화석기록에서 뭔가가 그 정도로 대놓고 어떤 낌새를 내비칠 때는 그게 분명히 어딘가에 유용했다는 뜻입니다."[11]

하지만 암모나이트류 고생물학계의 통설에 따르면, 주름 같은 장식은 해당 동물이 헤엄을 잘 치지 못했다는 증거일 뿐이다. 암모나이트류가 헤엄을 잘 못 쳤다는 생각은 암모나이트류를 생물학적으로 다룰 때 현존하는 앵무조개를 근거로 삼는 관습 때문에 더욱더 강화되었다. 리터부시도 이렇게 말한다. "요즘 앵무조개는 헤엄 실력이 눈 뜨고는 못 볼 만큼 형편없죠."

솔직히 말해, 제트 추진은 껍데기에 갇힌 동물이 이동할 때 써먹기에 썩 좋은 방법은 아니다. 오징어와 문어 같은 초형류는 외투막을 풍선처럼 부풀렸다가 주먹처럼 오므라뜨릴 수 있다. 그런 방법을 '외투막 펌핑mantle pumping'이라 부른다. 앵무조개는 단단한 껍데기에 갇혀 있어 외투막을 부풀리지 못하므로, '껍데기 펌핑shell pumping'이라는 덜 효율적인 방법을 써야 한다. 껍데기 펌핑에서는 연질부 전체를 체방 안쪽으로 끌어당기면서 물을 내뿜는다(〈그림 2.2〉 참고). 또 앵무조개는 누두 가장자리를 잔물결처럼 살랑살랑 움직여서, 느리지만 지속적인 물의 흐름을 만들어내기도 한다. 그런 흐름은 아가미에 산소를 공급해주면서 몸이 서서히 물을 가르고 나아가게 해준다. 이 방법은 우아하긴 하지만, 물론 어디로 급히 가는 데 도움이 되진 않는다.

암모나이트류 또한 모두 앵무조개처럼 비효율적인 껍데기 펌핑의 한계에 갇혀 있었을 것 같기도 하다. 아마 실제로 그랬던 종이 많기도 했을 것이다. 하지만 어떤 종들은 진화 과정에서 그런 한계를 극복할 묘책을 찾아낸 듯하다. 아주 흥미로운 일부 화석으로 미루어 보면, 암모나이트류에서 몇몇 종은 앞서 얘기했던 실루리아기의 스포케라스처럼 껍데기를 외투막 안에 넣어보기도 한 것 같다.[12] 껍데기를 연조직으로 감싸면, 저항이 줄어드는 한편, 껍데기의 일부가 내골격과 비슷해지기도 했을 것이다. 예를 들면, 껍데기 입구 주변의 돌출부는 큼직한 근육질 누두를 써서 능동적으로 헤엄치는

데 도움이 됐을 법하다. 게다가 껍데기가 모두 외부에 있는 대다수의 암모나이트류에서도 장식은 저항을 상당히 줄여주었을 것이다. 어쨌든 골프공 표면에 오목오목 팬 홈들은 공이 더 빨리 날아가게 해주니까.

안타깝게도, 암석층에서 살아 있는 동물을 건져 올려 그들이 헤엄치는 모습을 관찰할 수는 없는 노릇이다. 우리가 할 수 있는 최선은 암모나이트류 모형을 가지고 시험하는 것이다. 과학자들은 수십 년 동안 그런 모형을 만들어오면서 추산과 짐작에 많이 의존했다. 야코부치도 1990년대에 대학원에서 암모나이트류 모형을 직접 만들어보았다. 당시 일을 돌이켜보면서 그녀는 웃는다. "제가 점토와 암모나이트 그림 한 장을 가지고 그렇게 한 거예요."[13]

최근에는 기술이 발전해 의료 검사용 스캐너와 맞먹는 고성능 3D 스캐너 같은 도구가 나오면서 전에는 꿈도 못 꾸었던 정밀도를 달성할 수 있게 되었다. 예를 들어, 암모나이트류의 제트 추진력과 헤엄 속도를 계산할 때 가장 중요한 매개 변수는 체방 내부의 부피다. 봉합선이 복잡한 암모나이트류(즉 대부분의 암모나이트류)에서 체방 내부 부피를 추산하기란 대단히 어렵다. 하지만 3D 스캔을 하면 추산을 할 필요가 없다. 그냥 측정을 하면 된다.

그런 스캔은 급속히 발전 중인 3D 프린팅 분야와 병용하면 더욱더 효과적이다. 리터부시는 어떤 화석이든 바로바로 스캔하고 프린트할 수 있도록 실험실 장비를 세팅하고 있다. 리터부시의 목표는 고급 골프공을 비행 속도 및 회전수와 관련해 꾸준히 검사하듯 온갖 모양의 암모나이트류 모형을 수조에 빠뜨리고 검사하는 것이다. 리터부시의 그 프로젝트는 간단히 말하면 '껍데기를 골칫덩어리로 보는 일'이라고 한다. 물속에서 이동하려는 동물에게 껍데기가 엄청나게 거추장스러운 부분이라는 사실을 부정할 수는 없다. 그래서 리터부시는 세팅 중인 실험실 장비로 진화 과정에서 그 문제가 다뤄진 온갖 방식을 밝히고자 한다.

리터부시와 학생들이 일단 화석 스캔 데이터를 축적하고 나면, 다음과 같이 특정 매개 변수를 약간 변경하며 여러 가지 의문을 제기할 수 있다. 껍데기 전체의 폭이 더 넓었다면 어땠을까? 입구만 더 넓었다면 어땠을까? 더 좁았다면? 용골 돌기가 더 날카로웠다면 어땠을까? 용골 돌기가 아예 없었다면? (용골 돌기는 일부 암모나이트류 껍데기의 바깥 둘레를 따라 도드라져 있는 부분이다. 그 이름 자체에 드러나 있듯, 고생물학에서는 사람들이 배의 맨 아랫부분을 따라 만드는 돌출부가 배의 전복을 방지하듯 헤엄 속도가 빠를 때 용골 돌기가 안정성을 제공해주었으리라고 가정했다. 하지만 그 가설은 검증된 적이 없다.) 그리고 끝으로 우리 모두가 궁금해하는 점. 말도 안 되는 그 주름들은 유체 역학적으로 유리한 요소일까, 아니면 불리한 요소일까?

리터부시의 프로젝트는 우리가 오랫동안 찾아왔던, 유형계有形界에서 암모나이트류의 형태와 기능을 설명하는 해석틀 한 가지를 검토할 기회를 제공한다. 그 깔끔하고 작은 삼각형 도식은 독일 고생물학자 고故 게르트 베스터만Gerd Westermann이 윤곽을 잡았고, 리터부시가 그에게 경의를 표하는 뜻에서 '베스터만 형태공간Westermann Morphospace'이라 명명했다.[14] 베스터만은 암모나이트류의 형태가 다양하긴 해도 크게 옥시콘oxycone이라는 얇은 원반형('날카롭다'는 뜻의 그리스어가 어원이다), 서펀티콘serpenticone이라는 헐겁게 말린 나선형(뱀을 닮았다), 스페로콘spherocone이라는 두툼한 구형(역시나 공을 닮았다), 이 세 유형으로 나뉜다는 점을 알아차렸다. 이런 형태들은 껍데기가 자람에 따라 나타나는데, 이는 나선형에서 신생 부위의 폭이 달라지거나 신생 부위와 기존 부위가 겹치는 정도가 달라지기 때문이다.

가장 빠르고 민첩한 유형은 아마도 옥시콘이었을 것이다. 그들은 자기 몸을 원반처럼 던져 물을 가르며 나아갔을 것이다. 고생물학자들은 옥시콘이 능동적 포식자로서 제트 추진으로 먹잇감을 쫓아가 산 채로 잡았으리라고 추측한다. 옥시콘은 오늘날 고래와 바닷새 중 상당수처럼 장거리를 이동

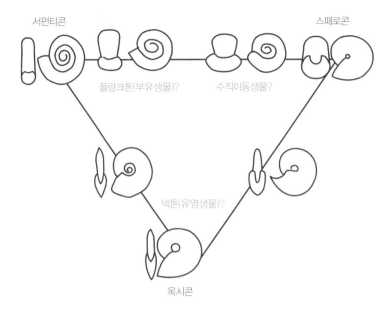

서펀티콘

스페로콘

플랑크톤(부유생물)?

수직이동생물?

넥톤(유영생물)?

옥시콘

그림 4.3 베스터만 형태공간은 껍데기 모양별 암모나이트류 행동 양식에 관한 통설을 잘 보여준다. (출처: Kathleen Ritterbush)

했을 가능성도 있다.

 헐겁게 말린 서펀티콘과 공 모양의 스페로콘은 둘 다 저항력을 너무 많이 받아서 빨리 이동하지 못했을 듯하다. 그들은 사냥을 하지 않고 다리와 턱을 이용해 물을 걸러 물속의 아주 자잘한 온갖 먹거리를 섭취했을 것이다. 베스터만은 서펀티콘이 오르도비스기에 천천히 헤엄치던 원시 두족류와 비슷한 부유생물이었고 스페로콘이 수직이동생물vertical migrator이었으리라고 보았다.[15]

 수직 이동은 오늘날 수많은 해양 동물이 공유하는 습성이다. 하도 많은 동물이 낮에 심해에서 지내다가 밤에 수면으로 이동하기에, 그들의 몸은 초음파를 반사할 만큼 밀도가 높은 층을 이룬다. 제2차 세계대전 때는 배에서 그 층을 해저로 착각하는 일도 더러 있었으니, 그 층이 올라오기 시작하면 선원들이 분명 속깨나 태웠을 것이다.

결국 과학자들은 그 '유령 바닥phantom bottom'(심해 산란층)이 어류, 해파리, 새우 등의 엄청 두꺼운 집합체라는 사실을 알아냈다. 그런 동물들은 모두 햇빛이 두 가지 일을 동시에 한다는 점을 일찌감치 깨달은 것이다. 햇빛은 먹잇감을 키우는 한편 포식자를 피하기 어렵게 한다. 그래서 그들은 햇빛을 받고 활기를 띤 해수면 뷔페에 밤의 어둠을 틈타 올라갔다가 낮이면 어두운 심해에 숨는다. 수많은 현생 두족류, 특히 먼바다에서 사는 오징어도 그런 주야 이동에 동참한다. 육식 동물인 만큼 그들은 수면에서 번성하는 조류藻類에는 입을 대지 않고 초식 동물을 잡아먹는다. 그런 초식 동물은 마찬가지로 수직 이동을 하는 동물일 수도 있고, 몸집이 너무 작아서 이동하지 못하고 수면에서만 지내는 동물일 수도 있다.

중생대 암모나이트류 가운데 일부는 그렇게 오르내리는 생활 방식을 따랐을 듯하다. 스페로콘 말고도 주야 이동에 동참한 암모나이트류가 있었던 것 같다. 그들은 너무 특이해서 베스터만의 삼각형 도식에는 들지 못하고 헤테로모프heteromorph(다른 형태)라는 전혀 별개의 형태공간에 따로 존재한다. 수많은 헤테로모프 괴짜들 중에는 소프트아이스크림을 닮은 나선형도 있다. 그들은 일직선으로 헤엄치긴 힘들었겠지만, 천천히 나선을 그리면서 위아래로 이동했다면 주변 물속에서 자잘한 온갖 먹이를 효율적으로 추출할 수 있었을 것이다. 멍크스와 파머는 『암모나이트』에서 다음과 같이 낭만적으로 이야기한다. "백악기의 어느 날 해질 무렵 육지에서 몇 킬로미터 떨어진 바다의 경치를 상상해보라. 100미터쯤 되는 깊이에서 어마어마한 나선형 암모나이트 떼가… 천천히 나선을 그리며 올라온다.… 수천만 년 동안 그 우아하게 피루엣(발레에서 한쪽 발을 축으로 팽이처럼 도는 동작―옮긴이)을 하던 포식자들은 필시 해양 영역의 무척 독특하고 아름다운 부분이었으리라."[16]

다른 형태들, 헤테로모프

유선형 유영생물이나 우아한 부유생물과 달리 헤테로모프를 보면, 그냥 암몬이 우리에게 장난을 치고 있는 것 같기도 하다. 헤테로모프는 아이스크림콘을 닮은 나선형뿐 아니라 커다란 종이 클립 모양으로 자라기도 했고 갈피를 잡기 어려울 정도로 뒤틀린 매듭 모양으로 자라기도 했다. 과학자들은 일단 이들 종을 모두 모아 한 분류군에 넣어놓았지만(〈그림 2.4〉에서 볼 수 있듯이), 그런 종들이 정말 서로 유연관계가 깊은지 아니면 단지 편의상 그리 분류된 것인지는 논란의 여지가 있다. 훨씬 열띤 논쟁이 벌어지는 문제는 생전에 해당 동물들이 그런 온갖 기묘한 형태로 대체 무엇을 할 수 있었는가 하는 점이다. 추측이 무성한데, 그중 일부는 나머지보다 그럴듯하다. 최근까지 모인 증거로 미루어 보면, 헤테로모프 가운데 개체 수가 가장 많은 두 무리는 빨리 헤엄치지도 수직으로 이동하지도 않은 듯하다. 그들은 오히려 해저 가까이서 서성거리며 사체를 주워 먹거나 바닷물과 바다 밑바닥에서 자질구레한 먹이를 걸러내 먹은 것 같다.

헤테로모프 중에서 개체 수가 가장 많았던 부류는 바쿨리테스*Baculites*라고 불렸다. 그 동물들은 나선형 껍데기에서 살지도 매듭형 껍데기에서 살지도 않았다. 바쿨리테스의 껍데기는 참 단순하게도 곧고 길쭉한 원뿔형이었다. 뜻밖이지만 두족류의 초창기 형태로 되돌아간 셈이었다. 적어도 몇십 년 동안 고생물학자들은 그 길쭉한 원뿔형 껍데기 두족류가 물속에서 어떤 모습이었을지 골똘히 생각해왔다. 수직 방향으로 서 있었을까? 그랬다면 또 다른 수직이동생물이었을 수도 있다. 아니면 수평 방향으로 누워 있었을까? 그랬다면 빨리 헤엄치는 오징어와 비슷했을 것이다. 껍데기를 돌돌 마는 데 그토록 열심이던 암모나이트류에서 껍데기가 곧은 계통이 하나 등장했다니 참 희한한 일이다. 그들이 초형류와 경쟁하면서 진화한 결과로 그렇게 됐으리라고 추측해볼 만도 하다. 결국, 2012년에 어떤 지질학적 증거가 발견되면서 바쿨리테스를 새로운 관점에서 바라보게 되었다.

북아메리카 최대 규모의 셰일 지층으로 꼽히는 피어 셰일Pierre Shale 곳곳에는 '메탄 침출지methane seep'란 생태계가 통째로 화석화되어 있다. 이들은 드넓은 서부내륙해의 또 다른 구성 요소로, 아마도 현대 바다의 메탄 침출지와 비슷한 역할을 했을 것이다. 오늘날 우리가 아는 메탄 침출지에서는 처음에 기체 상태의 메탄과 황화수소가 지하에서부터 보글보글 올라온다. 그런 화학 물질은 가스에 굶주린 세균을 끌어모으고, 그 세균들은 초식동물을 끌어모으고, 초식동물들은 더 큰 포식자—오늘날의 문어류, 백악기의 암모나이트류—를 끌어모은다. 해당 구역의 특이한 화학적 성질 때문인지 메탄 침출지의 동물 화석은 주변 셰일 지층의 화석보다 훨씬 잘 보존되어 있다.

안타깝게도, 고생물학자들이 등장했을 무렵에는 피어 셰일의 메탄 침출지 대부분이 이미 노출되어 마멸된 상태였다. 그러다가 마침내 고생물학계에도 행운이 찾아와, 산사태로 메탄 침출지 한 곳이 온전한 상태로 드러나게 되었다.

크게 기뻐한 지질학자 중에는 저명한 암모나이트류 고생물학자 닐 랜드먼도 있었다. 나는 그를 고생물학 연구소Paleontological Research Institution의 2016년 시상식 연회에서 알게 됐는데, 랜드먼은 뉴욕에 있는 미국 자연사 박물관의 책임 큐레이터 '겸' 교수로, 한 연사 말마따나 "암모나이트류를 소생시키는 데 누구보다 크게 기여"해왔다. 메탄 침출지 암모나이트류에 관한 랜드먼의 연구 결과는 그의 긴 업적 목록에 들어간 또 하나의 항목이다.[17]

전에도 암모나이트류가 메탄 침출지에서 발견된 적이 있었지만, 그들은 언제나 방문객—시내를 가로지르다 잠시 거기 들러 메탄영양세균과 공생 관계인 조개로 간단히 요기하던 방문객—으로 여겨졌었다. 랜드먼과 동료들은 새로 발견된 메탄 침출지에서 발굴한 암모나이트류(바쿨리테스 등) 껍데기의 화학 조성을 근거로 삼아, 그 동물들이 평생 그곳을 떠나지 않고 가스 많은 물속에서 뒹굴며 많고 많은 플랑크톤을 잡아먹었음을 보여주려 했다.

몇 년 후 랜드먼 연구실의 한 박사후연구원이 서부내륙해의 또 다른 장소에 바쿨리테스가 자리잡고 살았다는 증거를 발표했다. 조슬린 세사는 미시시피주의 아울크리크 지층Owl Creek Formation이란 곳에서 발굴한 화석군을 연구했는데, 이들은 암모나이트류 몇 종과 그 밖의 여러 가지 생물로 구성되었다. 그 화석군의 장점은 바로 그 여타 생물들의 습성이 이미 잘 알려져 있다는 데 있었다. 예컨대 조개와 달팽이류는 분명 바다 밑바닥에서 살았을 것이다. 그리고 껍데기가 있는 유공충foraminiferan이란 아주 작은 동물도 두 종류가 있었는데, 한 종류는 저서생물이었고 나머지 한 종류는 부유생물이었다. 그래서 세사는 암모나이트류 껍데기와 나머지 동물 껍데기의 화학적 성질을 비교하여, 갖가지 암모나이트류의 종별 서식지를 합리적으로 추정해냈다.[18]

세사가 알아낸 바에 따르면, 암모나이트류 가운데 한 무리는 해저보다 한참 위의 물속에서 자유롭게 헤엄치며 산 듯하지만, 바쿨리테스를 포함한 나머지 두 무리는 바다 밑바닥 근처에서 저서생물들과 함께 살며 심지어 달팽이류와 조개를 잡아먹기도 한 듯하다. 껍데기에 부력이 있었던 만큼 그들은 바닥에서 기어다니진 않았을 것이다(메탄 침출지에 살았던 암모나이트류 역시 바닥을 기진 않았으리라). 오히려 그들은 생일 파티에 쓰고 며칠 방치해둔 풍선과 비슷했다. 그런 풍선은 더이상 천장에서 깐닥거리지 않고 눈높이에서 방 여기저기로 떠다니며 끈이 바닥에 질질 끌린다. 그런 끈 하나하나가 촉수 몇 개에 해당하여 맛있는 음식 조각을 찾아 파티장에 남은 잡동사니를 샅샅이 뒤지고 있다고, 둥근 풍선 대신 끝이 뾰족한 원뿔이 있다고 상상해보라. 그러면 방이 바쿨리테스로 바글바글한 모습이 그려질 것이다.

세사의 연구에서 해저와 밀접히 관련됐다고 밝혀진 두 번째 암모나이트류도 헤테로모프의 일종이었다. 스카피테스Scaphites라 불리는 이들은 껍데기가 종이 클립 같은 고리 모양으로 자란 부류로, 헤테로모프 중에서 바쿨리테스 다음으로 개체 수가 많았다. 몇십 년 동안 학자들은 모두 스카피테스가 분명히 물속에서 체방 입구를 위로 향한 채 수직 방향으로 서 있었을 거라고 생각했다. 그런 상태로는 제대로 헤엄치지도 사냥하지도 못했을 테니, 스카피테스는 플랑크톤 떼 속에서 떠다니며 무엇이든 촉수에 닿기만 하면 다 잡으려 했을 것이다.

스카피테스의 체방 입구가 위쪽을 향했다는 통설은 연질부가 체방을 꽉 채웠으리라 가정하고 물리적으로 계산한 결과에 근거했다. 1998년에 닐 멍크스는 꼭 그런 식이었을 필요는 없다는 점을 지적했다.[19] 스카피테스는 체방을 연질부보다 훨씬 크게 만들어놓고 그 안에서 이리저리 움직였을 수도 있다. 그래서 마치 '작은 문어가 이동식 굴을 갖고 다니는 것과 같았을지도' 모른다. 체방 속의 그런 움직임은 껍데기의 균형과 방향에 아주 큰 영향을 미쳤을 것이다. 연질부가 껍데기 입구 쪽으로 미끄러지듯 움직이면, 껍데기가 아래로 기울어져 촉수로 해저의 먹잇감을 낚아챌 수 있었을 것이다. 반대로 포식자가 가까이 있음을 알아차린 스카피테스는 체방 안쪽 깊숙한 곳으로 물러나 입구가 안전한 방향으로 돌아가게 했을 것이다.

그 흥미진진하면서도 약간 특이한 생각은 널리 받아들여지지 않았다. 고생물학자들은 대부분 암모나이트류에선 연질부가 체방을 꽉 채웠으리라는 데 동의하는 듯하다. 하지만 그것이 스카피테스와 관련해 나온 가장 특이한 가설은 아니었다. 가장 특이한 가설은 2014년에 알렉산드르 아르킵킨 Alexander Arkhipkin이 내놓았다. 사샤Sasha라는 별칭으로 널리 알려진 그는 러시아 출신으로 포클랜드제도의 수산청에서 수산학자로 일하고 있다.[20] 그는 이렇게 말한다. "저는 여기 포클랜드제도의 해변에 있었는데, 그 바닷가에는 켈프kelp란 해초가 많이 떠밀려 와 있거든요. 가끔은 나무 같은 켈프도 보입니다. 그러니까 가지가 아주 두툼한 나무 말이에요. 혹시 스카피테스가 어딘가에 걸렸다면 바로 저런 것에 걸렸을 수도 있겠다 싶더군요."[21]

스카피테스 껍데기가 갈고리 모양으로 자라는 것은 오로지 성체의 마지막 체방이 만들어질 때뿐이었다. 어릴 때 만들어진 부분은 일반적인 암모나이트류 껍데기 모양에 가깝다. 그래서 아르킵킨은 다음과 같은 생활사를 상상했다. 어릴 때 스카피테스는 여느 암모나이트류처럼 헤엄치거나 떠다녔다. 그러다 자리를 잡고 알을 낳을 준비가 되면 거대한 해초를 붙잡고 껍데기를 갈고리 모양으로 키워 해초에 들러붙었다. 그 껍데기는 종이 클립처럼 생기기만 한 게 아니라 실제로 종이 클립처럼 '기능하기'도 했던 것이다. 이는 과감한 조치였다. 일단 들러붙고 나면 도로 떨어질 수도 먹이를 먹을 수도 없었을 것이다. 다른 동물 중에도 어릴 때 돌아다니며 살다가 정착해서 번식한다고 알려진 부류가 있긴 하다. (당신 가족 중에도 그런 예로 떠올릴 만한 사람이 있을지 모르겠다.) 그리고 현대의 어미 문어는 알을 품기 시작하면 금식하는 것으로 유명하다.

자극적인 과학 논문이 나오면 으레 그렇듯, 아르킵킨의 첫 번째 논문이 발표되자 반박이 뒤따랐다. 랜드먼과 몇몇 동료들은 아르킵킨의 가설을 뜯어보며 다음과 같은 문제점을 지적했다. 물리적 증거(아르킵킨은 특정 스카피테스 껍데기의 불규칙하게 닮은 자국이 켈프와의 마찰 때문에 생겼으리라 추정했지만, 온전한 화석에는 그런 자국이 하나도 없다), 증거 부족(스카피테스 화석이 켈프 같은 해초 화석과 함께 발견된 적은 한 번도 없다), 뻔한 논리(아르킵킨이 추정한 대로 수컷과 암컷 모두 해초에 들러붙었다면 둘이 교미하기 힘들었을 것이다).[22] 아르킵킨은 「어딘가에 걸지도 않을 갈고리를 뭐 하러 만들까?If Not Getting Hooked, Why Make One?」라는 논문으로 맞받아쳤다.[23]

하지만 랜드먼은 2012년에 같은 의문에 답하면서 그 종잡을 수 없는 동물에 대한 자기 견해를 신중히 재구성한 터였다. 그는 스카피테스 껍데기가 이미 '해양 중생대 혁명'의 전형적인 반反포식 징후 중 하나를 보여준다고 말했다. 그것은 바로 입구 크기가 줄어들어서 포식자가 안쪽으로 접근해 맛있는 고기를 먹기가 어려워졌다는 점이다. 랜드먼의 가설에 따르면, 성체

그림 4.4 종이 클립 가설은 여러 고생물학자들에게 의심을 받아왔다. 그들의 의견에 따르면, 여기 보이는 것과 같은 동물들은 다리가 아주 짧아 한곳에 정주하면서 여과 섭식을 하며 살았을 가능성이 더 높다. (출처: Mariah Slovacek and Neil Landman, *American Museum of Natural History*, New York)

껍데기가 갈고리 모양으로 자랄 경우 그런 방어적 적응에 날개를 다는 셈이다. 안 그래도 줄어든 앞문이 곡면 뒤로 쑥 들어가서 사실상 포식자의 접근이 불가능해지기 때문이다.

물론 현생 오징어처럼 생긴 동물이 그런 숨겨진 입구로 몸을 내밀고 오징어다운 행동을 하기는 매우 어려웠을 것이다. 근육질 다리로 먹잇감을 붙잡는 데 필요한 공간이 전혀 없었을 것이다. 튼튼한 누두로 제트류의 방향을 조절해 헤엄 방향을 바꾸기도 불가능했을 것이다. 따라서 랜드먼은 스카피테스가 아마 근육질 다리도 튼튼한 누두도 없었으리라고 결론지었다. 스카피테스는 그런 것이 필요 없었다. 세사가 미시시피주에서 연구한 결과가 보여주었듯, 그들은 바다 밑바닥 근처에서 살았기 때문이다. 그들은 꽤 섬세한 다리, 어쩌면 다리망網을 사용해 뭔가를 먹었을 것이다. 그런데 무엇을 먹었을까?

이 문제의 답은 랜드먼의 말을 빌리면 '지난 150년간 논란의 대상이 되어온'[24] 한 구조물을 어떻게 해석하느냐에 달려 있다.

문으로 오해받은 입

현생 두족류는 매부리와 상당히 비슷한 부리가 있다. 그 부리는 상반부와 하반부로 이루어져 있으며, 포식 활동에 쓰기 좋을 만큼 꽤 날카롭다. 오징어와 문어의 부리는 당과 질소의 뻣뻣한 화합물인 키틴질로 만들어진다. 반면에 앵무조개는 우리 뼈의 성분인 칼슘으로 만들어진 단단한 부리가 있다. 이 두 종류의 턱은 한동안 변하지 않았다. 고대 초형류와 앵무조개류의 화석화된 부리는 현생 초형류와 앵무조개류의 부리와 별 차이 없어 보인다.

한편 암모나이트류는 형태와 습성뿐 아니라 턱도 엄청 다양했다. 어떤 종은 초형류처럼 턱을 키틴질로 만들었고, 어떤 종은 앵무조개류처럼 턱을 칼슘으로 만들었다. 또 어떤 암모나이트류는 아래턱을 넓적하게 변형해 거의 알아볼 수 없게 해놓기도 했다.

그 이상한 구조물은 정체가 알려지기도 전에 '압티쿠스aptychus'(복수형은 'aptychi')라는 특별한 이름을 얻었다. 이들은 일반 부리보다 훨씬 크고, 생김새만 보면 두족류의 섭식 기관이라기보다 조개껍데기에 가깝다. 19세기 고생물학자들은 압티쿠스가 암모나이트류 자체의 일부가 아니라 암모나이트류가 조개(또는 따개비, 벌레, 심지어는 새!) 따위를 잡아먹고 남긴 조각일 것이라고 생각했다. 압티쿠스를 제자리에 붙들고 있던 근육이 부패하면 종종 압티쿠스가 암모나이트류 껍데기에서 분리되다 보니 혼란이 가중되기도 했다. 그런데 1930년대에 온전한 화석이 충분히 많이 나타난 덕분에 과학자들은 압티쿠스가 암모나이트류 몸의 일부라고 확신하게 되었다.

새롭고 기발한 가설이 여기저기서 나왔다. 어떤 연구자들은 압티쿠스가 암모나이트류 껍데기 입구를 덮을 만큼 크니까 포식자와 성가신 친척들이 못 들어오도록 막아주었을 것이라고 생각했다. 달팽이도 그런 문이 있는데, '뚜껑operculum'이라 불리는 그 문은 밖에서 달팽이를 잡아 뒤집어보면 볼 수 있다. 현존하는 두족류 중에는 뚜껑이 있는 종이 없지만, 앵무조개의 질긴 머리덮개가 비슷한 역할을 하긴 한다. 어떤 과학자들은 우리 흉곽이 허파와 심장을 보호하듯 압티쿠스가 아가미나 난소 같은 특정 기관을 보호했을 수도 있다고 보았다. 또 어떤 학자들은 압티쿠스가 암컷 몸속에서 살던 기생 수컷의 껍데기였을 가능성을 제기하기도 했다. (아주 터무니없는 생각은 아니다. 심해 아귀처럼 실제로 수컷이 암컷에게 기생하는 동물도 있다.)

1970년대가 되어서야 고생물학자들은 증거를 충분히 모아 압티쿠스가 아래턱의 변형이라고 확신하게 되었다.[25] 일단 잘 보존된 암모나이트류 화석에서 압티쿠스가 제자리에 있는 모습을 관찰하고 나면, 압티쿠스를 아래턱 말고 다른 것으로 보기가 어려워진다. 평범한 위턱이 압티쿠스 위에 자리하고, 압티쿠스의 구조는 분명 평범한 아래턱에서 유래한다.

압티쿠스가 현존 두족류의 부리보다 훨씬 크긴 하지만, 그렇다고 해서 압티쿠스를 쓰던 암모나이트류가 무시무시한 포식자였다는 뜻은 아니다. 어쨌든 '오징어'는 무시무시한 포식자인데도 몸집에 비해 부리가 암모나이트류 압티쿠스보다 훨씬 작으니까. 여러 세대의 과학자들이 어떻게 암모나이트류가 그리 큰 아래턱으로 열량을 섭취했을지에 대해 갖가지 생각을 내놓았다. 압티쿠스도 여느 턱과 마찬가지로 그냥 먹이를 물고 씹었을 가능성도 있지만, 그렇게 특이한 구조물이 그렇게 평범한 방식으로 작동하는 모습은 상상이 잘 안 된다. 압티쿠스는 위턱보다 훨씬 큰데, 더욱더 이상한 점은 압티쿠스가 두 부분으로 되어 있다는 사실이다. 두 부분은 필시 연조직으로 어떻게든 연결되어 있었을 것이다. 그 연조직이 유연했다면, 압티쿠스가 여과 장치로 쓰였을 가능성도 있다. 어떤 암모나이트류는 수염고래가 거대한 턱을 쓰듯이 압티쿠스를 써서 바닷물을 한입 가득 퍼 올린 다음 물은 눌러 내보내고 온갖 자잘한 먹이만 남겼을 수도 있다.

닐 랜드먼은 해당 암모나이트류가 압티쿠스를 깔때기처럼 써서 플랑크톤을 먹었으리라고 보는 입장이다. 그는 섬세한 다리나 다리망이 물을 그 깔때기 입 안쪽으로 끌어들이고 그 뒤에서 컨베이어 벨트 같은 치설이 자잘한 생물을 붙잡아 식도로 넘겼을 것이라고 생각한다.

압티쿠스가 섭식에 어떻게 쓰였든 간에—종별로 다르게 쓰였을 수도 있다—처음에 나왔던 추측들이 완전히 틀린 것도 아니었다. 암모나이트류는 섭식 외의 용도에 맞게 압티쿠스를 조정했을 수도 있는데, 지금 고생물학계에서는 압티쿠스가 다용도로 쓰였을 것이라고, 말하자면 암모나이트류의 다목적 도구였을 것이라고 보는 편이다. 압티쿠스는 심지어 암모나이트류가 헤엄치는 데 도움이 됐을 수도 있다. 2014년에 아르헨티나 로사리오 국립 대학교의 오라시오 파렌트는 베스터만, 미국 고생물학자 존 체임벌린과 함께 압티쿠스의 기능에 관해 논문을 쓰면서 기존 의견들을 다음과 같이 열거했다. "아래턱, 암컷 생식샘 보호, 보호용 뚜껑, 무게 중심, 해저를 들춰 저생성 먹잇감 불러내기, 미소동물 걸러내기, 제트 추진에 필요한 물 퍼 올리기." 그들은 조금도 기죽지 않고 여덟 번째 의견을 내놓았다. 그것은 바로 압티쿠스가 헤엄 중에 안정을 유지시키는 바닥짐 역할을 했으리라는 의견이었다.[26]

암모나이트류 중 일부는 헤엄칠 때 약간 불안정했는지 모른다. 누두가 껍데기 중심보다 훨씬 아래로 튀어나와 있었기에 제트 추진을 할 때마다 몸이 축을 중심으로 흔들렸을 것이다. 헤엄 중에 앞뒤로 요동치면 방향이 헷갈릴 뿐 아니라 먹잇감을 잡거나 사체를 먹으려 할 때도 매우 불편했을 것이다. 하지만 묵직한 압티쿠스를 껍데기 입구로 내밀어 균형을 잡기만 하면 움직임이 안정되었을 것이다. 이는 줄타기 곡예사가 막대기를 사용하는 것과 같은 이치다. 그럴듯하지 않은가?

이 모든 것이 잘 그려지지 않는다면, 당신만 그런 게 아니다. 암모나이트류 고생물학자들은 당신 마음을 십분 이해한다. 어쨌든 우리가 아는 다른 동물 턱은 대부분 경질부만으로도 파악할 수 있으니까. 공룡 두개골을 손에 넣으면, 공룡 입을 큰 어려움 없이 설명할 수 있다. 하지만 두족류 턱의 경질부는 근육 덩어리로 덮여 있는데, 턱이 제 모양을 띠게 하는 그 근육은 어떤 화석에서도 보존된 상태로 발견되지 않았다. 파리의 고생물학자 이자벨 크루타에 따르면, 암모나이트류의 입은 여전히 '수수께끼'다. "그래서 그 구조를 연구하는 일이 재미있는 거죠!"[27]

2011년에 크루타는 바로 그런 연구 결과를 논문으로 정리해 일류 학술지 『사이언스』에 실었다.

혀가 아닌 혀

오랫동안, 암모나이트류 껍데기 속에 보존된 치설 화석은 화석을 품은 암석이 우연히 딱 알맞게 부서진 경우에만 볼 수 있었다. 심지어 그런 경우에도 세부 상태는 대체로 썩 좋지 않았다. 하지만 새로운 도구를 쓰면 암모나이트류 치설을 여느 연체동물 치설과 비교해볼 만할 정도로 상세히 시각화할 수 있다. 현생 연체동물은 치설이 먹이 종류별로 특수화되어 다양하다. 그런 온갖 치설로 이루어진 일종의 해부학 사전을 찾아보면 특정 암모나이트류의 치설이 어떤 유형인지 확인할 수 있다. 이것은 꿈이다. 리터부시가 암모나이트류의 헤엄 방식을 정확히 이해할 수 있을 만큼 껍데기를 자세히 연구하려 하듯이, 이자벨 크루타는 암모나이트류의 섭식 방식을 정확히 이해할 수 있을 만큼 입, 그중에서도 치설을 자세히 연구하고자 한다.

크루타는 이탈리아에서 대학을 다닐 때 고생물학을 무척 좋아했다. 그래서 외국에서 인턴으로 일하겠다고 마음먹었을 때 곧바로 미국 자연사 박물관이 생각났다. 닐 랜드먼에게 연락해 초대를 받은 그녀는 거기 가서 앵무조개와 암모나이트류를 연구하게 되었다. 크루타는 유럽으로 돌아와 파리에서 박사 과정을 밟다가, 랜드먼 및 프랑스 동료들과 함께 획기적인 연구 결과를 『사이언스』에 발표했다. 그것은 바쿨리테스 치설이 압티쿠스 안쪽의 제자리에서 쓰이던 모습을 3D 이미지로 나타낸 복원도였다.[28]

열쇠는 단층촬영tomography이었는데, 그 방법은 고생물학에서 몇십 년 동안 쓰여온 터였다. 단, 척추동물에만 쓰였었다. 단층촬영술이 인체 내부를 보기 위해 개발됐기 때문에 고생물학자들은 처음에 그 방법을 뼈가 있는 화석에만 적용하려 했다. 크루타는 최초로 두족류 화석을 컴퓨터 단층촬영으로 관찰했는데, 그 기술은 의사들이 암을 비롯한 질병을 발견하려고 쓰는 CT 촬영술과 같은 방법이다. 컴퓨터 단층촬영에서는 해당 구조물―이 경우에는 암모나이트류의 입―전체의 '절편들'을 연달아 2D 사진으로 찍는다. 그다음에는 컴퓨터가 그 절편들을 짜 맞춰 3D 이미지로 변환해, 과학자들이 화석을 깨부숴 열어보지 않고도 화석 내부를 볼 수 있게 해준다. (화석을 부수는 일은 언제나 위험한 모험이었다. 까딱 잘못하면 보고 싶어 했던 바로 그 구조물을 망가뜨려버릴 수도 있었다.)

크루타가 암모나이트류 화석에서 발견한 것은 구부렸다 폈다 할 수 있고, 섬세한 이가 빗처럼 늘어서 있는 치설이었다. 전반적으로 그 치설의 생김새는 플랑크톤을 먹고 사는 현생 바다 달팽이의 치설을 닮았다. 3D 스캔에서는 심지어 작은 플랑크톤 조각들이 암모나이트류 입안에 박혀 있는 모습도 드러났다. 그런 증거는 바쿨리테스가―그리고 아마도 압티쿠스가 있는 모든 암모나이트류가―플랑크톤을 먹었음을 뒷받침할 강력한 논거가 된다.

하지만 정확히 '어떻게' 그랬을지는 여전히 상상이 잘 안 된다. 종이 클립 스카피테스처럼 바쿨리테스는 껍데기 내부가 널찍하긴 했지만 껍데기 입구는 아주 좁았다. 앞서 배웠듯이, 입구가 좁아지는 것은 중생대에 흔히 나타난 방어적 적응이었다. 그런 입구 덕분에 수많은 암모나이트류가 파충류의 턱에 물려 죽지 않고 살아남았을 것이다. 그런데 바쿨리테스는 그렇게 좁은 입구로 어떻게 먹이를 섭취했을까? 랜드먼이 추측한 대로 섬세한 다리와 큼직한 압티쿠스가 깔때기처럼 쓰였을 가능성도 있다. 그 암모나이트류가 고대 해저 거미처럼 일종의 점액망을 만들어, 해류에 휩쓸린 온갖 작은 동물을 잡아 얽어맸을 가능성 또한 존재한다.[29] 아니면 길고 가느다란 다리를 뻗어 부유생물을 한 번에 한 마리씩 잡았을 수도 있다. 그러니까 여기서 작은 새우를 한 마리 잡고 저기서 작은 달팽이를 한 마리 잡는 식이었을지도 모른다.

그 암모나이트류가 먹이를 어떻게 먹었든지 간에 야코프 빈터는 플랑크톤 섭식으로 암모나이트류 진화의 대부분을 기본적으로 설명할 수 있다고 생각한다. 암모나이트류가 원시 어류한테서 자극받아 데본기에 처음 출현해 진화적 방산을 한 것 같긴 하지만, 빈터는 암모나이트류가 곧 전혀 다른 생태적 지위를 차지하도록 적응했고 그 흔적이 암모나이트류 껍데기에 나타나 있다고 말한다. 빈터는 껍데기 장식이 형편없는 헤엄 실력을 암시한다고 생각하는 편이다. "그 녀석들이 능동적으로 헤엄쳐 다니며 이렇다 할 활동을 했을 리는 없어요." 빈터가 후기 암모나이트류의 형태적 다양성을 이야기하면서 한 말이다. "그들은 그들답게 이리저리 떠다니며 플랑크톤을 잡아먹었습니다. 멸종해가는 동물만 그런 식으로 살아요. 요즘 두족류 중에는 그런 식으로 사는 종이 하나도 보이지 않습니다."[30]

실제로 중생대에 일어난 진화에서는 두족류 역사의 세 가닥이 서로 아주 다른 방향으로 뻗어 나갔다. 암모나이트류는 액션 모험물의 줄거리를 따랐다. 그들은 종 분화 속도도 빨랐고 멸종 속도도 빨랐다. 많이 죽었지만 그만큼 많이 살아남기도 했다. 한편 앵무조개류는 사색적인 이야기에 나오는 등장인물처럼 딱히 변한 것도 별로 없이 빈둥거렸다. 그리고 우리가 곧 살펴볼 초형류는 한차례 대성공을 거두는 동안 또 다른 대성공을 뒤에서 조용히 준비하고 있었다.

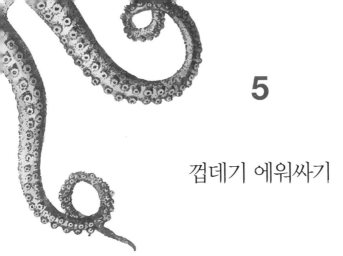

5

껍데기 에워싸기

우리는 물고기의 조상이 처음 나타났을 때부터 어류가 두족류의 진화에 미친 영향을 살펴보았는데, 두 무리의 수렴 진화가 정점에 이른 것은 초형류―현재의 오징어, 문어, 갑오징어를 낳을 무리―에서였다. 초형류는 사실상 어류의 무척추동물 버전이 되었다. 그들은 헤엄치는 유선형 포식자로 물질대사 속도가 빠르고 떼 지어 사는 경향이 있다. 생태와 습성을 보면 초형류는 조개, 벌레, 불가사리, 게 따위의 여느 무척추동물보다 척추동물에 훨씬 가깝다.[1]

그런 수렴 진화가 가능했던 것은 껍데기가 축소된 덕분이었다. 이번에는 껍데기를 돌돌 말거나 절단하는 정도가 아니라 완전히 내재화해버렸다. 껍데기를 통째로 몸속에 품게 된 초형류는 속도가 빨라지고 효율성도 높아졌다. 그렇게 향상된 능력은 포식자를 피해 달아나는 데도 유용하고 먹이를 잡는 데도 유용했다.

속껍데기가 처음 등장한 것은 석탄기로, 데본기에 암모나이트류가 처음 출현하고 나서 '불과' 5000만 년밖에 안 지났을 때였다. 하지만 고생대의 그

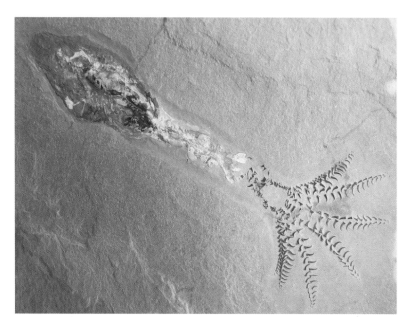

그림 5.1 초형류 프라그모테우티스 코노카우다*Phragmoteuthis conocauda*의 이 아름다운 화석에는 오징어와 닮은 몸이 뚜렷이 나타나 있다. 큼직한 속껍데기, 모두 길이가 같은 다리(특수화된 촉완은 없다), 무척 인상적인 다리 갈고리가 보인다. (출처: Diego Sala)

암모나이트 등장기와 대멸종기 사이의 긴 시간 동안 초형류는 그다지 많지도 다양하지도 않았다. 초형류는 나선형 껍데기가 있는 암모나이트류 친척들을 아직 따라잡을 수가 없었던 모양이다.

초형류는 트라이아스기에 진가를 발휘했다. 몸이 유선형이어서 '화살'을 뜻하는 그리스어에서 이름이 유래한 벨렘나이트belemnite란 그 초형류에서는 방이 있는 속껍데기가 곧게 자랐고, 단단한 이마뿔(액각額角)shell guard/rostrum이 평형추 역할을 했다. 겉모습만 보면 벨렘나이트는 지느러미가 두 개 있고 갈고리로 뒤덮인 다리도 열 개 있어서 오징어와 꽤 닮았다.

벨렘나이트는 이후 1억 년에 걸쳐 걷잡을 수 없을 정도로 다양화하며 중생대 바다에서 생태계 핵심종 역할을 했다. 그 역할은 오늘날 오징어가 신생대 바다에서 하고 있는 역할이기도 하고, 암모나이트류가 고생대 바다에서 이미 하기 시작해 멸종될 때까지 계속했던 역할이기도 하다. 자신보다 작은 동물들에게는 탐욕스러운 포식자가 되고, 자신보다 큰 동물들에게는 풍부한 먹잇감이 되는 것. 화석화된 해양 파충류의 소화관은 벨렘나이트로 가득하다. 선사시대의 어떤 상어들은 무거운 벨렘나이트 이마뿔을 너무 많이 먹어서 죽기까지 했다는 설도 있다.[2]

벨렘나이트가 중생대 초형류 역사에서 가장 두드러지긴 하지만, 그들이 진화하는 동안 초형류라는 줄기에서 적어도 별개의 두 계통이 갈라져 나왔다. 그들은 바로 오징어의 조상과 문어의 조상이었다. 두 계통 모두 처음에는 상당히 큰 속껍데기가 있었는데—속껍데기 있는 문어를 상상할 때만큼이나 이상하다—얼마 후부터는 둘 다 그 숨겨진 보호 기관을 제각각 축소했다. 껍데기가 상실되는 경우가 많고 다양하다는 사실로 미루어 보면, 껍데기를 줄이고 또 줄이라는 진화적 압력이 강력했던 것 같다. 어디서 그런 압력이 왔을까?

중생대 바다는 포식자와 경쟁자의 위협으로 가득했다. 초형류는 암모나이트류를 공격하던 해양 파충류들의 또 다른 사냥감이 되었다. 심지어 날아다니는 파충류도 초형류를 바다에서 건져 올리려 했다. 한편 경골어류는 장어와 피라미, 연어와 빙어, 참치와 금붕어의 조상이라 할 만한 형태로 진화했다. 현생 어류에게나 현생 두족류에게나 가장 중요해진 것은 바로 융통성이었다.

초형류는 어떤 동물일까?

빨판, 다리 갈고리, 먹물처럼 우리가 초형류의 독특한 특징으로 여기는 점 가운데 상당수는 트라이아스기의 화석기록에 나타나기 시작한다. 그런 진화적 혁신은 껍데기의 상실과 관련이 있는 듯하다. 초형류는 헤엄 속도가 빨라지면서 더 빠른 먹잇감을 뒤쫓을 수 있게 되었다. 빨판이나 갈고리를 이용하면 그런 먹잇감을 잡고 붙들기가 한결 수월해졌을 것이다. 하지만 껍데기가 없으면 공격받기 쉬워지므로 새로운 방어 수단이 생겨났다. 바로 먹물이다. 앵무조개류나 암모나이트류에선 나타난 적 없는 먹물은 초형류 화석에서 보존되어 있는 경우가 많은데, 이는 멜라닌이란 색소의 안정성 덕분이다. 화석화된 벨렘나이트 먹물은 1826년에 영국 고생물학자 메리 애닝Mary Anning이 처음 발견했다. 그녀의 친구이자 같은 화석 수집가인 엘리자베스 필포트Elizabeth Philpot가 그 먹물을 복원해 익티오사우루스를 그렸는데, 그때부터 시작된 화석 먹물 그림이란 트렌드는 오늘날까지도 계속되고 있다.[3]

하지만 두족류 먹물주머니 속의 멜라닌 과립은 알고 보니 결코 색다른 미술용품에 불과한 게 아니었다. 그것이 발견되자 야코프 빈터는 다른 화석, 이를테면 공룡 깃털 화석에도 멜라닌이 들어 있지 않을까 생각하게 됐다. 아니나 다를까, 실제로 그러했다. 결국 빈터는 공룡의 몸 색깔에 관한 결정적인 증거를 발표했다. 그중에는 날개에 흑백 줄무늬가 있는 종도 있었고, 머리 깃털이 불그스름한 종도 있었다.[4] 그런 연구도 나름대로 흥미진진했지만, 빈터는 여전히 두족류에 큰 애착을 느꼈다. 나와 인터뷰했을 때, 그는 마침 아주 오래된 먹물주머니 화석을 사무실에 두고 있었다. 약 3억 년 전 석탄기의 '정말 귀엽고 작은 초형류'에서 얻은 먹물주머니라고 했다. 그 초형류는 지느러미가 한 쌍 있었고 다리가 열 개 있었다.[5]

그와 같은 초형류 화석이 꽤 많이 발견되어, 조상의 다리가 열 개였으리라는 가설이 발생학적 증거로뿐 아니라 실질적인 증거로도 입증되었다. 물론 오늘날까지 다리 열 개를 유지해온 초형류는 없다. 오징어는 다리 중 '넷째' 쌍이 촉완으로 변형되었고, 문어는 다리 중 '둘째' 쌍이 변형됐다가 결국 상실되었다. 이것은 앵무조개류와 암모나이트류가 따로따로 나선형 껍데기에 이르게 된 것과 같은 수렴 진화의 또 다른 사례다.

반면에 빨판은 중론에 따르면 한 번만 진화했는데, 현생 오징어와 문어

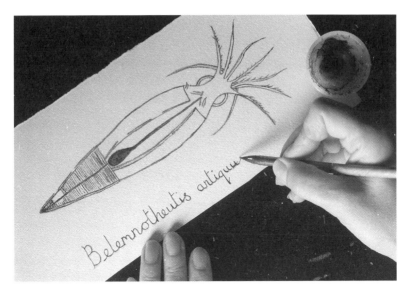

그림 5.2 2008년에 벨렘노테우티스 안티쿠스*Belemnoteuthis antiquus*라는 벨렘나이트의 화석이 워낙 좋은 상태로 발굴되어, 거기 들어 있던 먹물을 복원해 그 동물을 그리는 데 쓸 수 있게 됐다. (출처: BNPS.CO.UK)

에서 상당히 달라 보이는 형태로 발달하긴 했다. 문어의 빨판은 유연하고 융통성이 있어서, 큰 물체에 흡착할 뿐 아니라 작은 물체를 붙잡고 다룰 수도 있다. 오징어의 빨판은 뻣뻣한 편이지만 흡착력이 훨씬 강하다. 이들은 바람에 뒤집힌 우산 모양으로 다리 위에 볼록볼록 튀어나와 있는데, 손톱만큼 단단한 톱니가 작은 고리 모양으로 나 있는 경우도 많다.

오징어류 가운데 일부 종은 빨판이 아예 없는 대신 다리와 촉완 장부에 갈고리가 늘어서 있다. 가장 대표적인 예는 남극하트지느러미오징어*Mesonychoteuthis hamiltoni*인데, 이들의 갈고리는 '180도 회전'할 수 있다. 누구나 식겁할 만한 이야기고, 나도 소름이 돋는다. 벨렘나이트도 다리에 갈고리가 있었는데, 이들은 생김새가 현생 오징어의 갈고리와 달랐다. 이들도 회전할 수 있었는지는 아무도 모른다. 과학자들은 아마도 갈고리가 벨렘나이트와 오징어에서 따로따로 진화했으리라고, 아마도 빨판 고리가 점점 정교해지는 과정에서 그렇게 됐으리라고 생각한다.

그런 구조물은 자잘하긴 하지만, 암석층에서 진화 과정을 추적해볼 만하다. 재질이 단단해서 화석화가 상당히 잘 되기 때문이다.[6] 오징어의 갈고리와 빨판 고리는 초형류에서 부리에 쓰이는 바로 그 억센 재료 키틴으로 만들어진다. (최근에 과학자와 공학자들은 신체 일부가 절단된 사람들의 보철물에서 3D 프린팅용 열가소성 생물질에 이르기까지 오징어 키틴질의 용도를 아주 많이 발견했다.)

암모나이트류나 앵무조개류의 화석에서는 빨판, 고리, 갈고리가 발견된 적 없기 때문에, 그런 부속물들은 초형류만의 여러 발명품에 속한다고 여겨진다.[7] 먹물주머니는 물론이고, 피부의 색깔, 무늬, 질감을 바꾸는 놀라운 능력도 초형류만의 발명품에 해당한다. 현생 앵무조개는 피부색을 바꾸지 않는데, 사실 몸의 대부분이 껍데기 속에 있는 동물에게는 그런 속임수가 별로 쓸모없을 것이다.

초형류의 범상치 않은 눈 또한 진화 과정에서 나타난 여러 독특한 발명품 중 하나였을 것이다. 초형류의 눈은 우리 눈만큼이나 복잡하다. 수정체로 빛을 모으고, 그렇게 모인 빛을 망막으로 감지하고, 거기 맺히는 상을 홍채로 선명하게 한다. 과학자들은 심지어 갑오징어에게 3D 안경을 씌워, 갑오징어의 거리 지각이 우리 거리 지각처럼 왼쪽 눈과 오른쪽 눈에서 받은 정보를 비교해서 이뤄진다는 사실을 알아내기도 했다.[8] 초형류의 시력과 척추동물의 시력은 둘 다 헤엄치는 포식자에서 진화했으므로, 둘의 눈이 서로 엇비슷하게 복잡하다는 사실은 그리 놀랄 일이 아니다. 하지만 뚜렷한 차이점도 몇 가지 있다. 우리 척추동물의 망막은 신경 다발이 안구로 들어오는 부위에 맹점이 있다. 안구로 들어온 신경 다발은 사방으로 퍼져 각 빛 수용체의 앞부분과 이어진다. 반면에 초형류는 신경이 빛 수용체의 뒷부분과 이어져 있어서 '구멍', 즉 맹점이 없다. 이와 같은 구조적 차이를 보면, 두 무리가 별개의 진화 경로를 거쳐 비슷한 해법에 수렴하게 됐다는 사실을 알 수 있다.

또 다른 중요한 차이점은 어류의 경우 눈 속의 감광 단백질을 늘려 색각을 발달시켰다는 것이다. 초형류는 그런 적이 없고 아마도 색맹일 것이다. '아마도'라고 말하는 이유는 그토록 다채로운 동물이 색맹이리라는 가설에 여러 세대의 과학자들이 고개를 갸웃거렸기 때문이다. 몇몇 과학자는 현생 오징어와 문어에게 독특한 종류의 색각이 있을 수도 있다고 보았다. 어쩌면 그들의 몸 전체에 분포하는 감광 색소들이 색 신호를 뇌로 보내는지도 모른다.[9] 그것도 아니면 초형류는 눈의 형태를 재빨리 바꿔 일련의 파장을 훑어보고 각각의 새로운 장면을 이전 장면과 비교하여 시간 경과에 따른 색 변화를 보는지도 모른다.[10]

색맹이든 아니든 간에 초형류는 분명히 우리 인간에게 안 보이는 어떤 것을 볼 수 있다. 그것은 바로 편광偏光, polarization of light이다.[11]

햇빛은 보통 모든 방향으로 진동하는 파동으로 구성된다. 하지만 그런 파동도 수면 같은 특정 면에 반사되면 가지런히 정리되어 한 방향으로만 진동하는 상태로 망막에 도착하게 된다. 우리는 이를 '눈부신 빛glare'이라 부르는데, 그런 빛을 좋아하지 않아서 편광 선글라스를 발명했다. 또 우리는 그와 상관없이 천재적인 아이디어가 번뜩 떠올라, 편광을 생성하는 디지털 디스플레이 장치도 발명했다. 선글라스를 쓴 채로 휴대폰을 보면 화면이 이상하게 새까매 보이기도 하는 것은 바로 그 장치 때문이다. 편광 선글라스는 대부분 바로 그렇게 편광을 차단해낸다. 하지만 안타깝게도, 편광 선글라스는 갑오징어의 비밀 메시지를 해독하는 데는 도움이 되지 않는다. 갑오징어는 피부로 일종의 이중 대화를 할 줄 안다. 그들은 편광을 못 보는 포식자들의 눈에 띄지 않도록 위장색을 유지하면서, 같은 갑오징어들에게는 편광 디스플레이를 내보일 수 있다.

무척추동물이 그렇게 진보된 방식으로 의사소통한다는 사실이 놀라울 수도 있겠지만, 갑오징어류와 오징어류 가운데 여러 종은 상당히 사회적이다. 떼를 지어 이동하면 번식기에 적당한 짝짓기 상대를 고르기가 쉬워질 뿐 아니라 평소에 포식자의 공격을 막는 데도 도움이 되는데, 이 또한 보호용 껍데기의 상실을 보상하는 방식일 것이다. 어떤 오징어 종은 심지어 사냥할 때 서로 협조하기도 한다.

그런 온갖 혁신이 일어나는 데는 시간이 제법 걸렸다. 최초의 초형류는 오늘날 이중 대화를 하는 갑오징어나 수족관에서 탈출하는 문어와 사뭇 달랐다. 아마도 그들은 마치 어느 날 아침 비틀비틀 일어나 우연히 피부를 껍데기에 씌운 겉껍데기 두족류 같아 보였을 것이다.

껍데기 벗기

가장 면밀히 연구된 원시 초형류 헤마티테스*Hematites*의 속껍데기에는 여전히 연질부의 대부분을 품은 단단한 튜브형 '체방'이 있었다. 헤마티테스의 제트 추진은 현생 앵무조개에서 볼 수 있는 비효율적인 껍데기 펌핑 방식이었을 것이다. 껍데기 펌핑에서는 체방 안쪽 깊숙이 몸을 끌어당겨서 누두로 물을 내뿜는다. 머지않아 진화 과정에서 외투막이 껍데기의 구속에서 벗어나면서 더 효율적인 제트 추진 방식으로 나아갈 길이 열리고 지느러미라는 보조 수단도 발달하게 될 터였다.

헤마티테스는 우리가 상상하는 1억 년 전 실루리아기의 스포케라스와 비슷하게 외투막이 껍데기 바깥쪽을 덮고 있는 모습이었을 것이다. 또 그것 말고도 스포케라스와 공통점이 있었던 것 같은데, 바로 껍데기를 절단했다는 점이다. 헤마티테스 화석 중 상당수는 방추부에서 알 속에서부터 부화 직후까지 만들어진 첫째 방이 빠져 있다. 그래서 몇몇 과학자는 헤마티테스가 삶을 시작할 당시 껍데기의 일부가 외부에 노출된 상태였으리라는 가설을 세웠다. '아기 껍데기'를 떼어낸 외투막은 껍데기의 나머지 부분을 에워싸고 자라서 스포케라스에서처럼 뚜껑만 만드는 데서 그치지 않고 크고 단단한 이마뿔을 만들었을 것이다. 그 동물은 여생 동안 껍데기를 통째로 속에 품은 채 껍데기 밖에서 살았을 것이다.[12] 그런데 껍데기에서 배아기에 만들어진 부분이 온전한 상태로 발견된 헤마티테스 화석도 더러 있어서, 그 절단설은 입증되지 않은 상태로 남아 있다. 확실한 것은 외투막이 언제나 방추부 끄트머리에 이마뿔을 만들었다는 점이다.

헤마티테스의 단단한 이마뿔은 그때부터 백악기 말 멸종 때까지 2억 년 동안 초형류의 필수 요소가 될 터였다. 그것은 엔도케라스(길고 곧은 원뿔형 껍데기가 있던 거대한 원시 두족류)가 썼던 전략의 좀 더 정교한 버전일 뿐이었다. 엔도케라스는 방추부 끄트머리의 방에 무기질을 주입하고 그 부위를 평형추로 삼아 물속에서 몸을 수평 상태로 유지했었다.

중생대 초형류의 대성공작 벨렘나이트는 이마뿔 없이 발견된 적이 한 번도 없다. 오히려 그 반대다. 화석화가 매우 잘 되는 이마뿔은 벨렘나이트에서 유일하게 발굴되는 부위인 경우가 많다. 그래도 온전한 상태의 화석이 꽤 많이 드러나, 벨렘나이트의 진화 과정에서 나타난 획기적 발전을 우리에게 보여주었다. 그것은 바로 튜브형 체방이 줄어들어 천장만 남게 되었다는 점이다. 이제는 외투막이 껍데기를 에워싸고 있다기보다는 막대에 매달려 있는 형국이었다(그 막대에는 '프로스트라쿰proostracum'이라는 화려한 이름이 붙었다). 속껍데기가 튜브형에서 막대형으로 바뀐 덕분에 벨렘나이트는 더 효율적인 외투막 펌핑이란 제트 추진 방식을 개발할 수 있게 됐다. 외투막 펌핑은 풍선을 불어서 날리는 것과 같은 방식이다.

벨렘나이트 그림을 보면 지느러미 한 쌍이 눈에 들어오는데, 이로써 벨렘나이트는 우리의 두족류 역사 여행에서 처음 나타난 지느러미 있는 두족류가 된다. 왜 하필 지느러미일까? 제트 추진은 본래 어류, 해양 파충류, 해양 포유류 등 대부분의 유영생물이 쓰는 물장구질이나 파동 영법보다 효율이 떨어진다. 그래서 두족류는 그런 비효율성을 완화하려고 여러 가지 유사 영법으로 수렴 진화를 해왔다. 앵무조개는 누두의 살을 꿈틀거려 이동하는 대안적 방법을 개발했고, 초형류는 지느러미를 발달시켰다. 갑오징어 같은

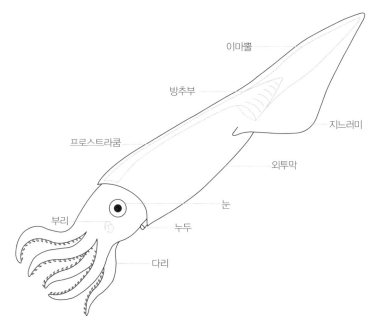

이마뿔

방추부

지느러미

프로스트라쿰

외투막

눈

부리

누두

다리

그림 5.3 남아 있는 벨렘나이트 화석은 대부분 오징어와 전혀 비슷해 보이지 않지만, 생전에 벨렘나이트는 오징어와 정말 많이 닮았었다. 눈에 띄는 차이점은 다리 열 개의 길이가 같다는 것, 그리고 묵직한 '꼬리'가 이마뿔을 감추고 있다는 것이다. (출처: C. A. Clark)

일부 현생 초형류는 이제 거의 항상 지느러미로 이동하다가 급박한 상황에서만 제트 추진을 한다.

그런데 삽화가들이 벨렘나이트의 지느러미를 100년 가까이 그려오긴 했지만, 그 대부분의 기간에 벨렘나이트 지느러미의 존재는 추측에 불과했다. 벨렘나이트에게 지느러미가 있었다는 가설을 처음 세운 사람은 스위스의 천재적인 두족류 전문가 아돌프 네프였는데, 그는 1883년생이었다. 그세대의 수많은 과학자와 마찬가지로 네프는 계통 분류학, 고생물학, 발생생물학 등 여러 분야에서 광범위한 연구물을 발표했다. 하지만 언제나 돌고돌아 두족류로 돌아왔다. 그는 일반 오징어를 일반 실험동물로 쓰기 시작한 과학자 중 한 명으로, 호지킨과 헉슬리가 하게 될 중대한 거대 신경돌기 연구의 토대를 마련했다. 네프는 오징어의 배 발생 단계를 목록으로 만들었는

데, 나는 2000년대에도 대학원에서 그 목록을 자주 참고했다.[13]

두족류 화석에 관해 말하자면, 네프가 벨렘나이트 이마뿔을 세심히 관찰한 결과, 지느러미가 붙으면 딱 좋을 듯한 부위에서 홈 한 쌍이 발견되었다. 1922년에 네프가 그런 생각을 발표한 이후 줄곧, 벨렘나이트 지느러미는 실제로 존재했을 가능성이 높다고 여겨져왔다. 또 다른 증거들도 축적되었는데, 그중 하나는 잘 보존된 일부 이마뿔에서 발견된 혈관 흔적이었다. 결국 2016년에 이례적인 화석이 발견되면서 지느러미는 사실의 영역으로 들어왔다. 클루그, 푹스, 크루타 등의 과학자팀이 독일 졸른호펜에서 나온 아칸토테우티스*Acanthoteuthis*라는 벨렘나이트 화석에서 최초로 지느러미와 누두를 발견한 것이다.[14]

처음에는 암석층에 지느러미 비슷한 모양이 어렴풋이 나타나 있을 뿐이었다. 그런데 과학자들이 표본에 자외선을 비추고 특수 필터를 통해 표본을 살펴봤더니, 자외선에 반응해 빛을 내는 인산염의 형태로 보존된 지느러미 전체가 보였다. 자외선을 비췄을 때 드러난 것은 지느러미뿐만이 아니었다. 누두도 드러났고, 머리와 누두를 외투막에 단단히 붙여주는 두 종류의 연결 조직도 드러났다.

오징어를 해부해봤거나 낚시 미끼로 써본 사람은 머리와 몸통 사이의 연결 부위가 약하다는 사실을 알아차렸을 것이다. 특히 오징어를 얼렸다가 녹인 다음에는 그 부위가 더욱더 약해진다. 머리를 잡고 들어 올리면 몸통이 뚝 떨어지고, 몸통을 잡고 들어 올리면 머리가 바로 떨어져버릴 것이다. 클루그와 동료들에 따르면, 오징어가 살아 있을 때는 근육질 목이 그 연결 부위를 보강하고 특수한 연골 조직이 누두를 제자리에 고정하여 '빨리 헤엄치려 할 때 제트류의 효과를 높여'준다.[15] 당연한 얘기지만, 제 몸이 산산조각날 염려가 없다면 오징어는 제트 추진을 더 세차게 할 수 있다.

자외선을 화석에 비추면 지느러미와 누두뿐 아니라 작지만 두드러진 요소 한 가지도 드러난다. 그것은 바로 인간의 내이內耳에 해당하는 두족류의 평형 기관 평형포胞/평형낭囊, statocyst이다. 평형포는 안쪽에 털이 늘어서고 유체가 가득 든 아주 작은 방인데, 각 방에는 '평형석statolith'이라는 작은 돌이 하나씩 들어 있다. 오징어가 가속하면 평형석은 자동차에 탄 사람처럼 '좌석'에서 뒤로 밀려난다. 오징어가 감속하면 평형석은 앞으로 굴러간다. 평형석이 움직이다 보면 털을 건드리게 되는데, 그 털들은 신호를 다시 뇌로 보낸다. 오징어는 바로 그런 식으로 균형을 유지한다.

현생 두족류의 평형포는 해당 동물의 부력과 헤엄 능력에 따라 다양한 형태를 띤다. 아칸토테우티스의 평형포는 훔볼트오징어 같은 날렵한 근육질 포식자의 평형포와 아주 비슷하게 생겼다. 그 벨렘나이트는 지느러미, 누두, 목의 구조도 모두 그런 포식자의 특징과 부합한다.

클루그 등은 "선사시대 동물의 실제 헤엄 속도를 자신 있게 복원하기란 불가능하다"라고 경고해놓고서, 어쨌든 시도는 해본다. "우리가 이렇게 추산한 바에 따르면, 벨렘나이트류는 초속 0.3∼0.5미터 정도의 속도에 도달한 듯하다. 오늘날 살오징어*Todarodes*가 대규모로 이동하는 속도와 비슷했던 셈이다."[16] 그 정도면 개헤엄 속도와 별 차이가 없지만, 장거리 이동 시 해류를 헤치고 나아가기에는 충분하다. 그리고 벨렘나이트가 어땠는지는 몰라도 현생 오징어는 전력 질주를 할 수 있다. 살오징어는 단거리를 전력으로 헤엄치면 초속 11미터에 도달한다. 인간의 수영 기록은 초속 2.39미터다. 푹스는 이렇게 말한다. "올림픽 수영 선수들도 살오징어와 겨루려면 도핑을 훨씬 많이 해야겠지만, 벨렘나이트를 이기기 위해서라면 그럴 필요까진 없을 겁니다."[17]

하지만 올림픽에 나갈 준비가 되었든 안 되었든, 벨렘나이트도 어류를 잡을 수 있을 만큼은 빨랐다.

내 대학 시절 생물학 교수님은 무척추동물이 척추동물을 잡아먹는 사례가 나올 때마다 어린아이처럼 신나 했다. 2019년에 나는 그런 사례가 오랫동안 보존되었다는 이야기를 읽고 교수님 생각이 났다. 클라르키테우티스

*Clarkiteuthis*라는 속의 벨렘나이트 네 마리가 고대 어류를 잡아먹던 도중에 화석화되었다. 그 벨렘나이트들은 먹는 데 정신이 팔린 나머지 물속 깊숙이 가라앉아 질식사한 후 해저에 묻혀버렸다. 비극적인 일이었지만, 그들의 화석으로 미루어 보면 많은 다른 개체들이 분명히 어류를 잡아먹으며 잘 살았던 것 같다.[18]

단단한 이마뿔과 상당히 큰 방추부가 있는 벨렘나이트 껍데기도 유용성이 입증됐지만, 다른 초형류들은 껍데기 축소를 여러 단계 더 진척시키느라 바빴다.

칼슘을 유지하라

다들 계속해서 껍데기를 칼슘으로 만들어 부력을 얻는 데 쓰고 있었지만, 초형류 중 별개의 두 무리는 세 부분으로 이뤄진 복잡한 벨렘나이트 속껍데기 형태에서 멀어지는 방향으로 진화했다. 첫째 무리는 갑오징어였다. 그들은 여러 방으로 이루어진 껍데기 구조를 완전히 뜯어고치면서 이마뿔도 흔적만 남겨두었다. 둘째 무리는 두족류 전문가들도 대부분 본 적 없는 신비로운 스피룰라*Spirula*(ram's horn squid)였다. 그 동물들은 예전 방식대로 방추부에 방을 여러 개 만들어두었지만, 껍데기 모양이 까마득히 오래전의 나선형으로 진화했다.

몇 분만 들이면, 커틀본(갑오징어뼈)이 몇백만 년에 걸쳐 진화한 과정을 그려볼 수 있다. 그 과정은 이를테면 벨렘나이트를 지느러미부터 머리까지 압축했을 때 벨렘나이트 껍데기에 일어날 법한 변화 같은 것이다. 프로스트라쿰이란 가는 막대는 완전히 사라져버리고, 이마뿔은 넓게 퍼져서 얇은 방패 모양으로 변한다. 그 방패 아래에서 방추부의 방들은 납작해지면서 서로 어긋나 여러 층이 비스듬히 쌓인 형태가 된다. 이제 자잘한 기둥이 층과 층을 분리하며 떠받쳐서 고층 건물 비계의 축소판 같은 모양을 이루게 된다.

연실세관이라는 튜브는 과학자들이 '연실세관 영역siphuncular zone'이라 부르는 모호한 형태로 변하는데, 연실세관 영역도 여전히 층과 층 사이 공간에서 수분을 빼내어 기체가 거기로 스며들어 머물게 해준다.

커틀본은 부서지기 쉬워 보이는데, 실제로도 그렇다. 그래서 우리가 반려동물로 키우는 새, 친칠라, 소라게, 거북 등에게 아주 좋은 칼슘 보충제가 된다. 앵무조개 껍데기에도 칼슘이 많이 들어 있지만, 그 껍데기는 어찌나 튼튼한지 잉꼬가 진짜 마음먹고 달려들어도 필요한 영양분을 많이 얻기 어려울 정도다. 커틀본의 수많은 얇은 벽들은 씹어 먹고 갉아 먹기가 한결 수월하다. 게다가 그런 목적으로 커틀본을 수집하면 야생 갑오징어에게 어떤 영향을 미치게 될지 걱정하지 않아도 된다. 앵무조개와 달리 갑오징어는 개체 수가 많고 수명이 짧다. 그래서 바다에는 원래 죽어가는 갑오징어가 넘쳐나는데, 죽은 갑오징어의 커틀본이 해변으로 떠밀려 오는 경우도 많다. 새장에 넣을 커틀본은 말끔해 보일 필요가 없으므로, 깨지고 부러진 상태여도 괜찮다.

커틀본의 쉽게 부서지는 성질은 살아 있는 개체의 발목을 붙잡기도 한다. 커틀본은 심해의 수압을 견뎌내지 못하기 때문이다. 각종 커틀본은 계산 결과에 따르면 200~600미터 정도의 수심에서 안쪽으로 파열된다. 그 정도는 수전 미터에 이르는 바다의 깊이에 비해 얕은 편이다. 그러니 바다의 상당 부분은 갑오징어에게 출입 금지 구역인 셈이다. (그래도 갑오징어는 대부분의 아마추어 스쿠버 다이버보다 훨씬 깊이 내려갈 수 있다. 내가 가장 깊이 잠수한 기록은 겨우 30미터인데, 그 정도 수심에서도 나는 질소에 중독되어 알딸딸해진 기운을 조금씩 느꼈다. 고압 환경에서 일반 공기로 호흡하면 그와 같은 일종의 취기를 느끼게 된다. 나와 동료는 미리 챙겨온 날계란을 수심 깊은 곳에서 깨봤는데, 수압 때문에 껍데기 없이도 계란 모양이 유지되는 모습은 우리가 본 것 중 가장 신기한 구경거리였다.)

하지만 스피룰라에게는 심해가 포근한 서식지다. 스피룰라의 독특한 나

그림 5.4 스피룰라는 껍데기가 몸속에서 이렇게 위치한다. (출처: Carl Chun, *Die Cephalopoden*, 1910)

선형 속껍데기는 커틀본과 마찬가지로 자주 해변에 떠밀려 오지만(나도 오스트레일리아에서 수십 개나 발견한 적 있다), 커틀본 못지않게 부서지기 쉬워 보여도 압력을 훨씬 잘 견뎌낸다. 그 껍데기가 안쪽으로 잘 파열되지 않는 이유 중 하나는 분명 크기가 작기 때문일 것이다. 스피룰라 껍데기는 대부분 동전보다 작다.

스피룰라는 현생 두족류 중에서 가장 불가사의한 동물일 것이다. 부력이 있는 나선형 껍데기 때문에 머리를 아래쪽으로 향한 채 지내고, 몇 시간 동안 빛을 낼 수 있는 큼직한 발광 기관이 외투막 맨 끝부분에 있다. 스피룰라도 수직이동생물이다. 낮에는 수심이 1000미터쯤 되는 깊은 곳에 있다가, 밤이면 수심이 30미터쯤 되는 얕은 곳으로 올라온다. 눈이 양옆으로 볼록 튀어나와 있지만, 머리와 다리를 외투막 속에 완전히 넣고 움츠릴 수 있다.

스피룰라는 현생 두족류 중에서 가장 외로운 동물이기도 할 것이다. 어디까지나 추상적인 진화적 의미에서지만. 스피룰라는 딱 한 종만 등재되었고, 여타 오징어 및 갑오징어와 유연관계가 멀다. 유연관계가 깊은 스피룰라류 친척들은 모두 화석으로만 남아 있다.

그래도 스피룰라류 화석은 꽤 '많이' 있어서, 스피룰라 껍데기의 진화 과정을 추정하는 데 유용하다. 빠진 결정적 연결 고리는 스피룰리로스트라 *Spirulirostra*라는 종이다. 스피룰리로스트라는 어릴 때 껍데기를 나선형으로 키우다가, 성숙하면서 껍데기를 곧게 펴고, 결국 벨렘나이트 이마뿔과 흡사해 보이는 이마뿔도 만든다.[19] 아마도 제어 스위치가 이런저런 유전자의 발현 양상을 바꿔서 어릴 때의 나선형 껍데기 생성 과정이 성체기에도 계속된 결과로 현생 스피룰라가 출현하게 된 듯하다. 물론 이런 것도 이보디보다! 어릴 때 형질을 평생 간직하는 현상은 실제로 진화론에서 자주 다루는 주제다. 도롱뇽 성체가 어릴 때 썼던 아가미를 간직하는 경우부터 인간 성인이 청소년기 침팬지의 머리 모양을 간직하는 경우까지, 다양한 사례가 있다.

오징어는 스피룰라류 및 갑오징어와 마찬가지로 벨렘나이트와 비슷한 동물에서부터 진화했지만, 껍데기 축소라는 길을 따라 훨씬 멀리 나아갔다.

강한 펜

오징어는 이마뿔을 줄여가는 방향으로 진화했다. 여러 방으로 이뤄진 방추부도 줄여가는 방향으로 진화했다. 그리고 칼슘 역시 줄여가는 방향으로 진화했다. 오징어의 속껍데기는 조금씩 줄어들어 결국 단순한 펜 모양에 불과하게 되었는데, 덕분에 외투막은 마침내 잠재력을 한껏 발휘할 수 있게 됐다. 또 그 결과로 고생물학자들은 문어인지 오징어인지 알쏭달쏭한 갖가지 화석을 얻게 되기도 했다.

펜(오징어뼈)은 〈그림 1.2〉에서 소개했었는데, 이제 좀 더 자세히 살펴보자. 첫째 의문은 이것이다. 그것을 정말 필기구로 쓸 수 있을까?

나는 고등학교 졸업 직후부터 초등학교와 중학교에서 오징어 해부를 가르쳐왔는데, 지금껏 내가 해동한 냉동 오징어가 몇 마리나 되는지, 내가 잘라서 열어본 차가운 외투막이 몇 개나 되는지 세지도 못하겠다.[20] 살아 있는 오징어에게 깊은 애착을 느끼는 채식인으로서 그런 이력이 후회스러울 때도 있지만, 미끼 가게에 몇 상자씩 쌓인 오징어들이 해부 수업에 안 쓰였으면 넙치, 대구, 농어, 상어를 낚는 데 쓰였으리라는 걸 떠올린다. 게다가 아이들이 오징어 수정체를 통해 주변을 보거나 오징어 뇌 옆에서 평형포란 평형 기관을 발견하거나… 오징어 펜으로 뭔가를 그려보면서 얼굴이 환해지는 모습을 보면 무척 흐뭇하기도 하다.

펜이 외투막의 살에 완전히 감싸여 있기 때문에, 펜을 빼내면 나머지 부위가 모두 엉망이 되어버린다. 나는 모두가 모든 기관을 식별할 때까지 기다렸다가, 가늘고 투명하며 뻣뻣하면서도 신축성 있는 껍데기 흔적 기관을 뽑는 방법을 학생들에게 보여준다. 해부 수업의 마무리로 학생들은 펜을 사용해 (그때까지 안 건드리고 그대로 두었던) 먹물주머니를 터뜨리고 자기 이름을 써본다. 정말 글씨가 써진다.

하지만 그 펜은 깃펜만큼 좋지도 않고 구하기도 어려운 편이다. 그래서 내가 알기론, 오징어 펜을 재미로 잠시 써볼 만한 별난 필기구 이상의 것으로 여긴 사람은 아무도 없다. 펜을 가리키는 과학 용어는 오히려 그 모양이 검劍과 닮았다는 데서 나온 '글래디어스gladius'다('검투사gladiator'와 어근이 같다). 두 이름 다 '껍데기'와는 동떨어진 말이지만, 오징어의 펜은 '껍데기 주머니shell sac'라는 기관 내부에서 만들어진다. 그런 일이 어떻게 일어나는지 알아보면, 진화 과정에서 묵직한 갑옷 같은 보호 기관이 칼집 속에 숨겨진 검 같은 흔적 기관으로 변한 까닭을 이해하는 데 도움이 될 것이다.

어린 두족류는 모두 껍데기 주머니가 있는데(문어도 예외가 아니다), 그 기관은 어린 조개와 달팽이가 껍데기를 만들 때 쓰는 외투막 주름과 비교할 만하다. 껍데기 주머니와 외투막 주름은 둘 다 '껍데기 영역shell field'이라는 것에 의존한다. 달팽이(혹은 조개)에서 껍데기 영역은 외투막에서 일시적으로 움푹 들어간 곳인데, 그런 함몰부는 더 깊어져서 갈라진 틈과 같은 모양이 된다. 조개(혹은 달팽이)는 그 틈을 어떤 막으로 덮는다. 막이 자리를 잡고 나면, 틈 부위가 도로 펴져서 막 아래에 평평하게 있게 되고 막은 껍데기로 변한다. 묘하게 복잡한가? 그렇고 말고! 아마도 틈이 일시적으로 생겨야 초기 상태의 아직 연약한 껍데기가 자라는 데 도움이 되는 듯하지만, 확실하게는 아무도 모른다.

오징어도 껍데기 영역이 있는데, 동물 조직의 아주 작은 부분을 보는 데 익숙한 사람이라면 그 부위를 알아볼 수 있을 것이다. 오징어의 껍데기 영역은 사실 배아에서 작은 모자 같은 부분이다. 그 부분 때문에 오징어 배아는 앵무조개류 배아와 비슷해 보이고, 두 배아는 단판류(앞서 언급했던, 껍데기가 납작한 고대 연체동물)와 비슷해 보인다. 하지만 오징어는 껍데기 영역에서 '틈' 방법으로 껍데기를 곧바로 만들지 않고, 껍데기 영역 둘레에서 조직이 산등성이처럼 솟아오르게 했다가 결국 껍데기 영역을 조직으로 뒤덮어 버린다. 그렇게 해서 조직으로 에워싸인 공간이 껍데기 주머니고, 바로 그 주머니 속에서 펜이 만들어지기 시작한다. 그러므로 어릴 때 '생김새'가 어린 앵무조개나 단판류와 비슷하긴 하지만, 현생 초형류는 겉껍데기와 관련된 단계를 잠시도 거치지 않는다. 현생 초형류의 껍데기는 애초부터 속껍데기다.[21]

겉껍데기보다 작고 단순하긴 하지만, 펜도 구조가 있다. 펜의 '줄기'는 '레이키스rachis'(펜대)라고 부르는데, 새 깃털의 '줄기'에도 똑같이 '레이키스 rachis'(깃대)란 이름이 붙어 있다(공룡과 두족류의 무의미하나 재미있는 공통점). 어떤 오징어 종에서는 펜대가 양쪽으로 퍼져 날개 모양을 이루고 펜대의 끝부분이 커져서 두툼한 원뿔형을 이룬다. 또 어떤 오징어는 펜이 평범한 원뿔형보다 더 두꺼워져서 벨렘나이트의 이마뿔을 연상시키기도 한다. 하지만 끝부분이 아무리 두꺼워지고 단단해지더라도, 오징어 펜은 절대 석회화되지 않는다. 이런 의미에서 그 펜은 결코 진짜 껍데기가 아니다.

우리는 펜을 보기만 하고도 이를 알지만, 펜을 '만드는' 세포들을 보면 이를 확증할 수 있다. 그 세포들에는 석회화에 필요한 시스템이 없다. 진화 과정에서 그런 기능을 상실함으로써 그들은 완전히 새로운 종류의 두족류가 등장할 수 있는 기반을 닦았다.

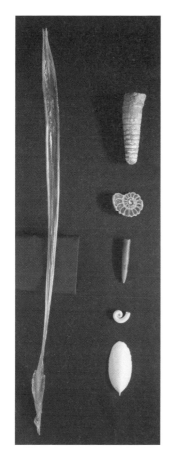

그림 5.5 껍데기의 역사가 엿보이는 내 책상 위 표본들.
왼쪽: 훔볼트오징어의 글래디어스.
오른쪽, 위에서 아래의 순서로: 초창기 원뿔형 껍데기 두족류 화석.
암모나이트류 화석, 벨렘나이트 화석.
현생 스피룰라 껍데기, 현생 갑오징어 껍데기.
(출처: Danna Staaf)

옥시콘 암모나이트류는 물속에서 미끄러지듯 나아갔을 것이다. 벨렘나이트는 상당한 속도에 도달했을 것이다. 하지만 석회화되지 않은 뻣뻣하면서도 신축성 있는 펜을 갖춘 현생 초형류는 포식자 반대 방향으로 몸을 굽혀 폭발적인 제트 추진으로 달아날 수 있다. 디르크 푹스와 그의 동료 이바 야스히로伊庭靖弘는 펜을 가리켜 '두족류에서 가장 강력한 제트 추진 방식을 쓸 수 있게 해준 중대한 혁신'이라고 평했다.[22]

그런 혁신은 순전히 우연으로 시작되었는지도 모른다. 펜은 석회화되지 않은 껍데기에 불과하다. 따라서 석회화를 제어하는 유전자에서 돌연변이

그림 5.6 렙토테우티스 기가스*Leptoteuthis gigas*는 글래디어스를 품은 신비로운 원시 초형류로, 겉보기엔 오징어와 닮은 듯하지만 실제론 문어와 유연관계가 깊은 것 같다. (출처: Diego Sala)

가 한 번 발생하기만 하면 충분했을 것이다. 그리고 펜 화석이 꽤 자주 발견된다는 사실로 미루어 보면, 그와 같은 우연은 여러 차례 발생한 듯하다.

우리는 현대의 펜을 현생 오징어와 관련지어 생각하다 보니, 펜 화석도 오징어와 관련지어 생각하는 경향이 있다. 펜을 갖춘 엄청나게 다양한 초창기 화석 초형류가(그리고 때로는 펜 자체만이) 등재되면서, 이들은 플레시오테우티스과Plesioteuthidae, 테우돕시스과Teudopsidae, 트라키테우티스과Trachyteuthidae 같은 오징어스러운 이름을 얻었다('teuth'라는 어근을 찾아보라: 테우티스teuthis는 고대 그리스어로 '오징어'다—옮긴이). 그런데 더 상세히 연구한 결과에 따르면 이 초형류들은 대부분 문어에 더 가까웠던 것 같다.[23]

〈그림 5.6〉에서 볼 수 있듯이, 펜을 품은 초형류 중 일부는 우리가 다리 개수를 세어볼 수 있을 만큼 화석 상태가 좋은데, 모두 다리가 여덟 개다. 몇몇 화석에서는 다리의 빨판도 보이는데, 현생 초형류에서는 빨판이 명확한 구분 기준이 된다. 문어 빨판은 줄기 없이 피부에 납작하게 붙어 있는 '무경無莖, sessile'형이고, 오징어 빨판은 작은 버섯처럼 줄기에 붙어 있는 '유경有莖, pedunculate'형이다. 펜을 품은 초형류 화석에서 발견된 빨판은 어떤 유형일까? 모두 무경형이다.

마지막 증거는 펜 자체에서 나온다. 펜도 나름대로 구조가 있는데, 온갖 초창기 펜 화석은 펜대와 날개와 원뿔형 부위를 보면 모두 오징어 펜보다 문어 펜과 더 비슷하다.

'하지만 문어는 펜이 없잖아'라고 생각하는 사람도 있을 것이다. 예리하다. 그 생각이 맞다. 그러나 문어의 조상들은 펜이 있었고, 현존하는 한 종에서도 문어 펜의 구조를 볼 수 있다. 그 종은 바로 흡혈오징어인데, 실은 흡혈문어라고 불려야 마땅하다.

흡혈귀 발

문어와 흡혈오징어의 역사는 껍데기가 최소한으로 줄어드는 과정이다. 펜마저 축소되어 흔적만 남거나 종에 따라 아예 사라져버리기도 한다. 이 무리는 밤피로포다Vampyropoda로 알려져 있는데, 그 단어는 이상하다. '흡혈귀 발vampire feet'이란 말도 안 되는 이름이기 때문이다. 밤피로포다는 문어와 흡혈오징어의 유연관계가 둘과 어느 여타 두족류의 유연관계보다 깊다는 사실을 깨달은 과학자들이 문어목Octopoda과 흡혈오징어목Vampyromorpha이란 두 무리의 이름을 그냥 합쳐놓은 것이다.

그걸 깨닫는 데는 시간이 좀 걸렸다. 흡혈오징어가 오징어류인지 문어류인지 판단하는 일보다 알쏭달쏭한 문제는 없을 것이다. 처음에는 펜이 있으니 오징어 같아 보인다. 하지만 얼마 후 다리가 문어처럼 여덟 개뿐이라는 사실을 알아차린다. 좀 더 자세히 보면, 가느다란 필라멘트가 두 개 보인다. 이것들은 다리가 극히 축소된 형태일 텐데, 오징어의 촉완을 연상시킨다. 그런데 알고 보니, 두 필라멘트의 위치는 오징어에서 촉완으로 변한 다리 한 쌍이 있던 위치와 다르다. 둘의 위치는 문어에서 완전히 사라져버린 다리 한 쌍이 있던 위치와 같다.

유전자 연구로 과학자들은 결국 흡혈오징어가 사실상 문어류라는 데 동의하게 되었다. 그런 분류 결과에 따라 흡혈오징어의 펜은 초형류 진화 연구에서 매우 중요해진다. 자세히 살펴보면 흡혈오징어 펜은 오징어 펜과 확연히 다르다는 사실을 알 수 있다. 워낙 달라서 과학자들은 두 펜이 별개의 두 가지 탈석회화 과정을 거쳐 따로따로 진화했다고 믿는다.

초창기 밤피로포다는 오래전 트라이아스기에 오징어의 조상에서 갈라져 나왔다. 쥐라기에 초형류가 새롭게 진화 중일 때 밤피로포다 계통은 둘로 나뉘었다. 하나는 흡혈오징어류였고, 나머지 하나는 순수 문어류였는데, 둘 다 아직 펜을 품고 있었다. 흡혈오징어류는 펜을 별다른 변화 없이 간직했다. 스피룰라류에서처럼 한때 다양했던 흡혈오징어 계통에서도 딱 한 종만 현대 바닷속에 남아 있어 '살아 있는 화석'으로 여겨진다.[24]

한편 문어류는 껍데기 축소라는 길을 따라 빠르게 나아갔다. 쥐라기 말 내지 백악기 초쯤에 문어류는 또다시 두 갈래로 나뉘었다. 유촉모有觸毛아목cirrate octopus이란 한 계통에서는 펜이 한 개짜리로 유지되긴 했으나 결국 U자 모양으로 변했다. 유촉모아목은 파닥이는 큼직한 지느러미가 있는 심해 문어류인데, 그중에서 가장 주목할 만한 종에는 덤보문어Dumbo octopus란 이름이 붙었다(정말이다: 덤보는 디즈니 만화영화의 주인공 아기 코끼리의 이름이다−옮긴이). '촉모觸毛, cirrate'는 다리를 따라 줄줄이 나 있는 짤막짤막한 털을 가리키는 말이다. 그런 털들은 아마도 섭식 활동에 쓰이겠지만, 심해 문어가 식사하는 모습을 관찰하기란 암모나이트류의 섭식 방식을 알아내는 것만큼이나 어려운 일이다.

'무촉모無觸毛'아목incirrate octopus, 내 식대로 부르자면 진짜 문어류는 촉모도 없고, 지느러미도 없고, 펜도 없다. 밤피로포다 펜의 주된 용도는 지느러미를 받쳐주고 지느러미의 부착점이 되어주는 것일 테니, 지느러미가 없으면 펜이 있을 필요가 없을 것이다. 하지만 문어 펜은 완전히 사라지기 전에 둘로 쪼개졌다. 그 한 쌍의 흔적 기관이란 잔여물은 아직 지느러미가 있던 초창기 화석 문어류 팔라이옥토푸스Palaeoctopus에게 있었던 것으로 잘 알려져 있다. 한 쌍짜리 펜의 모양은 〈그림 2.4〉에서 해당 동물의 윤곽선 안쪽에 나타나 있다. 시간이 지나면서 그런 흔적 기관은 더욱더 축소되어 '스타일릿stylet'이라는 작은 막대 두 개로 변했는데, 몇몇 현생 문어 종에서 아직도 볼 수 있다.[25]

스타일릿이 없는 문어류도 대부분 스타일릿을 만드는 데 필요한 분자 메커니즘은 간직하고 있는 듯하다. 에릭 에드싱어곤잘러스가 예견한 대로 유전적 계통이 개발되면, 우리는 평범한 캘리포니아두점박이문어의 몸에서 펜의 흔적 기관이나 온전한 펜 전체, 나아가 석회화된 속껍데기가 자라도록 유도할 수 있을지도 모른다. 그렇게 할 수 있다면 시간을 거슬러 올라가 두족류가 오늘날의 상태에 이르기까지 거친 진화적 변화를 재연하는 셈이다.

그런 진화적 변화에 대해 우리가 알게 된 것은 무엇보다도 지구상의 한 특정 장소에서 초형류 연질부가 많이 화석화된 덕분이다.[26] 1883년에 팔라이옥토푸스가 처음 등재되었을 때, 그 화석이 나온 암석층은 오스만 제국의 영토였다.[27] 1944년에 프랑스 고생물학자 장 로제가 「가장 오래된 것으로 알려진 두족류 문어 화석」이란 논문을 발표했을 때, 레바논은 프랑스의 식민 지배에서 막 벗어나 독립한 상태였다.[28]

이제 잠시 옆길로 빠져 인간과 화석의 얽히고설킨 역사를 살펴보자.

역사 속의 화석들: 낚시터부터 버펄로스톤까지

두족류의 껍데기 화석은 옛날부터 세계 곳곳에서 눈에 띄었지만, 연질부 화석은 구하기가 훨씬 어려웠다. 연질부 화석이 발견되려면 '라거슈타트Lagerstatt'가 형성되어야 한다. '저장 장소'라는 뜻의 독일어인 그 용어는 화석이 이례적으로 잘 보존된 암석층을 가리킨다. (음료 라거lager는 '라거비어 Lagerbier'[저장맥주]의 줄임말이다.) 여러 나라에서 다양한 지질 연대의 라거슈타트 수십 곳이 발견되었는데, 그런 곳에는 독일의 잠자리 날개 화석부터 캐나다의 이론 분분한 넥토카리스 화석에 이르기까지 온갖 화석이 보존되어 있다. 레바논의 백악기 라거슈타트에는 초형류 화석이 특히 많다.

고대 그리스의 역사가 헤로도토스도 기원전 450년에 그런 화석에 대해 글을 썼고, 기원후 4세기에 팔레스타인 주교는 화석들이 노아의 대홍수가 실재했음을 뒷받침하는 증거라고 생각했다. 몇 세기 후 십자군 원정을 온 루이Louis 9세는 '바닷물고기' 모양의 돌을 받았고, 또 몇 세기 후 과학자들은 빨판까지 뚜렷이 보이는 문어와 절묘하게 보존된 어류가 함께 들어 있는 범상치 않은 돌에 관해 본격적으로 논문을 발표하기 시작했다.

레바논 독립 직후 몇십 년 동안 화석이 있는 채석장 인근 주민들은 대부분 그곳에서 시간을 많이 보내지 않았다. "거긴 죄다 돌이라 경작을 할 수가 없었습니다. 그래서 주민들은 약간의 사례만 받고도 외국인들을 도와주려 했죠." 화석 박물관 엑스포하켈Expo Hakel의 주인 로이 노라가 한 말이다. "유럽 곳곳의 박물관에서 볼 수 있는 화석 가운데 상당수는 여기서 거저 가져가다시피 한 겁니다."[29]

1970년대에 노라의 아버지 리즈칼라는 어린 나이에 화석 수집에 빠져, 화석을 소장할 박물관을 짓길 꿈꾸었다. 1975년에 내전이 일어나 15년간 지속되었지만, 리즈칼라는 수집 활동을 멈추지 않았다. 그는 심지어 박물관을 차리려고 작고 낡은 집을 조금씩 고치기도 했다. 1991년에는 레바논 의회에서 사면법안이 통과되면서 민병대가 해산됐는데, 같은 해에 리즈칼라는 베이루트와 트리폴리 사이의 하켈이라는 소도시에 엑스포하켈을 열었다.[30] 노라는 이렇게 말한다. "작은 박물관이었지만, 당시 일어나고 있던 온갖 일들을 고려하면 크나큰 진전이었습니다."

그 박물관에 대해 알게 된 후 나는 하켈을 언젠가 꼭 가보고 싶은 멋진 곳 목록에 추가했다. 하켈 주민 중에 장 로제가 왔던 일을 기억할 만한 연장자가 있는지 궁금하다. 로제가 하켈 주민들에게 친절했길 바란다. 오래전부터 화석 수집가와 과학자들 가운데 상당수는 현지인들에게 별로 친절하지 않았다. 안타깝게도 북아메리카의 암모나이트류 화석 중 일부는 합법적 소유자에게 보상을 주지 않고 착복한 수많은 화석에 속한다.

그림 5.7 A, 5.7 B 레바논 하켈의 백악기 암석
층에서 발견된 주목할 만한 초형류 화석.
(출처: Roy Nohra, Expo Hakel)

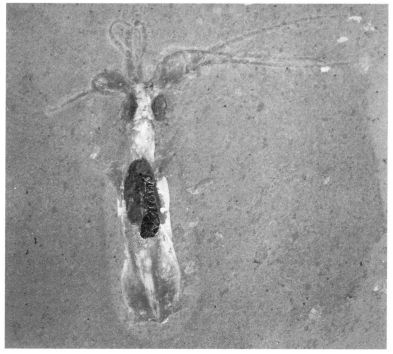

블랙풋Blackfoot족을 비롯한 북아메리카 평원 지대 원주민들에게 암모나이트류 화석은 들소를 부르는 돌로 알려져 있었고, 그 귀한 자원을 끌어모아 준다고 여겨졌다. 처음에 나는 둘의 연관성이 잘 이해되지 않았지만, 단순한 그림을 하나 보고 나니 분명히 이해가 되었다. 개체 수가 많고 껍데기가 곧은 원뿔형이던 바쿨리테스라는 헤테로모프는 화석이 조각나 있는 경우가 많은데, 그런 조각의 윤곽선은 복잡한 격벽 모양에 따라 결정된다. 따로 분리된 방 하나하나는 정말 들소와 꽤 닮았다. 특히 들소를 염두에 두고 있는 사람에게는 더욱더 그렇게 보인다.

원주민들은 암모나이트류 화석을 약 주머니에 넣어서 가지고 다니며 행운이나 치유를 기원했고, 또 그런 화석을 대대로 물려주기도 했다. 안타깝게도 1876년 리틀 빅혼Little Bighorn 전투 후에 전쟁 포로가 된 원주민들은 그 소중한 가보를 많이 강탈당했다.[31]

"귀중한 화석을 점령지에서 혹은 약자에게서 빼앗는 관행은 새로운 것이 아니다. 그런 획득이 불러일으키는 격한 감정 또한 딱히 현대적인 것이 아니다. 진귀한 지질학적 대상이 사람들에게 알려질 때면 언제나 다툼이 일어난다." 스탠퍼드 대학교의 학자 에이드리엔 메이어Adrienne Mayor가 쓴 글이다. 메이어는 고생물학이라는 현대 학문이 출현하기 전에 고대인들이 화석을 어떻게 해석했는지에 주목한다. "대형 척추동물 화석은 오래전부터 문화 정체성 및 권력 불평등과 결부되어왔다. 그와 같은 연관성은 현대 북아메리카의 화석 분쟁에서도 존속하고, 과학적·금전적 가치가 큰 지질학적 대상이 있는 땅을 소유한 사람들과 권력자들 간의 충돌에서도 존속한다."[32]

가장 악명 높은 사례는 티라노사우루스 화석 '수Sue'를 둘러싼 격렬한 갈등이다. 1992년에 발굴된 그 화석은 이후 5년간 토지 소유자, 수를 발굴한 과학자, 수Sioux족, 연방 정부 사이에서 법적 분쟁거리가 되었다. 메이어가 말했듯, 오래전부터 강자가 약자에게서 화석을 강탈해왔다. 늦잡아

그림 5.8 블랙풋족을 비롯한 평원 인디언들은 이와 같은 암모나이트류 화석을 들소를 부르는 돌로 여겨 모았다. 화석이 침식되다 보면, 방들이 따로 분리되어 들소를 닮은 모양이 된다. (출처: Adrienne Mayor, *Fossil Legends of the First Americans*, figure 69)

도 고대 그리스 도시 스파르타 사람들이 고대 그리스의 테게아Tegea란 소도시에서 매머드 뼈대를 빼앗았을 때부터 그래왔을 것이다. 비교적 최근인 1920년대에는 고비사막에서 북아메리카 고생물학자들이 공룡 화석을 발굴해 고국으로 이송하는 '본러시bone rush'가 벌어졌다. 메이어는 그 결과를 다음과 같이 간결하게 표현한다. "중국인들은 그때부터 1986년까지 80년간 서양 고생물학자들의 입국을 금지했다."[33]

공룡 뼈만큼 인기가 많진 않지만, 곧은 원뿔형 껍데기가 있던 고대 두족류도 중국의 암석층에 많이 보존되어 있다. 방과 방 사이의 격벽들이 탑에서 층층이 튀어나온 처마를 아주 많이 연상시킨다 하여 그 화석들은 '바오타시寶塔石'라고 불린다. 북아메리카 원주민의 약 주머니에 들어간 암모나이트류 화석처럼 중국의 두족류 화석도 고대부터 현대까지 의료용으로 쓰여왔다. 히말라야산맥 바로 건너편의 인도에서는 특정 나선형 껍데기 암모나이트류 화석에 비슈누 신의 상징인 '살리그람saligram'이란 이름이 붙었는데, 그 화석은 육체보다 영혼을 치유해준다고 여겨진다.[34]

영국인들도 암모나이트류 화석으로 사람과 가축의 병을 고쳐보려 했고, 스코틀랜드인과 독일인들 또한 마찬가지였다. 벨렘나이트 화석도 유럽 곳곳에서 많이 발견되어 한때 약으로 쓰였다. 이들은 분명히 '하느님의 화살'로서 지상에 떨어진 듯하다 하여 뇌석雷石, thunderstone/thunderbolt이라 불렸다. 약효가 발현되게 하려면 뇌석을 물에 담그거나 가루가 되도록 갈면 된다고들 했다. 뇌석 물은 선역腺疫, distemper이란 전염병에 걸린 말을 치료하는 데 쓰였고, 뇌석 가루는 사람 눈에 불어 넣어 '쓰림'을 치유하는 데 쓰였다고 하는데, 이는 치료법이 병보다 나쁜 사례가 아닌가 싶다.[35]

영국에서는 암모나이트류 화석이 뱀돌snakestone이라 불렸다. 껍데기가 똬리를 튼 뱀과 닮았다고들 생각했기 때문이다. 머리에 해당하는 부분이 없긴 했지만, 걱정할 필요가 없었다. 그런 사소한 문제는 전설로 해결하면 되었으니까. 실제로 미술가들이 머리를 조각해서 올려놓기도 했다. 이 경우에 해당 전설은 600년대 노섬브리아의 성녀 힐다Hilda라는 실존 인물에 기반을 두었다. 그 이야기에 따르면, 힐다는 휫비에 수녀원을 지으려 했는데, 그곳에 뱀이 너무 많아서 채찍으로 뱀들의 머리를 잘라버리고 기도를 올려 이들의 몸이 돌로 변하게 했다. 가혹하기도 하지! 휫비에서 남쪽으로 몇백 킬로미터 떨어진 케인샵에서는 마찬가지로 기도를 올려 뱀이 돌로 변하게 했다는 이야기의 주인공이 성녀 케이나Keyna지만, 힐다 이야기가 더 유명하다. 힐다는 성인 중에서 유일하게 그 이름으로 암모나이트류 학술 문헌을 아름답게 장식해준다—그녀의 이름은 힐도케라스*Hildoceras*라는 속명에 들어가 있다.

그래서 이런 생각이 든다. 화석 이름을 지을 때 고생물학자 닐 슈빈이 틱타알릭 로제아이*Tiktaalik roseae*를 명명한 방식을 좀 더 많이 썼다면 어땠을까? 틱타알릭 로제아이는 어류와 네발짐승의 연결 고리에 해당하는 것

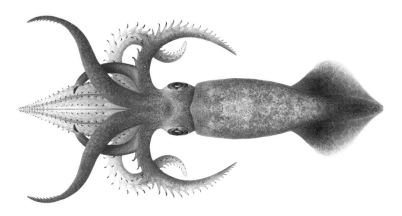

그림 5.9 파살로테우티스*Passaloteuthis*를 비롯한 여러 벨렘나이트의 화석은 '뇌석'이라 불리며 민간요법에 쓰여왔다. (출처: Franz Anthony)

으로 유명한 '사지형 어류fishapod'(발 달린 물고기)다. 그 학명을 선택하기 전에 슈빈은 해당 화석이 발견된 캐나다 영토의 이누이트족 원로들과 의논했는데, 그들은 대구와 비슷한 특정 어류를 가리키는 이누이트어 단어를 제안했다. 공룡을 명명한 학자들도 학명을 지을 때 해당 동물의 유골이 있던 지역에서 사는 사람들의 언어와 문화를 존중했다고 한다. 하늘을 나는 공룡의 대명사 케찰코아틀루스*Quetzalcoatlus*의 명명 방식도 매우 유명한 사례인데, 그 이름은 아즈텍족 바람신의 이름을 라틴어화한 것이다. 주니케라톱스*Zuniceratops*와 아나사지사우루스*Anasazisaurus* 또한 주니족과 아나사지족의 이름을 따서 명명되었다. 심지어 식시카*Siksika*라는 상어에도 식시카족에서 차용한 이름이 붙었다.[36] 두족류에서도 콕타위테스 콕타웬시스*Choctawites choctawensis*를 비롯한 수많은 암모나이트류에 원주민이나 현지의 이름이 붙었지만, 학자들이 그런 이름을 짓기 전에 슈빈처럼 예의 바르게 현지인과 의논했는지는 잘 모르겠다. 더 많은 종이 발견되다 보면, 힐도케라스의 사례에서처럼 블랙풋어나 중국어나 아랍어를 쓰는 사람들이 추천하거나 알려준 이름이 학명으로 채택되는 경우가 더 많아질지도 모르겠고.

6

제국의 몰락

암모나이트류와 벨렘나이트류는 중생대에 개체 수가 정점에 이른 후 또 다른 대량 멸종 사건—비조류 공룡을 모조리 없애버린 바로 그 사건—으로 몰살되었다. 과학자들은 이를 오래전부터 알고 있었지만, 최근에 들어서야 꽤 다양한 진화 가설이 종합되면서 앞뒤가 맞춰지기 시작했다. 신기하게도 양대 두족류가 멸종된 과정은 서로 사뭇 달랐던 것으로 밝혀지고 있다.

백악기 말의 암모나이트류 멸종은 적응력 약한 종이 적응력 강한 종으로 교체되는 점진적 변화가 아니라, 거대한 유성의 충돌로 갑작스럽게 초래된 파멸이었다. 유성이 충돌했을 즈음에(어쩌면 유성이 충돌한 바람에) 지구에서는 상당한 규모의 화산 활동이 또 한차례 일어났다. 화산과 유성이 유발한 대대적인 환경 변화로 암모나이트류는 대부분 말살되었는데, 아마도 새끼들이 연약했기 때문일 것이다. 몇몇 종이 잠시나마 살아남긴 했고, 심지어 암모나이트류가 문어류처럼 아직 우리와 함께 살고 있을지 모른다는 가설까지 나왔다. 하지만 과학자들은 대부분 그 가설을 뒷받침할 근거가 거의 없다고 생각한다.

반면에 벨렘나이트류는 계속 존재한다고 볼 만한 근거가 제법 있다. 백악기 말에 벨렘나이트류의 개체 수가 줄어든 까닭은 갑작스러운 환경 변화 때문이라기보다 후손과의 경쟁 때문이었던 것 같다. 벨렘나이트류의 한 계통이 스피룰라류로, 그리고 결국 오징어로 진화하는 와중에 나머지 계통들은 도태되었다.

돌연사

백악기 말 대량 멸종의 원인을 이해하려 했을 때 첫째 걸림돌은 그 사건이 실제로 일어났음을 인정하는 일이었다. 유성 충돌 흔적이 발견되고 정밀한 화석 연구로 근거가 마련되면서 이를 인정하게 된 것은 점진적 쇠퇴에서 갑작스러운 격변으로 과학계의 패러다임이 크게 변화한 대사건에 해당했다.

오랫동안 고생물학자들은 공룡(과 암모나이트류와 벨렘나이트류의) 세상에서 포유류(와 앵무조개류와 오징어류의) 세상으로의 엄청난 변화가 느리면서도 불가피했으리라고 보았다. 멸종에 대한 그런 관점은 공룡 자체도 굼뜨고 뒤처졌다는 (당시 널리 인정받던) 관점과 궤를 같이했다. 그렇게 보자면 그들은 멸종될 수밖에 없었다.

그러다 1980년에 진보적인 부자父子 루이스 앨버레즈와 월터 앨버레즈가 파멸적인 유성 충돌이 멸종을 유발했다는 새로운 가설을 세웠다.[1] 유성 충돌의 증거가 충분히 확보됐을 때도 고생물학자들은 어떻게 그런 사건이 공룡 등을 멸종시키면서 포유류 등은 그대로 두었는지 설명하지 못해 끙끙댔다. 그들은 이렇게 생각했다. '좋아, 유성 충돌이 발생하긴 했어. 하지만 그건 결정타에 불과했지. 공룡은 이미 한참 쇠퇴하고 있었단 말이야.'

암모나이트류와 관련해서도 그와 비슷한 생각이 꼬리에 꼬리를 물고 이어졌다. 예를 들면 권위 있는 교과서 『암모나이트류 순純고생물학Am-monoid Paleobiology』1996년판에서는 이렇게 말한다. "암모나이트류의 멸종은 사실상 오랫동안 지속된 쇠퇴였다. 우리는 몇백만 년을 거슬러 올라가며 그 자취를 더듬어볼 수 있다." 이어서 유성 충돌을 다음과 같이 일축해버린다. "암모나이트류의 멸종을 설명하려고 대규모 천체 충돌까지 거론할 필요는 없다."[2]

하지만 명망 높은 앵무조개 전문가이자 고생물학자인 피터 워드는 암모나이트류가 갑자기 멸종됐다고 열렬히 주장해왔다. 소행성 충돌 전후로 다년간 끊임없이 침전물이 쌓여 형성된 곳곳의 암석층에서 워드와 공동 연구자들은 수많은 암모나이트류 종이 충돌 직전까지 많이 화석화되다가 갑자기 사라져버렸다는 사실을 알아냈다. 통계 분석 결과 또한 충돌 한참 전에 화석기록에서 사라진 암모나이트류 종들도 실은 백악기 말까지 살아남았을 가능성이 높음을 보여주었다. 매슈 클래펌은 이렇게 설명한다. "뭐든지 실제보다 더 점진적으로 일어난 것처럼 보입니다. 우연히 집어 든 특정 암석 속에 당시 살았던 모든 동물이 화석화되어 있을 리 없잖아요. 그러니까 종의 출현 시점과 멸종 시점 사이에 공백이 더러 있는 겁니다. 그 사이에 공백이 있다면 당연히 그 기간의 끝에도 공백이 있겠죠. 그래서 모든 종이 한계선까지 직행하는 것처럼 보이지는 않습니다."[3]

과학계에서 옥신각신 험한 말, 고운 말이 많이 오간 후, 백악기 말 멸종 사건에서 유성 충돌은 중요성을 널리 인정받게 되었다. 『암모나이트류 순고생물학』 2015년판에서 랜드먼과 동료들은 이렇게 말한다. "이제는 암모나이트가 사라진 것이 소행성 충돌 때문이라는 가설이 일반적으로 인정받고 있다. 하지만 정확히 어떤 식으로 멸종이 진행됐는지는 아직 알려지지 않았다."[4]

그렇다면 소행성 선생은 백악기 방에서… 촛대를 들고 있었을까? 밧줄을 들고 있었을까? 권총을 들고 있었을까?

결정적 증거를 찾아서

백악기 말의 생물들은 천체 충돌뿐 아니라 또 한차례의 극심한 화산 활동으로도 타격을 입었다. 당시 화산 활동은 페름기를 끝낸 화산 활동에 버금갈 정도로 파괴적이었다. 지구 외부에서 비롯된 폭발과 지구 내부에서 비롯된 폭발이 함께 유발한 갖가지 급격한 환경 변화는 열기, 추위, 산성으로 동물들을 죽일 수 있었다.

내가 이 책을 쓰고 있는 지금, 우리 딸이 다니는 유치원에서는 공룡을 주제로 다루기 시작했다. 듣자 하니 아이들과 선생님이 동그랗게 둘러 앉아 그룹 활동을 하는 시간에 앨버레즈의 유성 충돌 가설에 관해 이야기한 모양이다. 딸이 집에 가지고 온 글에는 '저 높은 우주 공간'에서 온 유성이 지구와 충돌해 '공룡과 식물들을 갈기갈기 찢어버렸다'는 식의 강렬한 묘사가 있었다. 분명 흥미진진한 이야기이긴 하다. 나는 어떻게든 네 살 눈높이에 맞게 설명해보려 했다. 유성이 실제로 지구상의 모든 걸 때려서 끝장내버린 것은 아니란다. 그랬다기보다는 유성 때문에 불이 나고, 기후가 변하고, 공기 질과 바다 수질이 나빠져서…. 딸은 내 말을 잘 이해하지 못했고, 나는 나 자신도 그 사건을 충분히 이해하지 못한다는 사실을 깨달았다.

훌륭한 사람들도 같은 어려움을 겪는다는 이야기를 들으면 위안이 된다. "저는 15년간 대량 멸종을 연구한 후에 아직도 제가 대량 멸종의 원인을 알지 못한다는 사실을 깨달았습니다." 잉글랜드 헐 대학교의 고생물학자 데이비드 본드가 미국 지질학회 2016년 모임에서 연설을 시작하며 한 말이다.[5] 하지만 그 오프닝 멘트는 약간 입에 발린 소리였다. 왜냐하면 본드는 이어서 거의 모든 대량 멸종의 원인을 꽤 설득력 있게 설명했기 때문이다. 그 원인은 바로 화산 활동이다. 백악기 말의 멸종 사건은 이례적으로 유성 충돌 때문에 촉발되긴 했지만, 상당한 규모의 화산 활동과도 관련이 있었다.

공룡 책의 삽화를 보면 보통 배경에 화산이 많이 그려져 있다. 그런 선사시대 장면 중 일부에서는 폼페이 사람들이 베수비오 화산에서 달아나듯 겁에 질린 티라노사우루스가 공연히 도망치는 모습을 보여주기도 한다. 그림책을 보면 지구 전역에서 화산이 불쑥불쑥 솟아나 매일 혹은 매주 분화한 것 같기도 하지만, 실제로는 결코 그렇지 않았다. 백악기 말의 화산 활동은 주로 인도 대륙에서 일어났는데, 당시 인도 대륙은 아직 섬의 형태로 유라시아와 아주 천천히 충돌하는 중이었다. 사실 그런 화산 활동으로 형성된 인도의 범람 현무암 지대는 페름기 말에 형성된 시베리아의 범람 현무암 지대와 매우 비슷한데, 면적이 50만 제곱킬로미터(시베리아는 200만 제곱킬로미터), 분화 기간이 대략 3만 년(시베리아는 10만 년)에 이른다.[6] 덜 인상적이긴 하지만, 당시의 화산 활동도 분명 규모가 상당했던 만큼 마찬가지로 환경에 엄청난 영향을 미쳤을 것이다.

그렇다면… 유성 충돌은 어땠을까? 다음과 같은 전혀 뜻밖의 가설도 있다. '어쩌면 유성 충돌이 화산 활동을 유발했는지도 모른다.'[7] 일부 지질학자들의 추측에 따르면, 인도의 화산 지대에는 이미 마그마가 들어차 있었는데, 거대한 암석이 지구와 충돌하면서 발생한 엄청난 충격으로 그 마그마가 지표면으로 나온 듯하다. 그런 연관성이 실재했는지 확실히 알긴 어렵지만, 해당 외계 암석은 분명히 전 지구적 지진을 촉발할 만했다. 그 암석은 멕시코 유카탄반도에 지름 180킬로미터짜리 구덩이를 남겼는데, 그곳은 지금 칙술루브Chicxulub 운석공이라 불린다. 그 정도 크기면 하와이만큼 큰 섬이 통째로 들어가고도 남는다. 과학자들의 추산에 따르면, 칙술루브 운석공을 만든 유성은 지름이 11킬로미터를 넘었을 것이다. 그 정도 부피면 지금의 에베레스트산을 품고도 남는다(당시 인도 대륙은 아직 섬이어서 에베레스트산도 솟아나지 않은 상태였다).

유성 충돌은 모든 서식지에 단기적으로도 장기적으로도 큰 영향을 미쳤다. 깊은 바닷속만 예외였다. 지표면은 우주 공간으로 날려 갔던 입자들이 대기권으로 재진입하면서 받은 열 때문에 몇 분간 데워졌다. 대기 중으로 방출된 갖가지 가스 때문에 그때부터 여러 해 동안 (1900년대 중반의 공상 과학물 작가들이 상상했던 핵겨울nuclear winter 같은) '충돌 겨울impact winter'이 이어졌고, 산성비 때문에 바다 표층수의 화학적 성질이 크게 변했다.[8]

당연히 백악기 말의 생물들은 대체로 살기가 녹록지 않았을 것이다. 하지만 이런 의문이 남아 있다. 그와 같은 변화가 어떻게 지금 화석기록에서 보이는 특정 변화를 유발했을까? 왜 어떤 동물군은 완전히 사라졌는데, 어떤 동물군은 별 탈 없이 살아남았을까? 한 가지 답은 그냥 운이라는 것이다. 멸종 과정에서는 행운의 여신이 매우 큰 역할을 한다. 각각의 위기는 새로 주사위를 굴리는 행위에 해당한다. 운이 없는 종은 주사위 굴리기의 결과에 따라 자리에서 일어나게 되는 것이다.

"암모나이트류는 대량 멸종 사건 때마다 말살될 뻔했습니다." 캐슬린 리터부시의 이 말은 암모나이트류가 취약했다는 뜻이다.[9] 암모나이트류는 결국 백악기 말에 말살됐지만, 페름기 말이나 트라이아스기 말에 말살됐을 가능성도 충분히 있었다. 어쩌면 암모나이트류가 그만큼 오래 살아남게 해주었던 행운이 암모나이트류가 멸종되게 했던 불운보다 더 놀랄 만한 것이었는지도 모른다. 조슬린 세사는 이렇게 말한다. "그럼에도 불구하고 우리가 그 멸종 사건을 살펴보고 원인, 이유를 찾으려고 하는 것은 인간의 본성입니다."[10]

살아남은 암모나이트류

산만 한 유성과 충돌해 마그마를 내뿜은 지구가 생명체에게 상당히 불리한 환경이 되는 모습을 상상하기는 어렵지 않다. 큰 난제는 멸종의 특이성이다. 왜 공룡은 멸종했는데 조류는 멸종하지 않았을까? 왜 암모나이트류는 멸종했는데 앵무조개류는 멸종하지 않았을까? 두족류에서 그 이유는 각각의 종이 지구 곳곳으로 얼마나 널리 퍼져 있었는가 하는 점과 관련이 있는 듯하다. 분포 범위가 넓은 종일수록 회복력이 좋았다.

겉껍데기가 있는 두족류 두 무리는 서로 확연히 달랐지만, 언뜻 보면 그런 차이 덕분에 암모나이트류가 유리했던 것 같다. 암모나이트류는 다양하고, 풍부하고, 복잡했다. 앵무조개류는 단순했고, 결코 희귀하지 않았으나 흔하지도 않았다. 그래도 앵무조개류는 오늘날까지 용케 살아남은 반면, 암모나이트류는 백악기 말에 사라져버렸다.

적어도 다들 그렇게 생각하긴 했다. 네덜란드 마스트리흐트 근처에서 주목할 만한 화석이 불쑥 나타나기 전까지는 그랬다. 알고 보니 암모나이트류는 백악기 말에 멸종되지 '않았다'. 모두 멸종된 것은 아니었다. 즉시 멸종된 것도 아니었다. 몇몇 종은 대재앙을 겪고도 '잠시나마' 살아남았다.

마스트리흐트는 끝과 시작 둘 다에 익숙한 도시다. 로마 시대부터 줄곧 사람이 살아온 네덜란드 최고最古 도시이면서 유럽연합의 탄생지이기도 하다. 그 도시는 백악기의 맨 마지막 시기, 즉 멸종 사건 직전의 시기에 이름을 빌려주기도 했다. 마스트리흐트절Maastrichtian Age은 그 도시 근처에서 해당 시기의 화석이 많이 발견되었다 하여 지어진 이름이다. 하지만 그곳의 암석층은 유성 충돌로 끝나지 않고, 유성 충돌의 증거를 간직한 채 백악기 이후의 시대로 계속 이어진다. 그래서 대재앙 직전의 화석군과 대재앙 직후의 화석군을 비교하기에 기막히게 좋은 장소가 된다.

유럽연합이 결성되고 몇 년이 지난 1996년에 마스트리흐트 자연사 박물관의 고생물학자 존 야흐트John Jagt는 의외로 대량 멸종 사건을 겪고도 살아남은 암모나이트류를 발견했다. 그들의 화석은 분명히 백악기의 끝을 나타내는 암석층 '위'에 보존되어 있었다. 총 세 부류가 있었는데 모두 헤테로모프였다. 하나는 껍데기가 종이 클립 모양인 호플로스카피테스*Hoplos-caphites*였고, 나머지 둘은 껍데기가 곧은 원뿔형인 바쿨리테스와 에우바쿨리테스*Eubaculites*였다. 야흐트는 이어서 닐 랜드먼과 페그 야코부치, 그

밖의 벨기에, 폴란드, 러시아 과학자들과 협력해(범세계적 협력단이었다) 해당 화석을 더 상세히 연구하고 해석했다. 그는 친절하게도 그들의 2014년 논문을 나에게 주기도 했다.[11]

그 과학자들은 암모나이트류가 (거의) 모두 멸종된 이유에 관한 가설을 검증할 절호의 기회를 얻은 셈이었다. 어떤 독특한 특징 덕분에 생존 종들은 백악기 말 멸종된 암모나이트류와 차별화되었을까? 연구팀은 그 수수께끼를 풀기 위해 화석 그물을 마스트리흐트 밖으로 넓게 펼쳐 전 세계 암모나이트류의 지리적 분포를 조사했다. 그들은 투르크메니스탄에서 미국 뉴저지주, 남극 대륙, 이집트에 이르기까지 스물아홉 곳을 살펴보며, 컴퓨터 프로그램으로 각 장소의 위치를 백악기에 있었던 위치로 조정했다. (〈그림 4.1〉에 나와 있듯이, 당시에는 대륙의 배치 상태가 지금과 상당히 달랐다. 인도 대륙은 섬이었고, 북아메리카와 남아메리카는 아직 충돌하지 않은 상태였다.)

과학자들은 스물아홉 장소 중 어느 곳에 어떤 암모나이트류 생존·멸종종의 화석이 있었는지 표시했다. 한 곳에서만 발견되는 종이 있는가 하면, 여러 곳에서 발견되는 종도 있었다. 그들은 암모나이트류 종별로 점과 점을 이어서 분포 범위의 크기를 추산해냈다. 알고 보니 살아남은 세 가지 암모나이트류의 분포 범위는 백악기 말을 넘기지 못한 암모나이트류의 분포 범위보다 훨씬 넓었다.

연구팀은 백악기 말 경계선의 양쪽에서 발견된 앵무조개류 한 종도 분석했는데, 그 종 역시 세계 곳곳에 넓게 퍼져 있었다. 그런 분석 결과에 따르면, 분포 범위가 넓은 두족류가 나머지 두족류보다 멸종되지 않고 버티는 힘이 강했던 것 같다. 종의 존폐가 '운'에 달려 있다는 관점에서 봐도 말이 된다. 더 넓은 지리적 범위에서 서식하는 것은 그 유명한 '계란을 한 바구니에 담지 않기' 전략과 비슷하다.

"하지만 분포 범위가 가장 넓었던 암모나이트도 결국은 멸종되고 말았다. 반면에 그보다 개체군 크기가 작고 배아 껍데기가 컸던 에우트레포케라스*Eutrephoceras*라는 앵무조개류는 살아남았다." 랜드먼과 동료들은 논문의 냉정한 결론에서 이렇게 썼다. "넓은 지리적 분포 범위는 분명 처음에 일부 암모나이트의 멸종을 막아주었겠지만, 그들의 장기적 생존을 보장해주진 못했다."[12]

음, 더 큰 배아 껍데기라….

새끼들에게서 얻은 실마리

생존이란 '죽지 않는 것'이라고 흔히들 생각하는데, 그런 정의를 개체에 적용하면 문제 될 게 없지만, 종의 생존에서는 그보다 훨씬 중요한 측면이 있다. 바로 생식이다. 성체는 충분히 오래도록 죽음을 피해서 새끼를 만들어야 하고, 새끼는 충분히 오래도록 죽음을 피해 성숙해서 자기 새끼를 만들어야 한다. 암모나이트류는 오랫동안 생식을 잘해왔으나, 자연선택 과정에서 매우 유리하게 작용했던 바로 그 특징—아주 작은 알을 많이 낳는다는 점—이 주변 상황이 여의치 않을 때는 대를 잇는 데 불리하게 작용한 듯하다.

암모나이트류 새끼는 종별로 다양한 장소에서 부화한 것 같다. 어떤 종은 형제자매와 함께 막에 싸여 젤리 덩어리 속에서 떠다니다가 거기서 꿈틀거리며 나와 수중 생활을 시작했을 것이다. 어떤 종은 얕은 연안의 모래나 해초에 붙어 있다가 알에서 나오자마자 미세한 제트 추진력으로 헤엄치기 시작했을 것이다. 또 어떤 종은 어미의 껍데기 속에서 배아기를 보내며 어미의 부드러운 숨결로 산소를 공급받다가 부화한 후 같은 숨결에 휩쓸려 나와 수중 생활을 시작했을 것이다.

하지만 종을 불문하고 암모나이트류 새끼들은 모두 플랑크톤(부유생물) 형태로 자란 듯하다. 너무 작아서 제대로 해류를 거슬러 헤엄칠 수 없었던 그들은 다른 유생, 새우, 벌레 등이 들어 있던 간이 잘된 수프 속에서 여기저기 떠다녔을 것이다. 그 수프는 맛있으면서도 위험했다. 영양분 많은 든든한 난황이 없었던 암모나이트류 새끼들은 형제자매고 뭐고 가리지 않고 잡히는 대로 집어삼켜야 했다. 한편 그보다 몸집이 큰 동물들 가운데 상당수는(냉정한 암모나이트류 부모도 여기 포함된다) 여과 기관을 이용해 플랑크톤을(암모나이트류 새끼도 여기 포함된다) 마구 잡아먹었다.

소행성이 지구와 충돌했을 때, 플랑크톤들은 대부분 엄청난 타격을 입었다. 그 멸종에 관한 한 가지 통설은 먼지와 가스가 대기 중으로 올라가 햇빛을 너무 많이 가리는 바람에 플랑크톤성 조류가 떼죽음을 당했다는 가설이었다. 백악기에도 그랬지만, 오늘날 아주 작은 그 세포들은 무형의 태양광선을 이용해 생물체에게 꼭 필요한 물질을 만드는 공장이다. 플랑크톤이 번성하여 주변의 자잘한 동물에게 먹히고 또 그런 동물들이 더 큰 동물들의 먹이가 됨에 따라, 조류 세포는 가장 큰 모사사우루스(당시)나 고래(지금)에 이르기까지 먹이 그물 전체에 연료를 공급하게 된다. 조류가 멸종됐다면 굶주림이 바다 전역으로 파문처럼 번져 나갔을 것이다.

하지만 가장 최근의 추산 결과로 미루어 보면, 정말 거대한 소행성이 지구와 충돌했더라도 햇빛이 그렇게 많이 차단되지는 않았을 것 같다. 따라서 플랑크톤을 비롯한 수많은 생물체의 죽음을 설명하려면 또 다른 원인을 찾아야 한다. 지금은 산성비가 가장 유력한 용의자다.[13]

해당 산성 물질은 유성 충돌로 생겨났을 수도 있고 화산 분화로 생겨났을 수도 있다. 그 물질이 바다의 표층수에 녹자 바닷물의 pH가 급작스레 떨어졌다. 산성화가 모든 생물에게 항상 큰 문제가 되는 것은 아니다. pH가 낮은 물속에서는 껍데기가 변형되거나 손상될 수 있지만, 해양 산성화가 현생 연체동물에게 미치는 영향에 대한 연구 결과에 따르면 어린 조개 같은 동물들은 약간 변형된 껍데기도 감당할 수 있다. 암모나이트류 새끼는 아마 그렇게 굳세진 않았을 것이다.[14]

암모나이트류 새끼의 생존은 방추부에 달려 있었다. 새끼의 방추부는 껍데기에서 기체로 채워진 아주 작은 부분으로 몸이 물속에 떠 있게 해주었다. 쌀알만큼 작았던 암모니텔라는 암모나이트류 성체의 껍데기보다 벽이 훨씬 얇았다. 껍데기가 얇으면, 빨리 자랄 수 있지만, 갑자기 산성화된 환경에서 피해를 입기 쉬워지기도 한다. 껍데기가 손상된 어린 암모나이트류는 부력을 잃을 테니, 자신이 적응했던 유일한 서식 환경에서 멀어지며 가라앉을 것이다.

앵무조개류 새끼들은 마찬가지로 작은 방추부를 타고나긴 했지만, 표층수 산성화의 영향을 훨씬 덜 받았을 것이다. 암모나이트류 새끼보다 몸집이 크고 성장 속도가 느렸던 그들은 그냥 유성 충돌의 여파가 잦아들길 기다릴 수 있었다. 야코부치는 이렇게 설명한다. "현생 앵무조개의 배아는 알 속에서 1년 넘게 자랍니다. 부화하기 전에도 몸집이 어찌나 커지는지 껍데기가 알 밖으로 삐져나올 정도랍니다!"[15] 고대 앵무조개류도 부화 기간이 그 정도로 길었다면 최악의 고비를 넘기는 데 도움이 됐을 것이다. 그리고 난황이 넉넉하고 부화 직후에도 몸집이 제법 컸던 덕분에 그들은 플랑크톤이 없는 상황에서도 천천히 돌아다니며 먹이를 찾을 수 있었다.

"사람들은 이렇게 추측해왔습니다. 당시 바다는 비우호적인 환경이었을 것이다. 그런 상황에서 앵무조갯과는 성장에 필요한 영양분 창고를 가지고 있었지만, 암모나이트는 주변의 먹이에 의존해야 했을 것이다. 앵무조갯과가 살아남은 건 바로 그런 이유 때문일 것이다." 세사의 말이다. "꽤 그럴싸한 설명이죠."[16]

안타깝게도 지구의 역사는 추리 게임이 아니다. 소행성 선생이 백악기 방에서 산성화로 암모나이트류를 멸종시켰다는 우리 가설을 검증하려고 봉투를 열어볼 수는 없는 노릇이다. 지구는 확실히 대답해주진 않지만, 우리가 힌트를 찾으려고만 하면 얼마든지 찾게 해준다. 발굴할 화석도 언제나 더 많이 있고, 적용할 스캔 기법이나 통계 분석법도 언제나 더 많이 있다. 뭔가를 새로 발견할 때마다 우리는 가설을 다시 검증할 수 있다. 어떤 가설들, 이를테면 거대한 소행성이 백악기를 끝냈다는 가설은 한때 억지스러워 보였지만 증거가 워낙 많이 모여서 이제 반박의 여지가 거의 없어졌다.

하지만 어떤 가설들, 이를테면 문어가 벌거벗은 암모나이트류라는 가설은… 아직도 좀 억지스러워 보인다.

희망 사항

누구나 살면서 한 번쯤은 이런 생각을 해봤을 것이다. 공룡이 지금까지 살아남아서 그 경이로운 모습을 우리에게 보여준다면 얼마나 좋을까. 〈쥬라기 공원〉이 조만간 현실화될 가능성은 없지만, 우리는 현대의 기이한 조류 관련 행사에서 타조와 펭귄, 되새와 독수리가 모두 공룡의 직계 후손이라는 점을 되새기며 어느 정도 위안을 얻을 수 있다.

몇몇 과학자들은 가슴속에 희망을 너무 많이 품었던지 암모나이트류도 그런 식으로 아직 우리 곁에 있을 수 있다는 가설을 내놓았다. 수족관에서 내게 처음 경외감을 불러일으켰던 대왕문어부터 내 침실에서 살았던 작은 두점박이문어에 이르기까지 오늘날의 온갖 문어류가 백악기 말 멸종 사건에서 용케 살아남은 '누드 암모나이트류'일 수도 있을까? 이런 가설은 1865년에 이미 세워졌다. 왕성히 활동한 두족류 전문가 아돌프 네프는 1922년에 쓴 글에서 같은 생각을 제안했다.[17] 이스라엘 고생물학자 짐 루이는 1996년에 그 생각을 부활시켰다.[18] 고생물학계의 나머지 사람들은 의심을 전혀 거두지 않고 있다.

그 가설은 가장 유별난 현생 문어류로 꼽히는 조개낙지argonaut의 특이한 알집에 바탕을 두고 있다. 조개낙지는 세계 곳곳의 따뜻한 열대 · 아열대 바다에서 살고 있다. 앞서 이야기했듯이, 수컷 조개낙지는 정자를 나르는 엄청 크게 변형된 다리 교접완hectocotylus이 있으며 몸집이 암컷보다 훨씬 작다. 과학계에서는 그 다리를 다른 것과 혼동한 적이 있었다. 과학자들은 처음에 그것을 기생충으로 착각해 'hectocotylus'라고 명명했다. 암컷 조개낙지도 과학계에서 이름으로 혼란을 초래한 적이 있다. 암컷 조개낙지는 사실 원조 'nautilus'였다.

'nautilus'의 어원은 '뱃사람'이란 뜻인데, 암컷 조개낙지에 그런 이름이 붙은 까닭은 다리 중에서 두 개에 돛처럼 넓게 펼쳐진 부분이 있기 때문이다. 전혀 말도 안 되는 추측은 아니지만, 암컷 조개낙지를 처음 관찰하고 등재한 사람들은 그 동물이 그런 다리로 바람을 받아 마치 작은 돛단배처럼 수면을 가르며 나아갈 수도 있겠다고 생각했다.

나중에 인도·태평양 곳곳에서 발견된, 딱딱한 껍데기가 있는 약간 큼직한 두족류에게도 'nautilus'란 이름이 붙었을 때, 두 동물은 형용사로 구별되었다. 'paper nautilus'는 다리에 돛 같은 모양이 있는 문어를 가리켰고, 'pearly nautilus'나 'chambered nautilus'는 껍데기에 진주층이 있는 '진짜' 앵무조개를 가리켰다. 최근에 와서야 혼동을 피하려고 'paper nautilus'는 거의 안 쓰고 그 작은 문어의 학명인 아르고나우타*Argonauta*를 많이 쓰게 되었다.[19]

옛 이름에서 'paper'라는 부분은 암컷 조개낙지 알집의 여린 성질을 나타냈다. 그 알집은 겉모양새가 암모나이트류 껍데기와 닮긴 했지만, 훨씬 여리다. 반투명한 벽 너머로 조개낙지의 몸이 비쳐 보일 정도다. 게다가 알집은 진짜 껍데기가 아니다. 암컷 조개낙지는 앵무조개가 껍데기를 만들고 오징어가 펜을 만들듯 껍데기 주머니에서 분비물로 알집을 만드는 것이 아니라, '스파이더맨처럼 다리에서 분비물을 내보내'(캐슬린 리터부시가 썼던 표현이다) 알집을 만든다. 두 다리에서 돛 같은 넓은 부분은 바람을 받는 게 아니라 알집의 재료를 만든다. 암컷 조개낙지는 알집을 평생 동안 이동식 주택 겸 육아실로 쓴다. 알집은 몸에 부착된 것이 아니므로, 암컷 조개낙지는 자유롭게 알집을 드나든다. 반면에 현생 앵무조개는 껍데기에서 강제로 분리되면 죽는다.

그림 6.1 현생 암컷 조개낙지는 다리로 껍데기를 직접 만든다. 그 껍데기는 알집 역할을 할 뿐 아니라, 개체의 부력을 유지하는 데도 도움이 된다. (출처: Julian Finn, Museums Victoria)

그처럼 자유롭고 연실세관도 격벽도 전혀 없지만, 암컷 조개낙지는 나선형 껍데기로 부력을 얻는다는 점에선 엄청 먼 친척과 수렴 진화를 해왔다. 그들은 껍데기에서 물을 빼내려 하지 않고 그냥 헤엄쳐서 해수면으로 올라가 껍데기를 적당한 위치에 두어 공기 방울을 얻는다. 공기 방울을 껍데기 속에 둔 채로 암컷 조개낙지는 아래쪽으로 힘차게 헤엄쳐서 부력과 중력이 동일해지는 깊이에 도달한 다음 자기 할 일을 한다.[20]

조개낙지와 암모나이트류의 유사점은 현저하다. 둘은 껍데기의 형태도 비슷하고, 껍데기를 이용해 부력을 얻는다는 점도 비슷하다. 심지어 일부 암모나이트류는 현생 조개낙지처럼 알을 껍데기 속에 낳았을 가능성도 있다.

루이는 상상력을 한껏 발휘해 그런 생각들을 부연했다.[21] 그가 쓴 글에 따르면, 암컷 암모나이트류는 껍데기 속에 알을 낳은 후 죽어서 사려 깊게도 새끼들이 부화 직후에 먹을 사체가 되어주었을 것이다. (새끼에게 자기 몸을 먹이는 일은 동물계에서 결코 드물지 않다. 우리 포유류는 영양분을 전달하고도 용케 살아남지만, 다른 종들은 번식을 위해서라면 예사로 목숨을 바친다.) 조개낙지는 백악기에 그런 암모나이트류에서부터 진화했다. 처음에는 껍데기를 잃었고, 그런 다음에는 다른 암모나이트류의 빈 껍데기 속에 알을 낳기 시작했다. 그러다가 언제부턴가 다리로 그런 낡은 껍데기를 수리하거나 증축했다. 암모나이트류가 결국 멸종되자 조개낙지는 어쩔 수 없이 암모나이트류 껍데기를 본으로 삼아 알집을 맨 처음부터 만들게 되었다.

암모나이트류 형태의 삼각형 도식을 만들었던 게르트 베스터만은 지체 없이 동료들과 함께 루이의 주장을 뜯어보는 논문을 발표했다.[22] 그들은 조개낙지가 암모나이트류 껍데기를 변형한 적 있다는 증거가 하나도 없고, 어쨌든 현생 조개낙지의 경우 알집을 만들 때 암모나이트 껍데기 생성에 쓰이는 것과 다른 재료(아라고나이트 대신 방해석)를 쓴다는 점을 지적했다. 또 하나의 문제는 문어 계통의 시간적 깊이다. 문어의 조상들은 쥐라기와 아마도 심지어 트라이아스기의 바닷속에서 돌아다녔다. 백악기 말의 암모나이트류가 출현하기 한참 전이었다. 그런 원시 문어들은 결코 조개낙지가 아니다. 그렇다면 조개낙지는 모든 문어류의 기원이라기보다 비교적 최근에 파생된 유형일 것이다.

조개낙지 껍데기와 암모나이트류 껍데기의 생김새가 비슷하다는 사실을 어떻게 해석해야 할까? 이들은 그냥 다음과 같은 한 가지 의문에 대해 진화 과정에서 나온 답이었을 것이다. 어떻게 해야 물속에서 효율적으로 헤엄칠 수 있는가.[23] 내가 이야기해본 고생물학자들은 모두 루이의 논증에 실질적 근거가 하나도 들어 있지 않다고 보았다. 그래도 문어가 암모나이트류에서 진화했다는 네프의 가설을 루이가 부활시킨 일은 네프의 또 다른 가설

그림 6.2 백악기 말의 팔라이옥토푸스는 기나긴 문어 계통에서 돋보이는 구성원이었다. (출처: Franz Anthony)

이 현대에 부활한 일을 연상시킨다. 그것은 바로 오징어가 벨렘나이트류에서 진화했다는 가설이다.

문어가 암모나이트류에서 진화했다는 가설은 몇 세대의 과학자들이 숙고하고 평가하고 거부해왔다. 오징어가 벨렘나이트류에서 진화했다는 가설은 처음에 벨렘나이트류가 초형류 진화 과정에서 막다른 골목이었다는 통설 때문에 신빙성을 얻지 못했다. 하지만 현대 과학자들은 네프의 가설을 뒷받침하는 증거를 점점 더 많이 발견하고 있다.

깊숙이 숨기

우리는 점심으로 현대판 공룡을 먹고 저녁으로 현대판 벨렘나이트를 먹을 수 있다. 아니면 반대로 해도 된다. 점심으로 오징어를 먹고 저녁으로 닭을 먹고 싶다면.

물론 수많은 공룡 종이 멸종됐듯이 벨렘나이트류도 많이 멸종되었다. 백악기 말의 멸종 사건에서만 그런 것이 아니라, 한참 전부터 줄곧 그래왔었다. 공룡이나 암모나이트류와 달리 벨렘나이트류는 실제로 유성이 지구와 충돌하기 훨씬 전부터 오랫동안 쇠퇴를 겪었다. 아마도 원시 오징어와의 경쟁 때문이었을 것이다. 다리가 열 개인 현생 두족류(오징어, 스피룰라, 갑오징어 등)는 한때 벨렘나이트류와 별개인 초형류 계통에서 생겨났다고 여겨졌으나, 디르크 푹스와 사샤 아르킵킨 등의 최근 연구 결과 때문에 과학계는 다시 네프의 가설에 관심을 기울이게 되었다. 그 가설에 따르면 오징어는 벨렘나이트류의 최대 성공작으로 볼 수 있다.

내가 아르킵킨의 학회 연설을 처음 들은 것은 들뜬 학부생 시절이었다. 2003년에 나는 대학에서 경비를 지원받고 태국에 가서 3년마다 열리는 두족류 국제 자문 위원회Cephalopod International Advisory Council(CIAC) 회의에 참석했다. 그때 경험한 모든 일이 꿈같고 짜릿했다. 푸껫 해양 생물학 연구소에서 나처럼 돈 한푼에도 벌벌 떠는 학생들과 함께 방을 쓴 것도 좋았고, 현지 어부와 함께 문어 낚시를 한 것도 좋았다. 그 어부는 자갈밭에 숨어 꿈틀거리는 문어를 끌어내는 방법을 알고 있었다. 나는 거기 기라성처럼 모인 두족류 전문 학자들을 보고 경이로워하긴 했지만, 그들이 실제로 무슨 얘기를 하는지 거의 이해하지 못했다.

그 후 아르킵킨이 CIAC 회장을 지내고 내가 박사 과정을 밟으며 산더미 같은 데이터와 씨름하는 사이에 7년이 지났을 때, 나는 멕시코 라파스에서 열린 제5회 태평양 오징어 국제 심포지엄에서 아르킵킨을 직접 만났다. 학부생 때 들떠 있다가 박사 과정을 밟으면서 발악하다 결국 체념하게 되었던 나는 아르킵킨이 최근에 세운 중대한 가설에 대해 듣고 완전히 새로운 연구 분야에 흥미가 다시금 샘솟았다.

"이건 이마뿔이에요." 아르킵킨이 종잇조각에 그림을 그리면서 한 말이다. 그의 강한 러시아 말씨와 멕시코 지방의 강한 열기에도 불구하고 나는 자리를 뜨지 않았다. 아르킵킨이 그린 그림이 진짜 흥미진진했기 때문이다. 그가 그린 부위는 내가 지난 6년간 푹 빠져 있었던 훔볼트오징어 같은 현생 먼바다 오징어의 펜 끝부분이었는데, 멸종된 벨렘나이트의 방추부처럼 방이 있었다.

아르킵킨이 진짜 훔볼트오징어의 펜을 그린 것은 아니었다. 그 종은 아르킵킨이 살고 일하는 포클랜드제도 주변에서 돌아다니지 않기 때문이다. 그곳에서 훔볼트오징어에 비견할 만한 종은 아르헨티나짧은지느러미오징어*Illex argentinus*다. 아르킵킨은 포클랜드제도 수산청의 수산학자로서 그 큼직한 어업 자원을 맡아서 관리하고 있다. 어장 관리 업무 중 하나는 해당 동물의 나이와 성장 속도를 파악하는 일인데, 오징어의 나이와 성장 속도를 알아내는 방법 중 하나는 나무의 나이테를 세듯 펜의 키틴층을 세는 것이다. 아르킵킨은 그런 일상적 업무를 수행하다가 '격벽과 흡사한 매우 이상한 구조'와 맞닥뜨렸다.

이제 그는 그 구조를 규명하려고 애썼던 과정을 설명하면서 웃는다. "고생물학자들에게 그 이마뿔 사진을 보내고 의견을 물었더니, 다들 대뜸 벨렘나이트 이마뿔이라고 하더라고요. 그래서 제가 '벨렘나이트가 아니고 현생 오징어예요'라고 했더니, 다들 말문이 막히더군요. 통설에 위배되는 이야기니까요. 통설에 따르면 벨렘나이트는 아웃사이더로서, 현생 오징어로 진화할 만한 후손을 두지 않았으니까요."[24]

아르헨티나 오징어가 펜에 '격벽'이 있는 유일한 오징어는 아니었다. 20세기 초에 네프는 지중해의 일부 오징어 종에서 같은 구조를 발견하고서 그 구조가 벨렘나이트의 방과 유사하다고 말하기도 했다. 하지만 아무도 후속 연구를 하지 않았는데, 결국 아르킵킨이 다른 종을 살펴보기 시작한 것이다. 그는 다른 여러 원양·심해 오징어에서 같은 방을 발견했다. 2012년에 디르크 푹스, 러시아인 동료 중 한 명과 함께 발표한 논문에서 아르킵킨은 방이 있는 이마뿔을 근거로 삼아, 일부 벨렘나이트류가 심해로 이동해

백악기 말을 넘기며 살아남았으리라고 추측했다.[25]

심해 벨렘나이트 가설의 성립 여부는 어떤 돌연변이가 발생해 일부 개체가 방추부에서 수분 빼내는 능력을 잃었을 가능성에 달려 있다. 부력이 없는 그 벨렘나이트는 여전히 건재한 친척들과 같은 환경에서 경쟁이 안 됐을 것이다. 그런데 그 벨렘나이트가 새로운 환경—가스 든 방추부를 갖춘 친척들은 배제된 환경—에 자리잡고 살았다면 어떻게 됐을까? 그곳에는 경쟁이 없었을 것이다.

그런 환경은 바로 심해다. 가스 든 껍데기가 있는 동물들은 껍데기가 안쪽으로 파열될까 봐 심해에는 가볼 엄두도 못 낸다. 백악기 말에는 심해에 다른 두족류가 없었을 것이다. 현생 대왕오징어처럼 심해를 좋아하는 두족류가 출현하기 한참 전이었기 때문이다. 당시 두족류는 대부분 아직 껍데기가 있어서 비교적 얕은 물에 머물러야 했으므로, 심해는 가라앉는 돌연변이 벨렘나이트들의 안식처가 될 만했다. 그들이 거기 자리를 잡자 진화 과정에서 탈석회화가 빠르게 진행되어, 부력을 얻는 데 더이상 도움이 안 되는 껍데기가 축소되었다. 아르킨킨이 세운 가설에 따르면, 심해에서 '그 벨렘나이트들은 유성 충돌에도 불구하고 살아남아 지금 오징어로 살고 있을지도' 모른다.[26]

논리가 타당하고 이마뿔의 방들이 암시하는 바가 많지만, 한 무리의 구성원들이 다른 무리로 진화했는지 숙고할 때 과학자들은 항상 '빠진 연결고리'—두 무리의 중간 형태에 해당하는 화석—를 찾고자 한다. 2013년에 디르크 푹스가 북태평양 백악기 암석층에서 바로 그런 화석을 발견했다. 롱기벨루스*Longibelus*라고 새로 명명된 그 동물은 벨렘나이트 같은 면도 있고 스피룰라 같은 면도 있다.[27]

백악기에 지구는 따뜻한 온실이었다. 대륙들이 제법 분리되어 트라이아스기 판게아에서 건조한 사막이었던 곳들이 촉촉해졌고, 빙산이나 빙하는 보이지 않았다. 하지만 북태평양은 예외였다. 지구 온난화가 대세이긴 했지만, 일본과 캘리포니아 사이에서는 해류가 바뀌는 바람에 물이 오히려 식었다. 그런 상황은 현지의 벨렘나이트와 잘 맞지 않았다. 그들은 모두 따뜻한 물에 적응해 있었기 때문이다. 그래서 백악기 중엽에 그들은 이주했다.

그런데 찬물에 적응해 북극해에서 살고 있던 수많은 벨렘나이트들은 남쪽으로 퍼져 이제 막 쾌적해진 태평양으로 진입할 수도 있었다. 하지만 그러기 전에 해수면이 낮아지며 육교가 부상하는 바람에 베링 해협이 닫혀버렸다. 공룡이 북아메리카와 아시아 사이를 오가기 시작했을 때 북태평양은 북극해와 단절되어 영원히 벨렘나이트가 없는 곳이 되어버렸다. 그곳은 현생 두족류가 태동하기 딱 좋은 '성육장成育場, nursery ground'이 되었다. 벨렘나이트 껍데기와 비슷한 껍데기가 있으나 이마뿔이 없는 롱기벨루스는 벨렘나이트가 북태평양을 떠날 즈음 그 해역에 나타났다. 푹스와 동료들이 지구 곳곳에서 얻은 화석을 재검토해서 알아낸 바에 따르면, 롱기벨루스는 백악기 초에 지중해로 서서히 축소 중이던 테티스해의 일부 해역에서 처음 등장한 듯하다. 거기서 동쪽으로 퍼져 나가 인도양에 진입한 그들은 이어서 갓 비워진 북태평양에 진입해 번성했다. 백악기 말에 롱기벨루스는 거의 모든 해역을 장악했다.

'빠진 연결 고리' 롱기벨루스는 다리가 열 개인 현생 두족류 모두의 화석 기록상 첫 조상으로 진화한 듯하다. 그 조상에는 아돌프 네프에게 경의를 표하는 뜻에서 나이피아*Naefia*라는 적절한 이름을 붙였다. 나이피아는 진짜 스피룰라류로 간주될 만할 정도로 속껍데기가 단순하다. 나이피아와 롱기벨루스는 둘 다 벨렘나이트에 비해 약간 깊은 물을 선호한 듯하지만, 아직 제대로 기능하는 방추부가 있었으므로 그다지 깊이 잠수하진 못했다. 그들의 후손 중 일부는 부력을 잃고 훨씬 깊이 잠수해, 공룡의 육지 지배와 고대 두족류의 바다 지배를 둘 다 끝내버린 대량 멸종 사건에도 불구하고 살아남았을 수 있다.

화산 분화와 유성 충돌이라는 강렬한 조합 때문에 우리는 검룡과 각룡,

암모나이트류와 벨렘나이트류에게 영원히 작별을 고해야 한다. 이제 그들의 후손인 조류와 오징어류가 물려받은 새로운 세상을 맞이할 시간이다.

7

재침략

백악기 말의 재앙에서 살아남은 두족류는 지난 6000만 년에 걸쳐 서서히 변해 오늘날 수족관 전시물과 오징어 튀김이 되었다. 그 기간에 그들은 또 다른 새로운 포식자들에게도 적응하고 멋진 새로운 세계에도 적응했다. 바야흐로 신생대, 즉 '현대 생물'의 시대가 된 것이다.

암모나이트류는 신생대에 개체 수도 줄어들고 서식지도 바뀌었다. 그들은 처음에 세계 곳곳의 얕은 물에 분포했으나 결국 몇몇 해역의 심해에 조금씩만 산재하게 되었다. 반면에 초형류는 계속해서 여러모로 껍데기를 축소하는 한편, 포식자를 피하고자 예리한 시력과 복잡한 행동 양식, 먹물 내뿜기와 위장술을 발달시켰다. 행동 양식이 복잡해진 것은 심해에 숨어 있던 초형류가 다시 얕은 물로 올라올 수 있게 해준 결정적 이점에 해당할지도 모른다.

초형류 중 상당수는 어류와 비슷한 진화 궤적을 따라 더 멀리 나아갔는데, 그들의 진화사를 생각할 때는 척추동물의 지속적인 진화도 감안해야 한다. 여기서 말하는 척추동물에는 어류뿐 아니라 고래와 인간도 포함된다.

헤엄치는 해양 척추동물은 오래전부터 두족류의 적대자 역할을 해왔다. 두 무리가 함께 존재하는 동안은 늘 그랬다. 우리는 그런 적대성을 데본기의 원시 어류에서 처음 보았고, 이어서 중생대의 어류와 파충류에서도 보았는데, 이제 신생대의 어류와 포유류에서도 보게 될 것이다.

신생대의 다양한 측면을 살펴보면 전체 그림을 완성하는 데 도움이 될 것이다. 첫째는 기후 변화라는 측면이다. 빙하 작용이 시작되면서 두족류가 다시 연안수로 이동한 일도 여기 포함된다. 둘째, 고래의 진화와 현생 어류의 방산은 초형류에서 서식지 변화와 최종적인 껍데기 축소를 유도하는 강력한 선택압으로 작용한다. 현생 오징어에서는 방추부가 완전히 사라지면서 암모니아로 부력을 조절하는 방식이 발달했는데, 그 결과로 오징어가 화석기록에서 지워지는 특이한 부작용이 생기기도 했다. 한편 앵무조개는 어떻게든 겉껍데기를 용케 간직해왔다. 그들은 운이 다한 과거의 유물일까, 아니면 앞으로 일어날 진화의 전조일까?

끝으로 우리는 지난 5억 년 세월의 결과를 주위에서 살펴보면서 현시대에, 인간이 지배하는 가장 최근의 지질시대인 인류세人類世, Anthropocene의 세상 모습에 안착할 것이다.

심해에서 돌아오다

백악기 말 멸종 사건 후 처음에는 한동안 따뜻한 기후가 계속되었으나, 대륙들이 이동하고 식물이 무성히 자라면서 지구가 식고 오늘날까지 유지될 전 세계 해양 순환 패턴이 시작되었다. 그런 변화에 힘입었던지 심해 초형류는 얕은 물을 재침략하면서 시력, 위장술, 행동 양식을 발달시켰다.

'한동안 따뜻했다'고 했지만 실은 '몹시 더운' 편이었다. 유성이 지구와 충돌하고 1000만 년쯤 지난 시기는 지구 온도가 상당히 높아져서 '팔레오세·에오세 최대 온난기Paleocene-Eocene Thermal Maximum'라는 이름을 얻고 수많은 현대 과학자들의 연구 대상으로 각광받기도 했다. 그런 과학자 중에는 닐 랜드먼과 함께 메탄 침출지 암모나이트류를 연구한 조슬린 세사도 있었다. 팔레오세·에오세 최대 온난기는 오늘날 우리가 유발 중인 지구 온난화의 역사상 가장 전형적인 사례로 꼽힌다. 왜냐하면 지금과 마찬가지로 이산화탄소 과잉 방출이 원인이었기 때문이다.[1] 하지만 당시 온난화는 훨씬 긴 기간에 걸쳐 일어났고, 그 현상을 겪은 생물들은 오늘날의 동식물상과 사뭇 달랐다. 그들은 대부분 이미 따뜻해진 환경에서 진화해왔기 때문이다.

열기가 급증하자 수많은 동물이 이주했다. 육생 동물들은 북쪽이나 남쪽으로 이동해 적도에서 멀어지며 극점에 가까워졌다. 해양 동물들도 일부는 그렇게 했지만, 그들에게는 더 깊은 곳으로 이동한다는 선택지도 있었다. 추위에 제대로 적응한 동물은 거의 없었으므로, 정말 추운 삶터가 없다는 점은 문제가 되지 않았다.

얼마 후부터 지구의 기후는 따뜻하고 더운 상태에서 시원하고 추운 상태로 오랜 기간에 걸쳐 변했는데, 이는 다름 아니라 물개구리밥Azolla이라는 활기찬 식물 덕분인 듯하다. 생장 속도가 빠른 그 수생 양치식물은 워낙 빠르게 풍성히 자라서 공기 중의 이산화탄소를 엄청 많이 흡수했을 것이다. 그 기체는 백악기 말 인도 대륙 곳곳의 화산에서 뿜어져 나와 온실 효과를 초래했었다.[2] 보통 식물에 흡수된 탄소는 돌고 돌아 공기 중으로 돌아가 버린다. 세균이나 동물들이 식물성 물질을 먹고 날숨으로 탄소를 내보내기 때문이다. 하지만 조건이 맞으면 물개구리밥은 대거 바다 밑바닥으로 빨리 가라앉아, 부패하기 전에 매장될 수 있었다. 그렇게 되면 일방적으로 대기 중의 탄소를 땅속으로 옮기는 셈이었다. 이산화탄소층이 얇아지자 지구는 빙하와 만년설의 즐거움을 재발견하게 되었다.[3]

대륙 이동도 그런 기후 변화에서 중요한 역할을 했다. 남아메리카는 북아메리카 쪽으로, 오스트레일리아는 아시아 쪽으로 나아가기 시작하면서,

남극 대륙은 남극에 남게 되었다. 이제는 바닷물이 그 최남단 대륙의 둘레를 자유롭게 빙빙 돌며 남극 환류를 형성할 수 있게 됐다. 그런 해류 때문에 남극 대륙은 더욱더 고립되었다. 판게아 지도와 추후 분열된 대륙들의 지도(〈그림 4.1〉 A와 B)를 보면, 남극 대륙이 극지방에서 외롭게 지내기 시작하는 모습을 확인할 수 있다. (너무 슬퍼하지 마시라. 모르면 몰라도 앞으로 1억 년쯤 지나면 남극 대륙이 오스트레일리아나 남아메리카, 혹은 둘 다와 함께 또다시 오붓하게 지내게 될 테니.)

남극이 상당히 냉각되어 주변 바닷물이 조금씩 얼어붙자 묘한 화학적 사실이 영향을 미치기 시작했다. 바로 세상에 소금물 얼음 같은 것은 없다는 사실이다. 바닷물이 얼면 거기 녹아 있던 소금은 얼음 바깥에 남게 된다. 그래서 얼음 주변의 물은 소금 농도가 훨씬 높아진다. 농도가 높아진 소금물은 온도가 더 낮아져도 액체로 남아 있다. 그러므로 바닷물이 조금씩 얼 때마다 두 가지가 생기는 셈이다. 하나는 민물 얼음이고, 나머지 하나는 엄청 짜고 엄청 차가운 액체 상태의 물이다. 물은 소금 농도가 높아지고 온도가 낮아질수록 무게가 무거워진다. 그래서 그 몹시 차가운 소금물은 바다 밑바닥까지 가라앉아서 울퉁불퉁한 해저 지형을 따라 흐르며 대양 분지 전역으로 퍼진다. 현대 심해가 그토록 추운 것도 이 때문이다.

그렇게 해서 전 세계에 걸쳐 생겨난 '대양 컨베이어 벨트'는 오늘날까지 순환하며 날씨 패턴에서 어장에 이르기까지 온갖 것에 지대한 영향을 미치고 있다. 심층 냉수는 해저를 따라 흐르기만 하는 것이 아니라 '용승 해역'에서 해면으로 솟아오르기도 한다. 그런 곳에서는 조류藻類가 물속의 풍부한 영양분을 실컷 먹는다. 용승 해역은 보통 해안선을 따라 존재하는데, 일례인 캘리포니아 해역에서 나는 무성히 자라는 켈프, 말미잘 군집, 주황색 가리발디, 늘 호기심 많은 점박이물범에게 에워싸인 채 스쿠버 다이빙을 배웠다.

처음에는 어류가 그런 활기찬 연안수를 지배했고 두족류는 먼바다의 심충수로 밀려나 있었던 것 같다. 물론 확신할 수는 없지만, 적어도 일부 초형류는 진화사에서 얼마간 심해에 서식했다는 가설은 (심해에서 안쪽으로 파열될) 방추부가 없었다는 점과 (표층수가 산성화되었던) 백악기 말의 멸종 사건에서 살아남았다는 점으로 뒷받침된다. 하지만 닐 멍크스는 흥미로운 모순점을 하나 지적했다. 심해에서는 현생 초형류의 전형적 특징인 좋은 시력과 시각적 위장술이 무슨 소용인가?

어쩌면 그런 특징들은 초형류가 얕은 물을 재침략할 때까지 발달하지 않았을 수도 있다. 두족류 전문가 앤드루 패커드는 이렇게 말한다. "그런 진화 과정은 포유류를 연상시킨다. 포유류는 초창기에 지배 파충류가 장악한 세상에서 오랫동안 주변부를 차지했다. 포유류의 특별한 감각, 그중에서도 시력은 어두컴컴한 때에 활동하는 습성과 관련하여 고도로 발달한 듯하다. 무엇 덕분에 두족류가 얕은 물을 재침략할 수 있었을까? 어류를 닮은 파충류가 사라진 덕분일까, 연안 서식지가 더욱더 분화되어 새로운 생태적 지위가 생겨난 덕분일까, 황막한 곳에서 지내는 동안 획득한 어떤 새로운 행동상의 이점 덕분일까? 우리는 짐작만 할 뿐이다."[1]

행동 양식은 분명히 두족류와 어류의 수렴 진화에서 가장 중요한 측면이다. 둘 다 조상에 비해 뇌가 크게 발달했고, 둘 다 다정한 행동 일화의 주인공으로 아마추어 · 프로 수족관 관리자들의 입에 자주 오르내린다. 내가 처음 반려동물로 키웠던 문어 세렌디피티는 나랑 줄다리기를 하곤 했다. 그녀석은 먹이를 붙잡고서 어느 정도 저항감을 주되 내 손에서 먹이가 빠져나가지는 않을 정도로만 힘을 썼다. 그러다 재미를 충분히 느낀 다음에야 먹이를 가져갔다. 세렌디피티가 죽고 나서 한참 후에 나는 교내의 같은 수족관에서 아그네스라는 복어를 키웠다. 아침에 내가 먹이를 제때 주지 않으면 아그네스는 수면으로 올라와서 아침밥이 도착할 때까지 점점 더 세게 물을 튀겼다. 한번은 한 손님에게 제법 정확히 상당량의 물줄기를 내뿜은 적도 있는데, 그 친구는 그때부터 수조 근처에도 가지 않았다.

과학자들은 그런 이야기가 정말인지 확인하려고 문어의 도구 활용력을 실험해보았다. 야생 상태에서 그 동물들은 자갈을 모으고 배열해 은신처를 고치는데, 아마도 포식자에 대한 방어력을 키우기 위해서인 듯하다. 문어는 제트류로 모래를 옮기고 쓰레기를 불어 날리고 불청객을 쫓아버리기도 하는데, 이는 복어 아그네스가 내 친구를 공격했던 일을 연상시킨다. 한 연구에서 연구자들은 문어에게 빈 병을 주고 관찰했는데, 그 동물들은 병을 입으로 가져가 '이거 먹는 건가?'라는 첫째 의문을 해소한 다음 병을 장난감처럼 다루기 시작했다. 몇몇 문어는 제트류로 병이 수조 둘레를 몇 번이고 빙글빙글 돌게 하기도 했는데, 연구자들은 이를 보면서 사람이 공을 튀기는 모습을 연상했다.[5] 우리와 사뭇 다른 동물의 놀이 행동을 알아보는 과정에서 오는 즐거움이 있다. 그리고 이런 사례는 진화에서 탐구와 실험의 중요성을 분명히 보여주기도 한다. 그와 같은 능력은 끊임없이 변화하는 연안 환경에서—산호초든 바위투성이 조수 웅덩이든—특히 유용하다.

지금까지는 물론 문어에 대한 이야기였다. 사람들은 종종 오징어도 그만큼 똑똑한지 궁금해한다. 안타깝게도 오징어의 지능은 연구하기 어렵다. 오징어는 먼바다에서 자유롭게 헤엄치는 데 익숙해서, 갇혀 지내는 상황을 좋아하지 않기 때문이다. 문어는 페트병 속에서도 바위 굴속에서만큼이나 쉽게 편히 지내는 편이라 실험실 생활을 잘 받아들인다. 배고프고 호기심 많은 그들은 게살 조각을 찾으려고 선뜻 병뚜껑을 열고 미로에서 길을 찾는다. 오징어는 타고난 성향상 그런 일을 감당하지 못하지만, 자기들만의 적응 방식이 있다. 떼 지어 살며 자기들끼리 분명히 의사소통하는 동물로서, 오징어는 아마도 언어를 사용한다는 증거가 나올 만한 최초의 두족류일 것이다.

2003년에 몇몇 과학자들은 카리브해암초오징어*Sepioteuthis sepioidea*가 피부로 의사소통하는 방식을 기술하며 그 표시 장치를 '스퀴디시squid-dish'라고 불렀다. 그들은 오징어 한 마리가 동시에 두 가지 '대화'를 하기도 한다는 사실을 알아냈다. 전형적인 예는 수컷 오징어가 왼쪽의 암컷에게 호감을 내비치면서 오른쪽의 수컷에겐 공격성을 내보이는 경우였다. 낮에 빛이 잘 들어오고 산호초가 있는 얕은 물에서 지내는 데 적응한 덕분에 그 오징어들은 미묘한 시각적 의사소통 방법을 발달시킬 기회를 많이 얻었다.[6]

일반적으로 연안수에 자리잡고 사는 것은 초형류에게 위험한 방식이었다. 그런 곳은 누구나 탐낼 만한 장소이기 때문이다. 영양분이 풍부한 곳에서는 경쟁이 치열하고 포식 활동도 왕성하기 마련이다. 하지만 암초와 해변 가까이서 지낸 덕분에 초형류는 유달리 크고 무서운 신종 포식자 '고래'에게 발각되지 않을 수 있었을 것이다.

고래 등장

신생대는 포유류 시대라고 불려왔고 그럴 만한 이유도 있었다. 포유류는 곳곳에서 번성했다. 육상에서는 최초의 영장류와 설치류가 나타났고, 공중에서는 최초의 박쥐가 나타났고, 물론 바닷속에서는 최초의 고래와 돌고래가 나타났다. 대양 생태계에서 그 온혈 포식자의 중요성은 아무리 강조해도 지나치지 않은데, 그들은 분명 두족류에도 막강한 영향력을 미쳐왔다. 특히 초형류와 해양 포유류의 공진화는 고래의 반향정위反響定位, echolocation와 오징어의 최종적인 껍데기 상실로 이어진 듯하다.

닐 멍크스는 이렇게 말한다. "백악기 말의 대량 멸종 사건은 암모나이트에겐 난처한 일이었지만, 앵무조개는 그 위기를 무사히 넘긴 듯하다. 사실 백악기에서 신생대 제3기로 넘어간 직후에 앵무조개 신종이 꽤 많이 등장했는데, 이로 미루어 보면 암모나이트의 멸종으로 비워진 생태적 지위를 앵무조개가 적어도 어느 정도는 차지한 듯하다."[7] 그런 상황은 공룡이 멸종된 후 포유류가 부상한 상황과 비교할 만하다. 공룡이 나가떨어지지 않았으면 포유류는 진화하며 다양화하지 못했을 것이고, 마찬가지로 암모나이트류가 소멸되지 않았으면 앵무조개류는 다시 바다를 채우지 못했을 것이다. 실제론 암모나이트류가 멸종됐기 때문에 앵무조개류는 신생대 초의 온난기 내내 번성한 것이다.

멩크스에 따르면, 암모나이트류와 벨렘나이트류가 백악기 말(혹은 그 직후)에 멸종되긴 했지만, 그들의 '생태적 지위'는 얼마 지나지 않아 다시 채워졌다. 앵무조개류의 그 전성기 초에 일부 종은 옛날 암모나이트류처럼 봉합선과 장식이 점점 복잡해지기도 했다. 암모나이트류를 닮은 앵무조개류의 주목할 만한 일례는 격벽의 복잡한 모양과 관련하여 아투리아 지크자크 *Aturia ziczac*라는 근사한 이름을 얻었다. 그리고 여러 원시 초형류, 그중에서도 스피룰라류는 벨렘나이트의 생활 방식을 모방해 속껍데기에서 방추부를 상당히 키웠다.

한편 고래의 첫 조상은 육지에서 네 다리로 종종걸음을 치며 아마 강과 호수로 먹이를 찾아다녔을 것이다. 결국 진화 과정에서 민물에서 헤엄치고 민물을 마시게 된 후손들은 아마도 물고기와 게와 조개를 먹었겠지만, 두족류는 한 마리도 만나지 못했을 것이다. 두족류가 바닷물에서 민물로 간 적은 한 번도 없으니까. 얼마 후 진화 과정에서 바닷물을 마시게 된 고래는 광활한 바다를 누비다가 두족류라는 노다지 먹잇감을 발견했다.[8] 몸집이 거대하고(바실로사우루스 *Basilosaurus*라는 원시 고래는 몸길이가 15미터 넘도록 자라 가장 큰 익티오사우루스나 현생 향유고래와 맞먹었다) 큰 입에 이빨도 많았던 원시 고래류는 앵무조개류 껍데기를 부수거나 빨리 헤엄치는 초형류를 따라잡는 데 별 어려움이 없었을 것이다.

하지만 원시 고래류는 필시 사냥할 때 시력에 의지했을 테니, 햇빛이 안 닿는 곳에 숨어 있다가 수직 이동을 하는 먹잇감 때문에 좌절했을 것이다. 초형류와 앵무조개류 둘 다 그런 전략을 채택해 낮에 어두운 심해에 있다가 밤에만 해면으로 올라온 듯하다. 지금까지 세워진 가설에 따르면, 고래와 돌고래의 반향정위는 무엇보다도 두족류를 겨냥해 진화하여, 깜깜한 밤에도 해양 포유류가 먹잇감을 찾고 잡을 수 있게 해주었다.

픽사·디즈니 애니메이션 〈도리를 찾아서Finding Dory〉에 나오듯, 반향정위는 '세상에서 가장 강력한 안경'이다. 시력에 집착하는 경향이 있는 우리 인간에게 그런 비유가 잘 먹히긴 하지만, 실제로 반향정위는 엄청 강력한 보청기에 더 가깝다. 고래는 딸깍 소리를 낸 다음 그 소리가 주변 사물에 부딪혀 되울려오는 메아리에 귀를 기울인다. 인간의 청력은 여느 동물의 청력에 비하면 한심한 수준이다(나는 우리 고양이의 울음소리와 우리 아이들의 울음소리도 잘 구별하지 못한다. 물론 그런 울음소리가 어느 방향에서 오는지도 잘 알아내지 못한다). 그러므로 고래가 메아리를 '워낙 또렷이' 들어 주변 환경의 소리 풍경을 그리며 바위, 다른 고래, 먹음직한 오징어를 식별해낸다는 사실을 우리가 이해하기는 거의 불가능하다. 하지만 반향정위라는 방법을 쓰면 바로 그런 일을 할 수 있다.

불쌍한 두족류…. '소리'로 위치가 노출돼 표적이 되는 상황에서는 모습을 감추기가 불가능하다. 아니, 가능한가?

반향정위는 소리가 단단한 물체에 부딪혀 되울려오는 경우에 가장 효과적이다. 무른 표적일수록 위치를 찾기가 어렵다. 극단적인 경우로 해파리는 사실상 보이지 않을 것이다(더 정확히 말하자면 들리지 않을 것이다). 그리고 앞서 말했듯이, 신생대에 초형류 중 상당수는 이미 딱딱한 껍데기를 축소하는 방향으로 진화해 있었다. 백악기에 우리는 팔라이옥토푸스와 나이피아라는 원시 스피룰라류를 만났는데, 팔라이옥토푸스는 펜이 흔적 기관으로 축소되어 있었고, 나이피아의 후손인 껍데기 없는 오징어류는 그야말로 깊숙이 잠수한 듯하다. 그런 현대식 오징어와 문어는 몸이 꽤 무른 편이어서 반향정위를 하는 고래류에게 맞설 만했을 것이다. 어쩌면 그들은 원시 고래에게 전혀 발각되지 않았을지도 모른다. 그랬다면 그 포식자들은 스피룰라류와 앵무조갯과에게 집중했을 것이다.

"속이 빈 껍데기는 소리를 매우 잘 반사하므로, 그런 껍데기가 있는 동물들은 쉽게 표적이 된다." 닐 멍크스의 말이다.[9] 신생대 초에는 속이 빈 껍데기가 있는 두족류가 다양하게 존재했지만, 그 다양성은 고래류가 널리 퍼져나감에 따라 급격히 축소되었다. 오늘날에는 범고래에서 병코돌고래bottlenose dolphin에 이르기까지 90종에 가까운 고래류가 있지만, 암모나이트류를 닮은 앵무조개류나 벨렘나이트류를 닮은 초형류는 한 종도 존재하지 않는다. 한 종만 남아 있는 스피룰라류는 독특한 특징들을 발달시켜왔고, 잔존하는 앵무조개류와 마찬가지로 분포 해역이 얼마 되지 않는다. 아마도 고래 때문에 두족류에서 몸이 무른 오징어와 문어가 유리한 위치를 차지하게 된 것 같다.[10]

하지만 오징어는 껍데기를 버리면서 부력까지 포기할 필요는 없었다. 그들은 반향정위로 발각되지 않는 새로운 부력 조절 방법을 개발했는데, 공교롭게도 그 방법 때문에 화석화가 거의 불가능해진 듯하다.

보이지 않는 진화

고생물학자들은 신생대의 갑오징어류 화석과 스피룰라류 화석을 많이 물려받았다. 심지어 문어류 화석도 어느 정도 있다. 하지만 오징어류 화석은 한 마리도 없다. 기껏해야 평형석을 조금 얻을 수 있을 뿐이다. 앞서 말했듯 평형석은 내이(속귀) 속의 아주 작은 돌로, 오징어가 헤엄치면서 균형을 잡는 데 도움이 된다. 그리고 어쩌면 오징어의 부리와 갈고리를 여기저기서 발견할 수 있을지도 모른다. "하지만 껍데기나 연질부는 전혀 남아 있지 않습니다." 초형류 전문가 디르크 푹스의 말이다. "갑오징어류와 스피룰라류에 비하면 아무것도 안 남다시피 한 거죠."[11]

그런데도 우리는 오징어류가 신생대 내내 존재했다고 꽤 확신하는 편이다. 그들의 유해는 어디에 있을까? 지금까지 우리가 오징어와 관련해서는 운이 나빴을 뿐일 가능성도 늘 있다. 어쩌면 아직도 어딘가에서 오징어 화석이 언젠가 발견되길 기다리고 있는지도 모른다. 하지만 훨씬 만족스러운 답이 얼마 전에 나왔다. 암석 화학과 부패 실험을 병용한 결과였다. 알고 보니 오징어류는 진화 과정에서 암모니아를 쓰게 됐는데, 암모니아는 화석화를 망친다.

야코프 빈터는 부패 실험을 이렇게 평한다. "제가 해본 것 중에서 가장 끔찍한 일이었어요."[12] 부패 실험이라는 이름은 상당히 무해한 편이지만, 그 실험의 실제는 무해하지 않다. 부패 실험은 사체의 운명을 면밀히 관찰하고 기록하는 일로 이루어진다. 빈터는 그 실험을 처음 시도했을 때 박사 논문을 쓰려고 먹물 화석을 연구하던 중이었다(공룡 깃털에서 멜라닌을 발견하는 일로 이어질 바로 그 연구였다). 먹물주머니가 믿기 힘들 정도로 잘 보존된 것을 보고 감탄한 그는 부패 실험을 해보면 먹물이 보존된 원리를 이해하는 데 도움이 되겠다고 생각했다. "하지만 처참히 실패했습니다. 실패한 이유 중 하나는 오징어가 부패하면서 먹물이 사방으로 번져버렸기 때문이었어요."

빈터는 오징어 사체의 역겨운 부패 과정이 수많은 문어 화석의 탁월한 보존 상태와 극명히 대조된다고 생각했다. 잘 보존된 문어 화석에서 가장 중요한 성분은 인산염인 듯하다. 그 화학 물질은 바닷물에도 자연적으로 존재하고 생체 조직에도 DNA와 에너지 운반체의 구성 요소로서 자연적으로 존재한다. 조건이 맞으면 동물 사체의 연조직은 인산칼슘이란 무기물로 빠르게 치환되기도 한다. 그런 인산염 화석화 과정에서는 세포 수준까지 세밀히 보존되는 경우도 더러 있다. 문어류는 인산염으로 치환됐는데 오징어류는 그런 적이 없는 데는 이유가 있었을 것이다.

빈터는 지도 교수의 논문을 보고 인산염화가 일어나려면 몸의 내부와 주변 환경이 산성이어야 한다는 사실을 알았다. 그리고 결국 부패 중인 두족류의 pH를 기꺼이 측정하겠다는 토머스 클레먼츠라는 학생도 찾았다.[13] 아니나 다를까, 문어 사체는 pH가 급속히 낮아져 인산염화가 일어날 만한 범위에 진입했다. (산성도를 나타내는 지표 pH는 직관에 반하는 것처럼 보이기도 한다. 수치가 낮을수록 산성도가 높기 때문이다.) 하지만 오징어 사체는 pH가 너무 높게 유지되어서 인산염화가 일어나지 못하고 결국 '역겨운 곤죽 상태로 변해'버렸다.

오징어의 pH를 높게 한 원인은 암모니아인 듯하다. 암모니아는 대부분의 현생 오징어가 부력을 조절하려고 쓰는 물질이다.[14]

식염이 염화나트륨이란 사실을 다들 기억할 텐데, 식염은 보통 바다에서 얻으므로, 우리는 바다의 염鹽, salt도 대부분 염화나트륨이리라고 결론지을 수 있다. 하지만 다른 물질로 다른 염이 만들어지기도 한다. 그중 하나는 염화암모늄이다. 암모니아는 나트륨보다 아주 조금 가볍다. 따라서 염화암모늄이 녹아 있는 염수는 일반 바닷물보다 밀도가 낮다. 달리 말하면 염화암모늄 염수는 부력이 있다. 밀도 차가 아주 작기 때문에 부력을 웬만큼 얻으려면 염화암모늄이 엄청 많이 필요하다. 실제로 이른바 암모니아성 오징어ammoniacal squid 중 일부는 몸무게의 절반 이상을 암모니아 염수가 차지한다.

화학과 관련된 사실 한 가지만 더 짚고 넘어가자. 암모니아는 염기다. 염기는 산의 반대 개념이라고 보면 된다. 앞서 말했듯 인산염화가 일어나려면 산성 환경이 필요하다. 암모니아성 오징어는 본질적으로 염기성이다. 그들은 연조직이 인산칼슘으로 치환될 여지가 없어서, 화석화되지 않는 끈적한 물질로 변하고 만다.[15]

오징어류는 껍데기에서 부력이 있는 부분인 방추부를 잃었다. 아마 반향정위를 하는 고래류에게서 진화적 압력을 받았기 때문일 것이다. 아니면 방추부를 잃은 덕분에 더 효율적으로 헤엄쳐 어류와 더 잘 경쟁하게 됐을 수도 있다. 그것도 아니면 방추부를 잃은 것이 우연에 불과했을 수도 있다. 방추부를 잃은 이유가 무엇이든지 간에 부력 조절 능력 자체는 바람직한 특징으로 남아 있었다. 그래서 가스가 없는 상태에서 대안적인 부력 조절 메커니즘이 진화했는데, 그 메커니즘에는 암모니아가 필요했다.

오징어에겐 아무렇지 않지만 현대 고생물학자들에겐 엄청 실망스러운 부작용으로 오징어는 화석화되지 못하게 됐다. 빈터는 이렇게 말한다. "오징어류는 사실상 진화하면서 화석기록에서 사라져버린 셈이에요."[16]

살아 있는 화석?

"정말 좋은 질문은 왜 앵무조개가 아직도 존재하느냐 하는 거죠." 야코프 빈터는 단도직입적으로 말한다. "답은 모르겠어요. 그 녀석은 가만 보고 있으면 헤엄쳐 다니면서 여기저기 부딪치거든요. 자기 주변에 뭐가 있는지 거의 안 보이는 거죠. 그런 게 어떻게 아직도 존재하는지 도무지 모르겠습니다."[17]

앵무조개류는 앞서 보았듯이 오랫동안 존재해왔다. 정말, 정말, 정말 오랫동안 존재해왔다. 그리고 현생 앵무조개는 변한 점이 별로 없어 보이다 보니, 툭하면 갖다 붙이는 '살아 있는 화석'이란 칭호를 얻게 되었다. 헤엄 실력도 변변찮고 시력도 나쁜 만큼 앵무조개는 어이없을 정도로 시대에 뒤진 것처럼 보인다. 그래도 그들은 과거의 멍청한 유물이 아니다. 거대한 공룡류가 포유류로 대체될 수밖에 없는 운명이 아니었던 것과 마찬가지다. (이 생각은 아직 신빙성을 얻지 못했고 젊은 공룡 애호가들에게 잘 알려지지 않았겠지만, 저런 근거 없는 통념은 우리가 낡은 기술이나 구닥다리 상사를 'dinosaur'라 부르며 무시할 때 존속하게 된다.) 사실 앵무조개는 알면 알수록 복잡하고 흥미진진해진다.

앵무조개류는 두족류 계통에서 생존력이 강한 편인 듯하다. 그들은 암모나이트류를 몰살시킬 뻔했거나 결국 몰살시켰던 대량 멸종 사건들을 겪고도 매번 살아남았다. 그들이 지금까지 살아남은 비결은 새끼 한 마리 한 마리에게 투입하는 에너지의 양이 비교적 많다는 점일 것이다. 갓 부화한 앵무조개류 새끼들은 난황이 넉넉한 덕분에 플랑크톤에 의존하지 않고도 나쁜 시기가 끝나길 기다릴 수 있었을 것이다. 그렇게 기다리는 능력은 신생대에도 앵무조개류에게 득이 됐을 것이다. 암모나이트식 복잡성 실험은 잘 풀리지 않았지만, 앵무조개류는 여전히 자기 위치를 고수했을 뿐 아니라 새롭게 다양화하기도 한 듯하다.

부모가 각각의 새끼에게 투입하는 에너지가 많은 경우의 분명한 이점 한 가지는 기술을 가르치고 지식을 전달할 기회가 생긴다는 것이다. 지능이 높은 편이라고 알려진 동물들은 대부분 그런 기회를 십분 활용한다. 예를 들면 코끼리와 돌고래는 새끼를 한 번에 한 마리만 낳아 수년간 새끼가 잘 자라도록 이끌어준다. 반면에 도구 사용이나 거울 인식 같은 복잡한 행동을 아직 보여준 적 없는 송사리와 파리는 알을 한 번에 수십에서 수백 개씩 낳아놓고서 새끼를 전혀 돌봐주지 않는다.

그래서 앵무조개류와 초형류를 비교해보면 좀 이상한 점이 있다. 지능으로는 아무도 감탄시킨 적 없는 앵무조개류는 정성 들여 새끼를 조금씩만 만드는데, 무척추동물계에서 명백히 지능이 높은 편인 초형류는 수많은 새끼들이 각자 앞가림을 하도록 방치한다. 심지어 암컷 조개낙지처럼 알을 품는 초형류 어미도 알의 부화 과정을 지켜보고 도와주긴 하지만 갓 부화한 새끼와 상호 작용을 하진 않는다. 그들은 새끼들을 먹이지도 보호해주지도 않고 사냥법을 가르쳐주지도 잘 숨도록 도와주지도 않는다. 그처럼 상호 작용이 부족한 것은 무척추동물에게 특이한 일이 아니지만, 지능이 높고 학습 능력도 있는 동물에게는 특이한 일이다. 성체 두족류의 놀라운 행동 레퍼토리—도구 사용과 놀이, 혼합된 짝짓기 메시지(암컷으로 변장하는 비열한 수컷 기억 나시는지?)—는 그들이 완전히 독립한 상태에서 부모의 가르침을 전혀 받지 않고 1년도 채 안 되는 기간에 개발한다는 점을 감안하고 보면 훨씬 더 놀라워진다. 껍데기라는 보호 기관을 간직해온 현생 앵무조개류가 보통 지능이 낮다고 여겨지는 까닭은 뇌와 눈의 구조가 단순하기 때문이다.

하지만 그런 가정은 검증된 적이 거의 없다. 앵무조개의 뇌에는 초형류 뇌에서 기억 형성에 쓰이는 부분이 결여되어 있지만, 2008년에 몇몇 과학자들은 특정 불빛이 먹이와 관련돼 있다는 사실을 앵무조개가 기억해내는지 알아보기로 했다.[18] 그들은 푸른 불빛과 얼린 틸라피아tilapia(키크릿과의 민물고기—옮긴이) 대가리 우려낸 물로 앵무조개 열두 마리를 파블로프식으로 훈련시켰다. 육수를 감지한 앵무조개는 흥분해서 숨을 거칠게 쉬며 촉수를 흔들었다. 그런 훈련 후 연구팀은 몇 분에서 며칠 간격으로 앵무조개에게 틸라피아 육수를 주지 않고 푸른 불빛만 비추었다. 놀랍게도 그 '원시' 두족류들은 마찬가지로 흥분한 기색을 보였는데, 이로써 그들이 단기 기억과 장기 기억을 둘 다 형성했다는 점이 입증되었다.

앵무조개의 눈도 그런 식으로 무시당해왔다. 초형류의 눈은 분명 주목할 만하다. 척추동물의 눈에 있는 것과 비슷한 수정체가 있어서 고해상도 이미지를 만들어낸다. 하지만 앵무조개 눈은 수정체 없이 아주 작은 구멍만으로도 상당한 이미지 형성 능력을 발달시켜왔다. 근시를 직접 겪어본 사람은 눈을 가늘게 떠서 작아진 구멍으로 빛을 받아들이면 이미지가 선명해진다는 사실을 알 것이다. 앵무조개는 언제나 눈을 가늘게 뜨고 본다. 그들은 물론 초형류만큼 시력이 좋진 않지만, 어쨌든 시각보다 후각에 의존하는 편이다. 안타깝게도 우리 인간은 냄새를 그다지 잘 맡지 못한다. 우리에게 시각 지능은 이해하기 쉽지만, 후각 지능은 매우 난해하다.

현생 앵무조개는 변한 게 없어 보이기도 하지만, 명백히 달라진 점도 있고 미묘히 달라진 점도 있다. 가장 명백한 변화는 전반적인 해부학적 구조의 변화인데, 이는 화석과 현존 종을 비교하면 쉽게 확인할 수 있다. 우리는 초형류의 극적인 껍데기 축소 과정을 추적할 때 바로 그런 방법을 쓴다. 하지만 앵무조개는 추적하기가 그리 쉽지 않은 경로로도 그에 못지않게 극적인 변화를 겪어왔는지 모른다. 앵무조개의 후각 능력은 최근의 혁신인 듯하다. 우리는 그들의 많고 많은 촉수 속에 어떤 감각 능력이 숨어 있는지 알지도 못한다. 그리고 지구상의 나머지 생물들과 마찬가지로 앵무조개도 계속 진화하고 있다.

앵무조개류는 신생대 초에 지구 곳곳에 있었다. 그러다 수온이 내려가고 고래가 등장하자 어느 정도는 그런 문제 때문이었는지 대부분의 장소에서 사라지고 오스트레일리아에서만 서식하게 되었다. 그곳은 멸종에 임박한 무리의 마지막 피난처라고 여겨지기도 했던 모양이다. 어쨌든 과학자들은 현생 앵무조개를 처음 기술했을 때 그 동물군이 단일 종으로 구성되어 있다고 생각했으니까.

결국 더 많은 앵무조개 사체와 빈 껍데기가 열대 인도·태평양에서 유럽으로 유입됐는데, 거기서 그들은 네다섯 종으로 분류되었다. 그중 두 종은 껍데기로만 알려져 있었다. 1980년대에 피터 워드와 동료들은 두 종 모두 야생으로 살아 있다는 사실을 알아냈는데, 그중 하나인 나우틸루스 스크로빌라투스*Nautilus scrobilatus*에서 엄청난 비밀이 밝혀졌다. 그 종의 껍데기는 외각층外殼層/각피층殼皮層, periostracum이라는 보송보송한 유기물 막으로 덮여 있었다. 외각층은 특정 바다 달팽이에서 흔히 볼 수 있지만, 그 때까지만 해도 두족류에서는 한 번도 관찰된 적이 없었다. 그 종은 연질부도 나머지 앵무조개류와 현저히 달랐다. 결국 1997년에 스크로빌라투스는 알로나우틸루스*Allonautilus*(다른 앵무조개)라는 완전히 새로운 속명을 얻었다. 이는 앵무조개가 진화 과정에서 그리 막다른 골목이 아닐지도 모른다는 힌트였다.

추후 연구에서 모든 앵무조개 종의 개체군들이 두 무리로 나뉜다는 사실이 밝혀졌다. 한 무리는 오스트레일리아 주변의 바다에서 발견되고, 나머지 한 무리는 거기서 훨씬 멀리 떨어진 팔라우와 피지 같은 외딴섬 주변에서 발견된다. 그런 분포 상태로 미루어 보면, 앵무조개는 오스트레일리아에서 멀리 떨어진 곳으로 다시 퍼져 나가기 시작한 듯하다. 앵무조개가 새로운 진화적 방산을 앞두고 있을 가능성이 있을까? 유전자 분석 결과에 따르

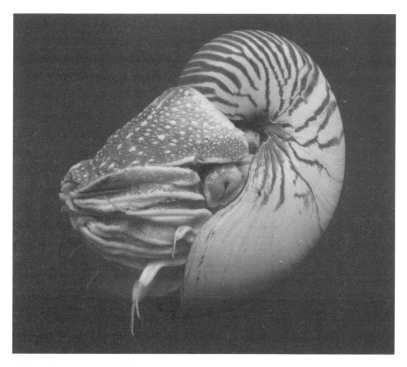

그림 7.1 팔라우 근처의 물속에서 현생 앵무조개가 헤엄치고 있다. 수많은 특수화된 촉수, 다육질 머리덮개, 바늘구멍 같은 눈, 역그늘색 줄무늬가 보인다. (출처: Wikimedia Commons user Manuae)

면 알로나우틸루스는 최근에 앵무조개속에서 갈라져 나온 젊은 속이다. 그렇다면 그 계통의 진화 과정에서 앞으로 여러 가지 일이 벌어질 수 있을 것이다.[19] 앵무조개 신종이 암모나이트식 봉합선이나 장식을 재발명하기라도 할지 누가 알겠는가?

안타깝게도 인간이 그들에게 진화할 기회를 안 줄지도 모른다. 우리가 한창 유발 중인 대량 멸종 사건은 앵무조개가 지금까지 겪어낸 온갖 대량 멸종 사건과 다른 위험 요인이 되고 있다.

마감 시간

신생대를 거치면서 대륙들은 오늘날 차지하고 있는 위치로 이동했다. 물론 일시적으로만 그런 것이다. 이들은 지금도 이동 중이고 앞으로도 영원히 이동할 테니까. 바다 곳곳으로 육지가 치고 들어오면서 판탈라사는 결국 '7대양'으로 나뉘었다. 그런 변화는 세계 곳곳의 육지와 바다에서 보이는 진화 패턴이 형성되는 데 일조했을 뿐 아니라, 지금 우리가 살고 있는 빙하기가 시작되는 데에도 영향을 미친 듯하다. 이번 빙하기에는 인간의 산업 활동 때문에 유례없는 속도로 세상이 변하면서 같은 지구인들도 비극적인 결과를 겪고 있다.

인도 아대륙은 격렬했던 화산 활동이 잦아든 지 몇천만 년 만에 아시아로 파고들었다. 그즈음부터 히말라야산맥이 높이높이 솟아올랐다. 뒤이어 서쪽에서도 충돌이 일어났다. 아프리카가 아라비아반도를 유럽으로 가져왔을 때였다. 그 결과로 테티스해가 닫히면서 지중해가 생겨났다. 마지막으로 파나마 지협이 남아메리카와 북아메리카를 잇는 바람에 태평양과 대서양이 분리되었다. 그러자 양쪽의 연안류—태평양의 훔볼트 해류와 대서양의 멕시코 만류—가 강해지면서 지구를 더한층 식혔다. 특히 멕시코 만류는 풍부한 열대 습기를 대기 상층으로 올려 보냈는데, 그 수증기는 대기 흐름에 실려 북극까지 간 다음 눈이 되어 떨어져서 들판을 뒤덮었다.

지금의 빙하기가 시작된 것은 250만 년 전 플라이스토세로 접어들면서부터였다. 플라이스토세는 빙기·간빙기의 주기와 호모 사피엔스의 출현으로 유명한 시기다. 플라이스토세에 빙하로 덮여 있던 지역의 범위는 빙기와 간빙기가 여러 차례 번갈아 이어지는 가운데 계속 변했다. 빙하가 뉴욕과 올드욕(요크셔 지방)을 둘 다 뒤덮은 가운데 털북숭이 매머드가 생육하고 인간이 이주한 시기를 가리킬 때 '빙하기ice age'란 말이 통용되긴 하지만, 그 시기는 더 정확히 말하면 마지막 '빙하 시대glacial period'다. 플라이스토세는 1만 5000년 전쯤에 끝났다. 그즈음 만년빙이 극지방과 고지대로 후퇴하면서 간빙기인 홀로세가 시작되었다. 그게 바로 지금 우리가 살고 있는 시대다. 하지만 과학자들은 인간이 지구에서 가장 영향력 큰 종이 되면서 홀로세가 끝나고 인류세가 시작됐다고 보기도 한다.

아프리카에서 처음 출현했을 때부터 우리는 세계 곳곳을 돌아다니다가 종종 바다 근처에 정착해 헤엄치고 낚시하고 노 젓는 배도 타고 돛단배도 탔다. 캄브리아기 대폭발 때 처음 등장했던 동물들처럼 우리는 적극적으로 환경을 바꾸며 여러 생태적 지위를 망가뜨리는 한편 몇몇 새로운 생태적 지위를 만들고 있다. 하지만 변화의 '속도'와 '규모' 면에서는 큰 차이가 있다. 몇십억 년 전에 미생물들은 지구 대기의 조성을 대폭 변화시키긴 했어도 그러기까지 몇억 년이 걸렸다. 인간은 출현한 지 몇십만 년밖에 안 됐는데 고작 몇백 년 동안 대기를 엄청나게 변화시켜왔다.

규모로 치자면, 우리는 무척이나 통이 크다. 해면동물은 영양분으로 해저를 기름지게 만들어 더 많은 동물들이 그곳에서 살 수 있게 해준 듯하고, 어류는 몇몇 무리를 너무 많이 잡아먹어 멸종시킨 듯하다. 하지만 인간은 생태계 전체를 완전히 파괴하며 수천 종까지는 아니라 하더라도 수백 종을 멸종시켰다.[20] 우리는 지구 온난화를 유발했고 해수면 상승을 가속화했다.

물론 그런 일들은 과거에도 일어났었다. 지구의 지질 역사를 연구하다 보면 그릇된 인상을 받아 지구 기후 변화가 별일이 아니라고 생각하게 될 때도 있다. 하지만 조슬린 세사는 팔레오세·에오세 최대 온난기에 관해 다음과 같이 말한다. "그게 지금의 온난화와 가장 비슷한 사례입니다. 하지만 우리가 아는 한 그 일은 십몇만 년에 걸쳐 일어났는데, 우리가 일으키고 있는 온난화는 그보다 몇백몇천 배로 더 빨리 진행되고 있죠."[21]

변화 속도가 더 빨라졌을 때 나타나는 결과 중 하나는 생물이 변화에 적응할 시간이 줄어든다는 것이다. 팔레오세에는 기온 상승 속도가 상당히 느려서, 더 높은 온도에 노출된 동물들이 이미 꽤 온난한 기후에서 진화해온 터였다. 반면에 오늘날 지구 온난화에 직면하는 동물들은 모두 추운 기후에서 진화해왔다. 세사는 이렇게 말한다. "그게 지금의 온난화와 똑같은 사례는 절대 아니에요. 저는 현생 연체동물이 더 걱정됩니다. 이 녀석들은 심지어 열대 지방에서도 수온이 섭씨 32도를 넘은 적 없는 바다에서 진화했으니까요. 저희가 현생 연체동물을 연구해보니까 이 녀석들은 보통 고온을 상당히 불편해하더군요."

바다에서 온도는 생물들이 직면한 가장 큰 문제가 아니었는지도 모른다. 세사는 이렇게 말한다. "우리는 보통 온도 문제를 생각하지 산성화 문제는 별로 생각하지 않아요. 아니면 두 문제를 따로따로 생각하죠. 하지만 둘은 동시에 일어나게 됩니다." 앞서 보았듯이 바닷물에 이산화탄소가 녹아 산성화가 진행되면 껍데기를 만드는 동물들이 타격을 입는다. 애초에 껍데기를 만들기가 어려워질 뿐 아니라 기존의 껍데기도 녹게 된다. 바닷물 산성화는 화학적 신호에도 영향을 미쳐 예의 그 끔찍한 '독신사' 가설로 이어진다.

온난화와 산성화 말고도 해양 생물을 위협하는 요인이 있다. 예전의 온갖 대량 멸종 사건들을 돌이켜 생각해보자. 그런 사건에서는 화산 활동이나 유성 충돌 때문에 지구 기후가 변화하여 생물들이 큰 피해를 입었다. 온도는 확실히 변했다. 산성화는 아마도 일어났을 것이다(암석층을 보고 알아내긴 힘들다). 하지만 그런 경우 중 상당수에서 가장 중요한 사인死因은 '산소 부족'이었다. 따뜻한 물은 차가운 물보다 용존 산소량이 적다. 그런 이유로 생물이 질식사하기도 한다. 2013년에 해양 현황에 관한 국제 프로그램 International Programme on the State of the Ocean의 과학자들은 국제 자연 보전 연맹International Union for Conservation of Nature(IUCN)과 함께 해양 생태계가 직면한 위험 요인인 온난화, 산성화, 산소 부족을 '3대 사인deadly trio'이라고 명명했다.[22]

지구의 상호 연관성은 보통 생태계 차원에서 논의되는데, 생물끼리 서로 의존한다는 점은 반론의 여지가 없다. 하지만 세상의 물리·화학적 시스템들마저 서로서로는 물론이고 우리 생물들과도 얽히고설켜 있다. 인류가 초래한 변화는 이제 깊디깊은 해구에서부터 머나먼 산악 빙하에 이르기까지 모든 수준에서 느껴진다. '인류세'란 단어가 사람들 입에 오르내린 지한참 지난 2016년에 일단의 과학자들은 새로운 지질 연대를 가리키는 말로그 단어를 쓸 정식으로 권고했다. 내가 이 책을 쓰고 있는 지금, 국제 층서 위원회International Commission on Stratigraphy가 그 연대명의 채택 여부를 심의하고 있다. (2023년 7월 11일, 국제 층서 위원회 산하 인류세 실무그룹 AWG은 독일 베를린에서 기자회견을 열어, 국제 표준 층서 구역GSSP을 캐나다 온타리오주 크로퍼드 호수의 퇴적층으로, 대표 화석 격인 '마커'를 플루토늄으로 정하고, 1950년대부터 인류세가 시작된 것으로 한다는 최종안을 발표했다. 그룹은 제4기 층서 소위원회와 국제 층서 위원회 찬반투표를 거쳐 2024년 8월 25일부터 31일까지 부산에서 열리는 세계 지질과학 총회에서 인류세를 최종 비준하는 일정을 제시했다. – 옮긴이)

이게 바로 최초의 화석 두족류가 출현한 지 5억 년 된 현재, 최초의 화석 인류가 출현한 지 20만 년 된 현재의 상황이다. 이제 지구에서 우리와 함께 살며 제트 추진을 하고 먹물을 내뿜고 생각도 하는 온갖 현생 두족류를 만날 시간이다.

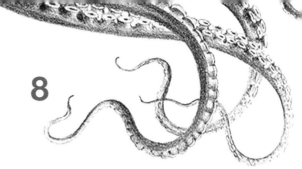

8

지금은 어디에 있을까?

현생 두족류 연구는 해양 생물학의 영역에 속한다. 그 분야는 수많은 순진무구한 돌고래 애호가들이 동경하지만, 결국 흙과 생선 내장도 잘 만지고 좌절감도 잘 이겨내는 사람들만 진득이 연구해 나간다.

해양 생물학자의 좌절감은 고생물학자의 좌절감과 놀랍도록 비슷하다. 바다의 깊은 곳은 시간의 심연만큼이나 신비롭고 접근하기 어렵다. 우리 육생 동물이 바다를 철저히 탐사하기란 불가능하므로, 우리는 어쩔 수 없이 샘플을 채취한다. 그와 비슷하게 우리는 시간을 거슬러 과거로 가는 법을 아직 알아내지 못했다. 그래서 화석기록이 과거 생물의 다양성과 풍부성의 샘플 역할을 한다. 안타깝게도 해양 생물학에서든 고생물학에서든 샘플 채취법을 쓰다 보면 시료가 손상될 때가 많다.

케네스 더바츠는 고생물학 데이터를 수집하는 일의 어려움을 회상하며 이렇게 말한다. "해양 생물학자 입장에서 보면 정말 약간 비슷합니다. 해양 생물학에서는 보통 간접 증거만을 근거로 삼죠. 이를테면 위胃, stomach 내용물 같은 거요. 또 우리는 '일부'를 포획할 수는 있지만, 개체군 전체를 추적할 수는 없죠."[1] 고생물학과 해양 생물학의 연구 과정에서는 난감하게도 여러 증거가 뒤섞여버리는 경우도 많다. 몇천 년 간격을 두고 따로 살았던 동물들이 한 화석층에서 섞이는 경우도 자주 있고, 바다에서 몇 킬로미터 간격을 두고 따로 사는 동물들이 한 저인망에 잡힌 채로 섞이는 경우도 자주 있다.

심해를 탐사하고 거기서 샘플을 채취하는 기법이 갈수록 정교해지고 있지만, 아직도 가장 기본적인 기법—물속으로 그물을 드리우고 끈 다음 뭐가 잡히는지 보는 방법—이 해양학 연구의 근간이다. 그런 저인망을 이용하는 연구는 고고학 탐사와 꽤 비슷하다. 생물의 조각조각을 식별하고 짜 맞추는 일인 것이다. 모든 동물이 그물로 균등하게 잡히는 것도 아니고, 모든 동물이 일단 잡힌 후에 같은 대우를 받는 것도 아니다. 아주 여리고 젤리 같은 동물들은 분해되어버려서 흔적도 남기지 않을 때가 많은데, 이들은 같은 이유로 화석기록도 전무하다시피 하다.

그럼에도 불구하고 고생물학자들은 화석을 발견하고 면밀히 연구해서 대단한 성과를 내기도 한다. 해양 생물학자들 또한 아주 크고 작고 이상하고 무서운 현생 두족류의 생활과 습성에 대해 놀라운 견해를 내놓기도 한다.

얼마나 다양하고 얼마나 많을까?

암모나이트류를 비롯한 과거 두족류가 엄청나게 다양한 종으로 분화했던 것에 비하면, 현생 두족류의 다양성은 그저 그런 편이다. 종의 수만 보면 달팽이가 연체동물 중에서 단연 으뜸이다. 하지만 두족류에서도 특정 종들은 개체 수가 대단히 많은 수준에 도달한다.

연체동물은 이름이 붙은 종만 해도 수만 종에 달한다. 아마 개체의 총수는 자릿수에 아직 이름이 안 붙었을 정도로 많을 것이다.[2] 연체동물 중에서 다양성만 봤을 때 가장 돋보이는 무리는 분명 복족류인데, 그 '배에 다리가 달린' 진짜 달팽이류는 현존하는 종이 10만여 종에 이르는 듯하다. 아마 모래 속에 숨어 있어서 아직 정식으로 발견된 적 없는 아주 작은 달팽이 종도 상당히 많을 것이다. 연체동물 중에서 다른 무리들은 모두 그에 비할 바가 못 되지만, 이매패류(현생 조개류)는 그래도 1만여 종에 이른다. 현존하는 종이 800종 정도밖에 안 되는 두족류는 연체동물 중에서 종의 수가 아주 적은 편이다. (다양한 곤충류를 포함하는 절지동물문과 비교해서 두족류의 기분을 나쁘게 만들지는 말자. 굳이 그렇게까지 말이지.)

두족류는 분포 지역도 달팽이류만큼 다양하지 않다. 다들 익히 아는 일반 달팽이는 논밭 같은 곳에서 살지만, 사막과 우림, 바닷물과 민물에도 달팽이류가 살고 있다. 반면에 두족류는 바다에서만 산다.

이런 소문을 들어본 사람도 있을 것이다. 태평양북서부나무문어Pacific Northwest tree octopus라는 종이 오리건주와 워싱턴주의 습한 숲에서 사는 데 적응했다는. 하지만 유감스럽게도, 이는 인터넷이 도입된 지 얼마 안 됐을 때부터 몇십 년째 나오고 있는 그럴싸한 거짓말에 불과하다.[3] 나는 고등학교 때 전화식 모뎀으로 연결된 인터넷에서 해당 웹사이트를 발견했다. 당시에 나는 꽤 순진한 어린애였지만 두족류 마니아이기도 해서 육생 문어가 전무하다는 사실을 잘 알고 있었다. 하지만 그런 농담이 나오는 것도 흔치 않은 일이어서, 재미 삼아 그 웹사이트에서 티셔츠를 한 장 구입했다. 거기에는 빨판으로 뒤덮인 다리가 인식 리본 모양으로 꼬여 있는 그림과 '태평양북서부나무문어를 구합시다'라는 문구가 인쇄되어 있었다. 나는 아직도 그 티셔츠를 소중히 간직하고 있다.

물론 진짜 두족류는 육지에서 살지 못한다. 습도가 매우 높은 숲에서도 못 산다. 하지만 문어는 물 밖에서도 얼마간 생존할 수 있다. 외투막에 한가득 머금은 바닷물로 숨을 쉬기 때문이다. 바로 그런 방법으로 문어는 대탈출을 해낸다. 예컨대 잉키가 뉴질랜드 수족관에서 벗어나 자유를 얻었을 때도 같은 방법을 썼다. 하지만 육지에서 이동하는 능력은 수족관이 발명되기 한참 전부터 문어에게 유용했다. 야생 문어들 중 상당수는 얕은 조수 웅덩이에서 산다. 그들은 물웅덩이에 불과한 곳에 아가미를 담그고 있다가, 종종걸음 치는 게를 쫓아 진격한다. 캘리포니아 해양 보호 구역에서는 묘한 반전이라 할 만한 일도 있었다. 문어 한 마리가 물 밖으로 기어 나와 거기 있던 사람들에게 다가와서 죽은 게를 사람들 발치에 내려놓고 바다로 돌아간 것이다. "다정하기도 하지!" 그 장면을 용케 영상에 담은 이가 한 말이다.[4]

하지만 어떤 두족류든 물 밖에 너무 오래 있으면 숨이 막히고 수분이 모자라서 죽게 된다. 심지어 민물도 두족류에게는 좋지 않다. 진화 과정에서 그 장벽을 넘는 데 가장 근접한 사례는 특정 갑오징어가 강물과 바닷물이 섞인 기수汽水, brackish water에서 짝짓기와 산란을 하도록 적응한 경우다. 그들은 먼바다보다 훨씬 염도가 낮은 곳에서도 견뎌내지만, 그 물도 수돗물보다는 염도가 높다. 그리고 그런 갑오징어가 상류로 헤엄쳐 올라간 사례는 한 건도 알려지지 않았다. 유감스럽게도 우리가 알기론, 강 오징어나 호수 문어는 존재하지 않는다.

그래도 지구 전체의 서식지를 고려해보면 이는 그리 큰 제약이 아니다. 지표면에서 민물로 덮여 있는 부분은 0.15퍼센트에 불과하다.[5] 육지가 차지하는 비율은 29퍼센트로 약간 높은 편이지만, 그래 봤자 해양 환경과는 비교가 안 된다. 바다가 차지하는 비율은 지구 표면적의 71퍼센트인데, 부피로 따지면 그보다 훨씬 높다. 바다는 층을 이룬 환경이다. 한 서식지 위에 다른 서식지가 있고 그 위에 또 다른 서식지가 있다. 해양 생물들은 종별로 다른 층에서 사는 데 적응한다. 어떤 두족류는 바다의 맨 가장자리에 있는 조수 웅덩이에서 살고, 어떤 두족류는 심해에 숨어 산다. 마리아나 해구의 밑바닥에서는 두족류가 아직 한 종도 발견되지 않았지만, 이론상으로는 두족류가 거기서 살지 못할 이유가 없다. 어두운 해저에서도 분명히 두족류가 발견되었다. 백악기에 메탄 침출지에서 살았던 암모나이트류처럼 독특한 열수구 군집에 합류한 두족류가 분명 존재했다.

얕은 조수 웅덩이와 깊은 메탄 침출지 사이에는 방향을 가늠하기 어려운 중층수가 있다. 그곳에는 경계가 없다. 수면도 없고 암초도 없고 해초도 없다. 우리로서는 그곳이 유효한 생활 공간이 된다고 상상하기조차 힘들다. 거기서 무엇을 하겠는가? 무엇을 먹겠는가? 하지만 그런 중층수에서 번성하는 능력은 두족류의 최대 성공작으로 꼽힐 만하다. 이를 보면 두족류는 부족한 종 다양성을 풍부한 개체 수로 보완한다는 사실을 분명히 알 수 있다. 중층수 오징어의 엄청난 생물량 덕분에 수많은 돌고래, 고래, 바다코끼리, 물개가 고단백식으로 몸을 키울 수 있다. 그런 포식 활동이 계속됨에도 불구하고 중층수 오징어는 끊임없이 번식하며 번성하고 있다.

게다가 대왕오징어도 있다. 사람들은 대왕오징어를 많이 보지 못했다. 살아 있는 대왕오징어가 서식지에 있는 모습은 2004년까지 한 번도 못 봤다. 그래서 대왕오징어가 매우 희귀하다고 생각하는 사람도 있을 것이다. 하지만 향유고래의 위 속을 들여다보면 대왕오징어 부리가 보인다. 수백 개나. 손바닥만 한 대왕오징어 부리는 그 자체론 대단해 보이지 않겠지만, 우리가 시장에서 사 와 빵가루를 입혀 튀겨서 타르타르소스에 찍어 먹는 일반 오징어의 옥수수 낟알만 한 부리와 비교해보면 그렇지 않을 것이다. 향유고래의 위를 열어볼 때마다 발견된 손바닥만 한 부리들은 틀림없이 대왕오징어의 부리였다.

만약 바다에서 향유고래 한 마리가 대왕오징어를 일주일에 한 마리씩 잡아먹는다면, 대왕오징어가 해마다 1800만여 마리씩 향유고래에게 잡아먹힐 것이다. 하지만 섭식 활동의 빈도는 그보다 훨씬 높을 것이다. 향유고래 한 마리가 대왕오징어를 하루에 여러 마리 잡아먹을 수도 있다. 과학자들의 추산에 따르면, 전 세계의 바다에서 향유고래들은 대왕오징어를 날마다 360만 마리씩 잡아먹는 듯하다.[6] 우리는 깊은 바닷속에서 두툼한 고래 먹이가 괴로워 촉완을 꿈틀거리며 몸부림치는 모습을 상상하지 않을 수 없다.

물론 여기서 대왕오징어 이야기가 나왔으니 크기 문제를 더이상 회피할 수는 없겠다.

얼마나 클까?

앨프리드 테니슨 경의 아름다운 시는 두족류 바다 괴물 신화를 탄생시킨 여러 명작 중 한 편이다.

뇌성이 울려 퍼지는 대해의 겉층 아래
한없이 깊은 바다 저 아득한 밑바닥에서
태곳적부터 꿈도 없이 어떤 방해도 없이
크라켄은 잔다. 실낱같은 햇빛마저 달아나고…

가상의 괴수에 대한 이야기 가운데 상당수는 아마도 진짜 대왕오징어를 보고 영감을 받아 쓴 작품일 것이다. 심지어 거대한 바다뱀에 대한 신화도 대왕오징어의 꿈틀거리는 다리나 공격적인 촉완에서 시작됐을지 모른다. 오징어를 닮은 무시무시한 괴물이 배 한 척을 뒤흔들고 뱃사람들을 팝콘처럼 집어삼킨다는 것은 너무나 버리기 아까운 이야깃거리지만, 과학적 근거에 따르자면 우리는 어떤 오징어도 실제로 그만큼 크게 자라진 않는다는 사실을 받아들여야 한다.[7]

그러면 이제 진짜 괴물들을 살펴보자.

어릴 때의 나를 비롯한 수많은 수족관 방문객들의 마음을 사로잡은 대왕문어는 차갑고 영양분 풍부한 북아메리카 북서부(알래스카, 캐나다 서부와 미국 북서부) 앞바다에서 나는 것들을 먹고 자란다. 이 종에서 가장 큰 축에 속하는 개체들은 몸무게가 70킬로그램 정도로 성인과 맞먹고, 다리를 펼쳤을 때 한쪽 끝에서 반대쪽 끝까지 길이가 무려 3미터를 넘는다.

대왕문어만큼 크거나 그보다 약간 더 크기도 한 문어가 적어도 한 종은 더 있다. 바로 부정확한 이름이 붙은 일곱다리문어seven-arm octopus다. (수컷은 교접완을 쓰지 않을 때 주머니 속에 숨겨두므로 일곱 다리만으로 볼일을 보게 된다. 조개낙지의 친척뻘인 일곱다리문어는 마찬가지로 수컷이 암컷보다 훨씬 작다. 따라서 몸집 기록 보유자는 암컷 일곱다리문어다.) 그런 문어들도 크긴 하지만, 가장 큰 두족류라는 타이틀을 놓고 경쟁하는 동물들은 의심할 여지 없이 오징어다.

오랫동안 경쟁이 별로 없었다. 대왕오징어*Architeuthis*밖에 없었기 때문이다. 그런데 2007년에 새로운 종이 세간의 이목을 사로잡았다. 그 종은 바로 빨판 대신 회전하는 갈고리가 있는 남극하트지느러미오징어*Mesony-choteuthis*였다.

우리는 남극하트지느러미오징어에 대해 아는 것이 대왕오징어에 대해 아는 것보다도 훨씬 적어서, 남극하트지느러미오징어가 실제로 얼마나 크게 자라는지 말하기 어렵다. 게다가 길이는 측정하기 까다로운 대상이다. 심지어 문어의 다리를 펼친 길이도 미심쩍다. 문어의 한쪽 다리 끝에서 다른 쪽 다리 끝까지 길이를 재는 방법은 사람 키를 측정할 때 흔히들 쓰는 방법대로 발뒤꿈치부터 정수리까지 재지 않고 양팔을 위로 쭉 뻗은 자세에서 손끝부터 발가락까지 재는 것과 비슷하다.

그래도 문어 다리는 길이가 일정한 편이기라도 하다. 오징어 촉완은 그렇지 않다. 본래 신축성이 좋고 보통 작은 주머니 속으로 움츠러들어 있으나 엄청 빠르게 엄청 멀리 내뻗칠 수 있는 촉완을 정말로 오징어의 몸길이에 포함시켜야 할까? 물론 아니다. 하지만 어쨌든 촉완까지 포함시켜 측정한 몸 전체 길이는 다음과 같다. 남극하트지느러미오징어 10미터, 대왕오징어 13미터. 대왕오징어의 압승이다.

하지만 과학자들은 두족류 몸길이를 비교할 때 촉완도 다리도 쓰지 않는다. 그들이 선호하는 측정 대상은 외투막 길이다. 가장 큰 축에 드는 오징

그림 8.1 대왕오징어는 이 개체처럼 해변으로 떠밀려 온 죽은 표본으로만 알려져 있다시피 하다. (사진 출처: photographed at Hevnefjord, Norway, in 1896, NTU Museum of Natural History and Archaeology)

어는 외투막 길이만 해도 상당하다! 대왕오징어의 외투막과 남극하트지느러미오징어의 외투막은 둘 다 2.5미터를 넘는 것으로 믿을 만하게 측정되었다. 그런 외투막 속에는 키가 가장 큰 사람도 쏙 들어가 숨을 수 있을 것이다(몹시 고약한 냄새를 맡게 되겠지만). 이런 기준에 따르면 두 종은 몸 크기 부문에서 공동 1위에 오르게 된다. 하지만 측정할 만한 대상이 하나 더 있다. 알고 보니 남극하트지느러미오징어는 실제로 대왕오징어보다 몸무게가 100여 킬로그램 더 나가기도 했다. 그러므로 '가장 큰 오징어' 타이틀은 몸무게와 몸길이 중 어느 것을 결정적 요인으로 여기느냐에 따라 둘 중 어느 종에게든 돌아갈 수 있다.

거대한 오징어는 굉장하다. 정말 그렇다. 하지만 아주 작은 오징어는 귀엽다. 그리고 나는 귀여움이 굉장함을 이긴다고 생각한다. 게다가 아주 작은 오징어는 다음과 같은 정말 묘한 난문제를 직면하고 해결했다. 몸집이 쌀알만 한 경우에는 제트 추진이 어떻게 될까?

그런 문제가 생기는 까닭은 물이 어떤 규모에서든 똑같이 작용하진 않기 때문이다. 예를 들면, 아마 다들 알고 있겠지만 개미는 물방울 속에 갇히면 꼼짝 못 하는 반면, 소금쟁이는 연못 수면을 가로지르며 춤을 춘다. 아주작은 동물들은 모두 물을 걸쭉하고 고약한 매질媒質, medium로 체감한다. 수면 위에서 걷는 것이 물속에서 헤엄치려는 것보다 더 말이 된다. 하지만오징어는 가족사에 얽매여 있다. 오징어의 몸은 제트 추진이라는 유산을 간직하고 있다. 어떻게 해야 적응할 수 있을까?

답을 알아내려고 나는 몇 년간 세상에서 가장 작은 오징어와 친하게 지냈다. 그 오징어는 물론 쌀알만 한 새끼들이다. 몇 시간 동안 투명한 아크릴 벽을 통해 새끼 오징어들을 지켜보고 더 오랜 시간 동안 연구실의 구식모니터로 그들의 영상을 보다 보니, 그들의 극히 작은 움직임을 '제트 추진jetting'이라고 부르면 부적절한 것 같았다. 나는 그 움직임을 '스퀴지 추진squidging'이라 부르기로 했다. 외투막의 팽창과 수축에 관한 측정값을 모은끝에 나는 새끼들의 아주 작은 외투막이 어뢰보다 종鐘, bell에 가까운 모양으로 진화했다고 결론지었다. 그런 모양의 외투막 덕분에 새끼들은 큰 오징어처럼 힘차게 펌핑을 하기보다는 해파리처럼 꼬물꼬물 몸을 움츠렸다 폈다 하면서 헤엄칠 수 있다. 그런 영법이 대단히 효율적이진 않지만 효과는있다.[8] 개체가 성숙하면 외투막이 종 모양에서 어뢰 모양으로 변하고 영법이 꼬물거리는 스퀴지 추진에서 지구에서 가장 빠른 오징어의 세찬 제트 추진으로 변한다. 가장 작은 축에 드는 새끼 오징어가 자라서 가장 큰 축에 드는 성체 오징어가 되기 때문이다. 대왕오징어와 남극하트지느러미오징어는물론이고 내가 연구한 훔볼트오징어도 모두 새끼 때는 쌀알만 하다.

반면에 가장 작은 '성체' 오징어는 다른 방향으로 진화해왔다. 여기서 이야기하는 성체 오징어는 몸길이가 2센티미터 정도밖에 안 된다. 그들은 피그미오징어pygmy squid라고 불리는데, 물론 피그미오징어의 제트 추진 방

그림 8.2 피그미오징어는 가둬놓고 길러도 잘 자라서 2014년부터 몬터레이 베이 수족관의 두족류 전시회에서 선보여왔다. (사진 출처: © Monterey Bay Aquarium)

식은 평생 동안 비효율적이다. 그들의 해법은 '굳이 헤엄치지 말자'는 것이다. 피그미오징어는 기상천외한 작은 접착제 분비샘으로 해초 잎에 붙어서 대부분의 시간을 보낸다. 그 접착제의 정확한 작용 원리는 아직 과학자들이 면밀히 연구해야 할 대상으로 남아 있지만, 똑같이 경이로운 두 가지 가능성이 제시되었다. 첫째, 접착제 분비샘은 '이중 분비샘'일 수도 있다. 거기서 한 가지 세포는 몸을 해초에 붙여주는 끈적한 점액을 분비하고, 나머지 한 가지 세포는 몸을 해초에서 떼어내야 할 때 점액을 녹여주는 산을 분비할 것이다. 둘째, 두 가지 세포는 2액형 에폭시 접착제처럼 작용하는 다른 종류의 점액을 분비하는 것일 수도 있다. 두 가지 점액이 섞인 후에만 몸이 해초에 붙을 것이다. 그런 경우에 오징어는 해초에서 떨어져야 할 때면 그냥 몸을 꿈틀거려서 접착 부위를 느슨하게 만들 것이다.[9]

피그미오징어는 이름에 오징어가 들어가긴 하지만 진짜 오징어보다 갑오징어와 유연관계가 깊다. 속껍데기가 펜보다 커틀본에 가깝기 때문이다. 갑오징어류sepioid라는 두족류의 한 무리에는 잘 알려진 갑오징어와 덜 알려진 피그미오징어뿐 아니라 병꼬리오징어bottletail squid와 짧은꼬리오징어도 포함된다. 피그미오징어의 접착제 분비샘에서 암시했듯이, 갑오징어류 중에는 현생 두족류 계통의 이상하기 짝이 없는 구성원들도 더러 있다.

얼마나 이상할까?

각양각색의 두족류 종들은 여러 다른 특징에서 그랬듯이 극도의 이상함이라는 특징에서도 각양각색의 어류 종들과 수렴 진화를 해왔다. 다목적 점액에서도 그랬고, 발광성 미끼와 야광 장식에서도 그랬고, 기괴하고 입맛 떨어지게 하는 위장술에서도 그랬다.

파자마오징어pajama squid부터 이야기해보자. 그들은 휴식 중일 때 피부의 흑백 줄무늬 때문에 그런 이름을 얻었지만, 여느 두족류와 마찬가지로 몸 색깔을 바로바로 바꿀 수 있다. (두족류의 변장하는 성향과 기술을 고려해보면, 수많은 두족류가 몸의 색깔이나 무늬에 따라 명명된다는 사실은 놀랍다. 몸의 색깔이나 무늬는 일시적인 특징에 불과하지 않은가. 하지만 그런 종들 중 상당수는 기준으로 삼을 만한 '평소' 모습 혹은 '휴식 중인' 모습이 있다.) 짧은꼬리오징어와 마찬가지로 파자마오징어는 엄청 앙증맞다. 둥근 몸, 멋지고 작은 지느러미, 크고 둥근 눈, 아주 짧은 다리. 이등신 만화 캐릭터와 다를 바 없는 모습이다.

하지만 자세히 살펴보면 파자마오징어는 엄청 징그럽기도 하다. 어쨌든 연체동물은 점액을 분비하는 동물들인데, 두족류는 그 유산을 중요시한다. 파자마오징어는 특수화된 점액을 분비한다. 그들이 점액을 쓰는 까닭은 피그미오징어처럼 자기 몸을 해초에 붙이기 위해서가 아니라, 작고 아늑한 점액질 집에 모래알을 붙여서 포식자의 눈을 피해 숨기 위해서다.

어류도 점액을 아주 잘 활용한다. 여러 어류의 피부에 있는 점액층은 항력을 줄이고 기생충의 접근을 막아준다. 그리고 지금 바다의 점액왕 또한 먹장어hagfish라는 어류다. 먹장어의 엄청난 분비물은 먹장어를 잡아먹으려는 동물의 아가미를 막아버린다.

점액 이야기는 이쯤 해두고, 계속해서 이상한 갑오징어류에 대해 알아보자. 페퍼불꽃갑오징어를 생각해보라. 선명한 빨간색과 노란색으로 알록달록한 그 동물은 구름이 몸을 따라 파문처럼 번지는 듯한 동적 무늬로 시각적 매력을 더한다. 왜 그렇게 화려할까? 선명한 줄무늬가 있는 애벌레와 거미처럼 페퍼불꽃갑오징어는 자신이 독성을 띠고 있음을 잠재적 포식자들에게 경고하고 있는 것이다. 어류 한 마리를 쉽게 죽일 수 있는 그 갑오징어의 독소는 몸속에서 사는 공생 세균이 만들어내는 듯하다.

사실 진화 과정에서 멋진 세균-두족류 팀이 많이 탄생했다. 또 다른 짧은꼬리오징어는 특수화된 기관 속에서 기르는 발광 세균으로 배에서 빛을 내어 역그늘색 위장 무늬를 만들어낸다. 앵무조개 껍데기의 하얀 민무늬 아랫면과 마찬가지로 그 짧은꼬리오징어의 빛나는 복부는 해면에서 내려오는 빛과 섞여들어, 아래쪽에서 올려다보는 동물들에게 그 오징어가 안 보이게 해준다. 오징어와 세균의 그런 긴밀한 공생은 광범위한 연구의 주안점이 되어, 과학자들이 숙주와 몸속 공생 생물의 의사소통을 상세히 이해하는 데 도움이 되어왔다. 그와 비슷한 의사소통이 우리 몸과 무수한 몸속 세균 종들 사이에서도 일어난다. (사람 몸속의 세균들은 우리가 빛을 내도록 도와주진 않는다. 우리는 포식자를 피하기 위해 역그늘색을 낼 필요가 딱히 없기 때문이다. 그 대신 우리 세균들은 우리가 음식을 잘 소화하고 병에 걸리지 않도록 도와준다.)

하지만 세균의 숙주가 되는 것이 두족류가 빛을 내는 유일한 방법은 아니다. 심층수나 중층수에서 사는 오징어 종들 중 상당수는 스스로 빛을 낸다. 매우 화려한 일례는 섬광등오징어strobe squid다. 그 오징어의 다리에서 번쩍이는 발광 기관은 먹잇감을 유인하거나 혼란스럽게 만드는 듯하다.

하지만 이를 확신하긴 힘든데, 심해 동물은 일반 서식지에서 연구하기가 어렵기 때문이다. 심해 동물이 무엇을 하는지 우리가 어떻게 볼 수 있겠는가? 그들에게 인공 불빛을 비추지 않고서는 불가능할 텐데, 그런 인공광은 필시 그들의 행동 방식을 변화시킬 것이다. (그래도 아귀anglerfish(낚시꾼물고기)는 발광성 미끼의 모양과 목적이 워낙 뻔해서, 먹잇감을 '낚는' 능력이 있으리라는 이유로 그런 이름을 얻었다.)

신기하게도, 발광 갑오징어와 야광 오징어는 있지만 빛을 내는 문어는 한 종도 알려지지 않았다. 문어에게 발광 능력이 없다는 사실은 뼈가 없다는 점과 관련되어 있는 듯하다. 문어는 몸이 워낙 연하고 말랑말랑해서 거의 어떤 구멍, 구석, 틈으로든 몸을 쑤셔 넣을 수 있다. 그들은 포식자와 피식자 모두의 눈을 피해 숨는 법을 터득했으므로, 밝은 빛을 쓸 필요가 없다. 문어는 매복 포식자다. 그들의 목적은 먹잇감이 이미 잡히거나 반쯤 먹힐 때까지 먹잇감의 눈에 띄지 않는 것이다.

문어는 진화 과정에서 다양한 은신술을 터득했다. 아주 작은 구멍으로 쏙 들어가는 기술은 그중 하나에 불과하다. 또 다른 방법은 기막힌 코코넛 문어coconut octopus의 경우에서처럼 은신처를 가지고 다니는 것이다. 그들은 동남아시아 연안에서 산다. 그 지역 사람들은 속이 빈 코코넛 껍질을 바다에 자주 버리는데, 코코넛문어는 그런 껍질이 훌륭한 이동식 은신처가 된다는 사실을 알게 된 듯하다. 그들은 반쪽짜리 코코넛 껍질 한 쌍을 가지고 돌아다니다가 몸을 숨겨야 할 때마다 그 속에 들어간 다음 두 반쪽을 합쳐 온전한 코코넛의 모습을 보여준다.[10]

코코넛문어는 그런 보조 도구 없이도 코코넛과 비슷한 모습으로 변신할 수 있다. 다리의 대부분을 몸 주위로 모으면 공에 가까운 모양이 된다. 그런 다음에 그들은 두 다리로만 균형을 잡고 바다 밑바닥에서 '걸어' 다니기도 한다. 그 모습은 너무 문어답지 않아서 코코넛이 바닥에서 굴러다니는 것으로 착각될 만하다.[11] 이는 나뭇잎해룡이 조류藻類의 물리적 형태뿐 아니라

그림 8.3 흉내문어의 가까운 친척이 화려한 줄무늬를 뽐내고 있다. 이 종은 참으로 근사하게도 운데르푸스 포토게니쿠스 *Wunderpus photogenicus*라고 불린다. (사진 출처: Richard Ross)

움직임까지 흉내 내는 방식을 연상시킨다.

흉내문어—열대 인도·태평양의 또 다른 경이로운 동물—는 레퍼토리가 훨씬 다양하다. 이들은 넙치와 장어는 물론이고 새우까지 흉내 내는 모습이 목격되었다.

그 문어는 포식자를 속이는 방법이 흉내 내기 말고도 또 있다. 피부로 파자마오징어의 무늬와 비슷한 갈색·흰색 줄무늬를 내보이는 것이다. 그렇게 극적인 줄무늬는 너무 눈에 띄어서 위험할 것 같기도 하지만, 실은 문어의 전체 모양을 흐트러뜨린다. 그 모습을 본 동물들은 모두 '줄이 여러 개 있구나' 하고 생각하지 '문어가 한 마리 있구나' 하고 생각하지 않는다. 그래서 흉내문어는 달아날 시간을 벌게 된다.

너무나 많은 경이로운 두족류가 잡아먹히지 않고 살아남기 위해 진화해 온 것으로 보이니, 두족류 또한 대부분 포식자이기도 하다는 사실마저 잊어먹을 수도 있겠다.

위험한 빨판

두족류는 물론 야생 동물인 만큼 정중히 조심스레 다뤄야 한다. 그들은 다리가 여덟 개 혹은 열 개 있고, 아주 날카로운 부리로 무장하고 있기도 하다. 게다가 복잡한 뇌도 있고, 수많은 수족관 관리자와 과학자들에게서 호기심이 많다는 평을 받아오기도 했다. 그러므로 두족류는 사람을 잡아먹는 데 관심이 없더라도 배움의 일환으로 인간을 '체험'하는 데는 어느 정도 관심이 있을지 모른다. 오징어가 누굴 '공격했다'는 이야기를 이해하고 싶은 사람은 이런 점들을 모두 고려해야 한다. 사실상 흡혈오징어, 훔볼트오징어 등 종을 불문하고 오징어가 사람을 죽였다는 기록은 하나도 없다. 사람을 죽인 기록이 있는 두족류는 꽤 작은 파란고리문어blue-ringed octopus뿐이다.

하지만 이름이 가장 무서운 두족류는 의심할 여지 없이 흡혈오징어 *Vampyroteuthis infernalis*다. 그 학명은 '지옥에서 온 흡혈오징어'라는 뜻이다. 흡혈오징어는 겉모습도 무시무시하다. 피부는 늘 진홍색이다. 여느 심해 두족류와 마찬가지로, 흡혈오징어는 그 어두운 환경에서는 쓸모없는 변색 능력을 거의 포기해버렸다. 심해에 숨으려는 경우에 빨간색은 검은색 못지않게 효과적이다. 빨간빛은 물에 아주 쉽게 흡수되어 몇 미터 아래에선 사라지다시피 하기 때문이다. 그런데 흡혈오징어의 눈은 파란색이다. 그런 '연한 파란색'이 지옥 같은 빨간색을 상쇄하리라고 생각하는 사람도 있겠지만, 다음과 같은 점을 생각해보라. 흡혈오징어의 눈은 완전히 파란색이다. 동공이 있긴 하지만 보이지는 않는다.

그뿐 아니라 흡혈오징어의 습성 중 하나는 몸의 일부를 뒤집으며 다리와 그 사이사이의 물갈퀴로 몸을 감싸는 것이다. 다리의 아랫면에는 날카로워 보이는 돌기가 줄줄이 나 있다. (이들은 사실 촉모, 즉 유촉모아목이란 이름이 유래한 바로 그 늘어진 부드러운 피부다.) 요컨대 그 동물은 멍한 파란색 눈이 있는 빨간 오징어로서, 가시 같아 보이는 돌기들로 자신을 간간이 감싼다. 과학자들이 그 동물에게 그런 이름을 붙일 만도 하다.

하지만 흡혈오징어는 사진을 보고 흔히들 상상하는 것보다 훨씬 작다. 그런 사진에는 크기를 비교할 만한 대상이 포함된 적이 한 번도 없었던 것 같다. 분명 나도 흡혈오징어를 직접 보기 전까진 그게 적어도 고양이만 할 것이라고 생각했었다. 그런데 직접 보니 웬걸, 갓 태어난 새끼 고양이만 했다! 게다가 최근까지 우리는 흡혈오징어가 무엇을 먹는지 몰랐다. 그래서 그들이 진짜 흡혈 동물로 밝혀지리라는 기대를 버리지 않는 사람들도 있었다. 흡혈박쥐는 몸집이 작아도 무섭지 않은가? 어쩌면 흡혈오징어의 가느다란 필라멘트 두 개가 피를 빠는 데 어떻게든 도움이 될 수도 있지 않을까?

어림없는 소리. 2012년에 과학자들은 그 필라멘트가 물에서 오물을 살살 걸러내는 데 쓰인다는 사실을 알아냈다. 밝혀진 바에 따르면, 흡혈오징어는 배설물, 점액, 죽은 동식물 조각 등 표층수에서부터 내려오는 온갖 물질을 거의 다 먹는다. 그런 유기물 쓰레기를 통틀어 완곡하게 '바다눈marine snow'이라고 부른다.[12]

하지만 그렇게 얌전히 배설물을 먹으며 사는 것은 오징어류에서 특이한 생활 방식이다. 오징어류는 대부분 열정적인 포식자다. 특히 한 종, 내 과학 연구의 동반자 훔볼트오징어는 무시무시하기로 악명 높다. 이 종의 구성원들은 대왕오징어나 남극하트지느러미오징어만큼 크게 자라진 않지만, 그래도 가장 큰 축에 드는 성체는 몸길이가 2미터나 되고 촉완을 그보다 훨씬 길게 내뻗을 수 있다. (성체 중 상당수는 절대 그만큼 커지지 않고, 특정 시기에 특정 장소에서 훔볼트오징어는 0.5~1미터 넘게 자라는 법이 없지만, 이런 건 그리 흥미로운 얘기가 아니다.) 그들은 부리가 날카롭고, 다리 힘이 세고, 빨판에 아주 자잘한 톱니가 고리 모양으로 나 있다. 그런 빨판 고리는 일반적인 포식자 턱에 나 있는 이빨보다 벨크로(찍찍이)의 갈고리에 가깝다. 빨판 고리

그림 8.4 A, 8.4 B 흡혈오징어를 옆에서 본 모습(위)과 밑에서 본 모습(오른쪽 페이지). 밑에서 본 모습에 나타난 부드러운 촉모는 무서운 가시로 착각되기 쉽다. 이 책이 당신 것이거나 뜻밖의 장난을 재미있어할 만한 친구의 것이라면, 흡혈오징어의 몸은 빨간색으로, 눈은 밝은 파란색으로 칠해봐도 좋겠다. (출처: Carl Chun, *Die Chephalopoden*, 1910)

의 목적은 먹잇감에게 상처를 입히는 것이 아니라, 그냥 어류 비늘이나 새우 외골격의 가장자리에 톱니를 걸어 다리의 악력을 키우는 데 있다. 사실이 그렇다고 해서 '이빨이 1만 개나 되는 오징어'나 '면도날같이 날카로운 빨판 고리' 같은 선정적인 뉴스 보도가 더이상 안 나오는 건 아니겠지만.

훔볼트오징어는 분명 잠수부들을 아주 불안하게 해왔고 심지어 상처를 입히기도 했지만, 아마 그들을 잡아먹으려는 의도는 전혀 없었을 것이다. 백상아리는 실제로 파도타기 하는 사람을 주된 먹잇감인 물개로 착각하기도 하지만, 훔볼트오징어는 습관적으로 몇 센티미터밖에 안 되는 작은 어류와 새우를 잡아먹는다.[13] 배에 타고 있다가 밤에 물에 빠진 어부를 훔볼트오징어가 잡아먹었다는 식의 과장된 이야기가 나돌 수야 있겠지만, 그런 이야기가 사실임을 과학자나 기자가 입증한 적은 한 번도 없다.

하지만 실제로 사람을 죽음에 이르게 했던 적이 있는 두족류가 하나 존재하긴 한다. 굉장히 화려한 파란고리문어의 독에는 죽음을 유발할 정도로 강한 마비성 신경 독소가 들어 있다. 파란고리문어는 페퍼불꽃갑오징어를 비롯한 여느 아름답고 위험한 동물들처럼 열대 태평양, 그중에서도 그레이

트배리어리프라는 세계 최대 규모의 산호초 군락지에서 산다.

또 페퍼불꽃갑오징어와 마찬가지로 파란고리문어는 알록달록한 색으로 다른 동물들에게 접근하지 말라고 경고하지만, 인간은 그런 경고에 동물계의 나머지 구성원들만큼 주의를 기울이지 않는 듯하다. 문어류가 으레 그렇듯 파란고리문어는 보통 수줍음이 호기심을 억누른다. 일반적으로 그 문어는 자신을 집어삼키러 오는 포식자로밖에 안 보이는 크고 무서운 인간에게서 달아나려는데 달리 어쩔 도리가 없을 때만 문다. 어쩌면 사람이 그 문어를 미처 보지 못하고 밟을 뻔하는 것일 수도 있다(파란고리문어는 바위투성이 해안이나 개펄의 꽤 얕은 물에서 살기도 한다). 어쩌면 그런 사람은 그 문어를 예쁘다고 생각해 집어 올리거나 (절대 그러면 안 되겠지만) 집으로 가져가려

할 수도 있다.

말이 나왔으니 하는 얘기인데, 열대 지방의 수산 시장에서는 그런 동물들을 팔려고 내놓은 모습이 목격되기도 한다. 그렇게 치명적인 동물을 집으로 가져가면 화를 자초하는 셈이기도 하지만, 자연에서 그들을 채집하면 환경이 훼손될 수도 있다. 개체 수가 얼마나 많은지, 채집에도 불구하고 개체군이 유지될지는 아무도 모르기 때문이다.

사실 마지막 문장은 대부분의 현존 두족류에게 해당된다.

잡기 전에 세어보자

캘리포니아 대학교 버클리 캠퍼스의 두족류 생물학자 로이 콜드웰은 아마추어 수족관 관리자들에게 파란고리문어를 사지 말라고 간곡히 요청하는 간명한 글 「파란고리문어가 당신을 죽여버릴 것입니다Blue Ringed Octopus Will Kill You Dead」를 썼다.[14] 그가 지적하는 바에 따르면, 파란고리문어는 연약해서 보통 수송 중에 죽지 않으면 구매 직후에 죽는다. 따라서 파란고리문어가 한 마리라도 산 채로 전시되어 있다는 말은 전시 이전에 몇 마리가 죽었다는 뜻이다. 즉 파란고리문어를 조금만 잡아서 길러보려 해도 야생 개체군에 큰 영향을 미치게 되는 것이다.

마찬가지로 화려하나 훨씬 희귀한 흉내문어 같은 종들 또한 사람들에게 반려동물로 키워보고 싶은 마음을 불러일으킨다. 하지만 콜드웰은 그들의 서식지인 태평양 남서부가 지금 오염과 파괴적인 채굴로 몸살을 앓고 있다는 사실을 상기시킨다. 그렇다면 그 문어들은 잡혀서 세계 곳곳으로 수송되지 않아도 이미 곤란을 많이 겪고 있을 것이다.[15]

게다가 흉내문어는 반려동물로 적합하지 않을지도 모른다. 노련한 두족류 연구자 크리스토퍼 쇼가 지적하듯, 야생 상태에서 사진에 담기면 화려해 보이는 동물들도 가둬놓으면 생기를 잃을 수 있다. 쇼는 이렇게 썼다. "당신을 깜짝 놀라게 할 멋지고 재미있는 문어를 키우고 싶다면 바이맥을 구입하라."[16] 쇼가 말하는 바이맥은 캘리포니아두점박이문어*Octopus bimaculoides*로, 매우 강인하고 활동적이며 매력적인 반려동물이 된다.

다행히 프로 수족관 관리자들이 아름다운 두족류 종을 기르는 방법을 크게 발전시킨 덕분에 이제 그런 종들을 자연에서 채집하지 않고도 전시할 수 있게 됐다. 세계 최대 규모의 두족류 전시회 텐터클스Tentacles를 열어오면서, 몬터레이 베이 수족관의 연구자들은 페퍼볼꽃갑오징어와 파자마오징어 등을 어르고 달래서 이들이 알을 낳고 거기서 새끼가 부화해 자라도록 하는 데 성공했다.

두족류를 기르기가 쉬워지다 보면, 두족류를 식용으로 사육할 생각도 해볼 수밖에 없을 것이다. 하지만 연구자들은 대규모 문어 사육에 실행상의 문제와 윤리적인 문제가 있다고 지적한다. 무엇보다도 사육자들은 각각의 문어에게 야생 상태에서 잡은 어류를 몸무게의 세 배만큼씩 먹여야 할 것이다.[17] 게다가 그런 문어들은 공장식 축산으로 기르는 육생 동물들처럼 비좁은 환경에서 사육될 것이다.

야생 두족류를 식용으로 포획하면 그런 문제는 피할 수 있다. 인간은 수천 년, 어쩌면 수만 년 동안 두족류를 잡아서 먹어왔을 것이다. 하지만 산업용 어획 기술이 전통적 어획 기술을 대체하면서, 우리가 바다에서 수산물을 끌어내는 능력이 종종 해양 생물의 번식력을 능가하게 되었다. 그래서 어장 붕괴라는 비극이 나타난 것이다. 우리는 고래, 대구, 전복, 바닷가재 어장이 붕괴되는 모습을 목격해왔다. 두족류 어장이 붕괴되는 모습을 목격한 적은 아직 없다. 하지만 자세히 살펴보지 않아서 못 본 것은 아닐까? 어장 붕괴는 되돌아봤을 때만 보이는 경우가 많다.

두족류가 해마다 수백만 톤씩 잡혀 먹히고 있지만, 포획 제한이 시행되는 경우는 드물다. 캘리포니아화살꼴뚜기*Doryteuthis opalescens*는 특이한 예외다. 정부와 학계에서 캘리포니아화살꼴뚜기를 몇십 년 동안 연구해오긴 했지만, 아직도 그 동물의 개체 수나 번식력을 파악하지 못했다. 그래서 그 종이 역사상 유난히 많이 잡혔던 해들의 포획량을 평균하여 포획 제한량을 정했다.

그런 제한이 시행되면 으레 그렇듯이, 포획량이 제한량에 이른 경우가 없었기에 조업 기간이 단축된 적이 한 번도 없었다. 그런데 2010년에는 실제로 포획량이 제한량에 도달하여 그 해가 끝나기 전에 조업 기간이 종료되었고, 아쉬워하는 어부가 많았다. 그들은 주장했다. 올해는 그 어느 때보다도 오징어가 많으니 제한량을 늘려서라도 더 잡아야 하는 것 아닙니까?[18]

그와 같은 관점에도 일리가 있다. 오징어 개체 수는 해마다 변동이 엄청 심하고, 알을 낳고 죽는 그들의 생활사에서는 사체가 많이 나온다. 부식동물에게 가거나 부패하도록 방치하느니 우리가 거둬들이는 편이 낫지 않을까? 문제는 이미 생식을 마친 오징어만 잡기가 불가능할뿐더러 바람직하지도 않다는 데 있다. 어미 오징어는 알을 낳는 과정에서 몸이 축나는데, 마지막 알을 낳았을 무렵엔 사람이 먹기에 부적합한 상태가 된다. 그래도 게, 벌레, 불가사리 등등 수많은 다른 동물이 먹기에는 아직 괜찮은 상태다. 사실 가라앉는 오징어 사체들은 위에서 쏟아져 내려오는 영양분에 의존하는 온갖 심해 동물들에게 진수성찬이 된다.[19] 인간이 오징어를 포획하면 오징어의 전반적인 산란 활동이 축소될 뿐 아니라 생태계의 에너지원이 되는 오징어 사체의 양도 줄어들 수밖에 없다.

그래서 논란은 계속되고 있다. 오징어의 포획 허용량을 얼마로 정해야 할까? 새로운 정보가 유입되거나 개체 수에 변동이 생기면 그 수치를 어떻게 바꿔야 할까?

게다가 사람들을 휘어잡는 매력이 있는 두족류도 존재한다. 캘리포니아화살꼴뚜기는 그다지 심금을 울리지 못한다. 반면에 대왕문어는 팬클럽이 있다. 우리가 보통 그런 종과 상호 작용을 하는 장소는 학교 해부실이나 식당이 아니라 그들이 산 채로 보살핌을 받는 수족관이다. 이를 염두에 두고 있다 보니 사람들 가운데 상당수는 자연에서 그들을 잡아서 먹는 행위가 완전히 합법이라는 사실을 알게 되면 충격을 받는다.

2013년에 시애틀에서는 한 10대 소년이 잠수해서 대왕문어를 사냥하는 바람에 한바탕 소동이 벌어졌다. 소년은 물속에서 엎치락뒤치락한 끝에 그 동물을 손으로 포획한 다음 집으로 가져가서 먹었는데, 그런 모습을 지켜본 사람들이 소년을 야단치고 협박하고 촬영한 후였다. 분노로 가득한 편지가 오갔고, 시위도 벌어졌다. 알고 보니, 소년이 사냥을 다닌 구역은 스쿠버 다이빙을 하는 사람들이 야생 상태의 대왕문어를 구경하려고 즐겨 찾는 곳이었다. 또 알고 보니, 시애틀에는 그 소년 말고도 문어를 먹고 싶어 하는 사람들이 있었다. 그래서 타협이 이루어졌다. 그 구역의 문어는 보호하자. 사람들이 거기서 문어를 보고 싶어 하니까. 하지만 다른 장소에서 문어를 잡는 것은 계속 허용하자.[20]

대왕문어가 크고 아름답다는 이유만으로 그 문어를 멸종위기종으로 넘겨짚는 사람들이 적지 않다(인류세에 크고 아름다운 종이라는 것의 의미에 대해 안타깝게도 그런 식으로들 반성하는 것이다). 하지만 그 종은 쾌적한 환경에서 알을 많이 낳고 빨리 자라며 꽤 잘 지내고 있다.

IUCN 멸종위기종 적색 목록에 올라가 있는 두족류는 두 종뿐이다. 그들은 둘 다 잘 알려지지 않은 문어로, 수족관에 전시된 적도 없고 사람에게 먹힌 적도 없다. 두 종의 문제는 결이 다르다. 그들의 문제는 '혼획/부수어획bycatch'이다.

두 가지 문어는 해저산에서 산다. 해저산은 물속의 언덕인데, 그 꼭대기는 그래도 해수면보다 한참 아래에 있어 꽤 깊긴 하지만 거기 사는 동물들이 저인망에 안 걸릴 만큼 깊지는 않다. 게다가 그 문어들은 해저산에서 참새우와 오렌지러피처럼 사람들이 즐겨 먹는 몇몇 종들과 함께 산다. 그런 식용 동물들을 잡는 그물에 문어도 덩달아 걸려드는데, 어부들은 그물을 끌어올린 다음 그 달갑잖은 포획물들을 골라내 도로 바다에 던져 넣는다. 그

런 문어들은 십중팔구 살아남지 못한다.[21]

추운 심해에서 외떨어져 사는 그 해저산 문어들은 '짧고 굵게 살기' 전략에서 멀어지는 방향으로 진화해왔다. 그들은 천천히 신중하게 생식하는 편이어서 알을 조금만 낳으므로, 어떤 식으로든 차질이 생기면 좀처럼 회복하지 못한다.

IUCN 적색 목록은 2014년이 되어서야 완성됐는데, 그 결과로 어떤 변화가 일어날지는 아직 미지수다. 한편 2018년에는 오래되고 아름다운 앵무조개가 마침내 멸종위기종으로서 보호를 받게 되었다. 이는 수년간 과학자들, 수족관 관리자들, 환경 보호 운동가들, 열한 살짜리 꼬마 한 명이 노력을 기울인 덕분이었다.

앵무조개를 (만날 수 있을 때) 만나보자

앵무조개 고기는 수요가 많지 않다. 어쩌다 보니 앵무조개 서식지 근처에 살게 된 사람들이 먹을거리가 마땅찮아서 소량을 낚아 올릴 뿐이다. 그 정도의 포획 활동은 앵무조개 개체군에 그리 큰 압력을 가하지 않을 것이다. 반면에 껍데기는 상당한 규모로 거래된다. 세계 곳곳의 사람들이 앵무조개 껍네기를 무척 좋아하는 데는 그럴 만한 이유가 있다. 호랑이 줄무늬가 있는 겉면과 진주층이 있는 내면 모두 멋들어지고, 나선 모양의 형태는 우리에게 깊은 미적 · 수학적 쾌감을 선사한다.

그래서 사람들은 앵무조개 껍데기를 산다. 미가공 상태나 유광 처리된 상태, 온전한 상태나 절단된 상태, 잘게 잘려 단추나 귀걸이로 가공된 상태 등 다양한 형태로 구입한다. 그런 형태는 중요하지 않다. 중요한 것은 껍데기 하나하나가 개체의 죽음을 나타낸다는 사실이다. 흔히들 내심 기대하는 바와 달리, 자연사한 앵무조개의 껍데기는 판매용으로 채집할 만한 양과 질로 해변에 떠밀려 오지 않는다. 그래서 사람들은 껍데기를 얻으려고 앵무조개를 해마다 수십만 마리씩 죽인다.

한편 그 밖의 수많은 인간 활동도 앵무조개 서식지를 위태롭게 한다. 얼마나 많은 앵무조개가 환경 오염, 폭파 낚시, 해안 지대 개발로 고통받고 있을까? 온갖 직간접 결과를 모두 수량화하기는 거의 불가능하다. 얼마나 많은 개체가 즉사할까? 얼마나 많은 개체가 쇠약해져서 때 이르게 굶주림이나 질병으로 쓰러질까? 얼마나 많은 개체가 그런 스트레스 탓에 불임이 되거나 알을 적게 낳게 될까?

그런 위험은 수십 년 동안 앵무조개 연구를 이끌어온 피터 워드에게뿐 아니라 열한 살의 조사이어 우트슈에게도 명백해 보였다. 우트슈는 워드의 2012년 활동에 대해 알게 된 후 '앵무조개를 구합시다Save the Nautilus'라는 캠페인을 벌이기로 했다. 그 단체는 수천 달러를 모금해 워드의 연구를 후원했다. 앵무조개 보호에 대한 우려가 커지자, 미국인들은 '멸종 위기에 처한 야생 동식물의 국제 거래에 관한 협약Convention on International Trade in Endangered Species of Wild Fauna and Flora'(CITES)의 정기 국제회의에서 모든 앵무조개 종을 멸종위기종으로 지정할 것을 제안해달라고 정부에 탄원했다. CITES는 3년마다 당사국 총회를 연다. 탄원에도 불구하고 미국 정부는 2010년 회의에서 앵무조개 위기종 지정을 제안하지 않았고, 2013년에도 그 동물에 대한 정보가 부족하다며 난색을 표했다. 그런데 2014년에 미국 정부는 놀랍게도 실제로 당면 문제를 해결해보려고, 앵무조개만 집중적으로 다루는 과학 워크숍을 열었다.

워크숍 보고서는 세계 곳곳으로 수송되는 앵무조개 껍데기의 주요 원산지인 필리핀에서 불과 몇십 년 사이에 앵무조개 포획량이 급격히 줄어들었음을 보여주었다. 현지 어부들도 그런 어장 붕괴를 잘 알고 있었다. 그들의 기억에 따르면, 예전에는 통발 한 개로 앵무조개를 여러 마리 잡을 수 있었는데 이제는 앵무조개 한 마리를 잡으려면 통발을 여러 개, 때론 100개 넘게 써야 한다.[22]

보고서 발표 후 미국 정부는 그런 정보와 관련해 어떤 조치를 취하면 좋겠냐고 대중의 의견을 구했다. 시민들은 모든 앵무조개 종의 보호를 제안해달라고 정부에 또다시 요청했다. 같은 시기에, 2016년 CITES 회의를 불과 몇 달 앞두고, 생물 다양성 센터Center for Biological Diversity는 멸종위기종 보호법의 적용 대상 목록에 앵무조개를 올려달라고 미국 해양어업국National Marine Fisheries Service에 탄원했다. 이는 CITES에서 앵무조개가 위기종으로 지정되도록 지지를 모을 만한, 정곡을 찌르는 조치였다. 2016년 8월에 해양어업국은 앵무조개가 위기종으로 보호받게 될 가능성을 인정하며 1년간 이를 검토해보기로 했다. 그래서 먼저 여론 수렴 기간을 60일 두었다.

내가 그 목록에 대해 알게 된 것은 묘한 연줄을 통해서였다. 그 운동을 이끈 과학자들 중 한 명인 하이크 누마이스터는 내가 박사 과정을 밟았던 연구실 출신이다. 우리가 거기서 마주친 적은 없었다. 그녀가 박사 후 과정을 마치고 떠난 후에 내가 박사 과정을 시작했기 때문이다. 하지만 과학자로서 그녀의 흔적은 실험실 자료와 프로토콜이 담긴 수많은 상자에 남아 있었다. 우리는 최근에야 연락이 닿았다. 내가 그녀에게 앵무조개 프로젝트의 진행 상황을 계속 알려달라고 부탁했을 때였다.

누마이스터의 글은 내가 9월에 해당 웹사이트에서 보았던 기제출 공개 논평 열 편 중 하나였다. 그녀의 공개 논평은 가장 긴 다섯 단락짜리 에세이로, 앵무조개가 직면한 위험 요인들(남획, 오염, 지구 온난화, 산성화, 생태 관광)과 앵무조개를 살려두는 일의 가치를 간략히 설명해준다. 다음은 발췌문이다.

첫째, 5억 년 가까이 거의 변하지 않고 생존해온 살아 있는 화석의 멸종을 막는 일입니다. 둘째, 해양 생태계의 명백한 중요성을 고려해볼 때 열대 태평양 깊은 암초 군락지의 생물 다양성을 유지하는 일은 그런 군락지의 존속에 꼭 필요합니다. 셋째, 앵무조개는 과거를 보여주는 창에 해당합니다. 그 창을 들여다봄으로써 우리는 고대 해양 생물의 생활사와 생태에 대해 소중한 과학적 통찰을 얻을 수 있습니다. 예컨대 아주 오래전부터 생존해온 동물의 기억을 비롯한 여러 과정을 이해하는 일은 약점 있는 뇌의 진화를 이해할 독특한 기회가 됩니다. 그러므로 앵무조개 보호는 우리에게 중요한 일일 뿐 아니라 사실상 인류의 도덕적 의무이기도 합니다.

누마이스터는 나에게도 논평을 제출해달라고 부탁했다. 나는 행정 입법 관련 포털 사이트 regulations.gov에서 '효과적인 논평을 제출하는 요령'을 읽었다. 그리고 손톱을 물어뜯었다. 그러다 기제출 논평들을 모두 다시 읽어보았다. 내가 논평을 하는 게 도움이 되긴 할까, 그냥 하던 대로 그와 상관없는 글이나 계속 쓰는 게 낫지 않을까? 만약 논평을 한다면 그 일에 두족류 과학자로서 임해야 할까, 과학 저널리스트로서 임해야 할까? 결국 나는 다음과 같이 썼다.

앵무조개는 한때 바다를 가득 채웠던 껍데기 있는 두족류 계통의 마지막 잔존 동물에 해당합니다. 그들은 생태가 독특하다는 점에서, 그리고 먼 과거의 열쇠가 된다는 점에서 학문적 가치가 있습니다. 더구나 그들은 진화 과정에서 막다른 골목이기는커녕 새로운 종들로 흥미진진하게 분화하기 직전에 있는 듯합니다. 앵무조개를 멸종위기종으로 지정해 지금까지처럼 남획되지 않도록 최대한 보호하면 우리 자신과 우리 아이들에게 두 가지 선물을 주는 셈이 됩니다. 하나는 자연과 수족관에서 살아 있는 앵무조개의 아름다움을 음미할 기회이고, 나머지 하나는 그 놀라운 동물이 다음에 어떻게 진화하는지 지켜보는 짜릿한 즐거움입니다.

글을 제출한 다음 나는 멸종위기종 보호법과 관련된 1년간의 검토 절차가 끝나길 기다렸다. 그런데 내가 그렇게 기다린 지 몇 주밖에 안 됐을 때 미국 정부는 2016년 CITES 회의에서 앵무조개를 멸종위기종으로 지정할 것을 제안했다. 각국 대표들은 대부분 찬성표를 던졌다. 앵무조개가 마침내 법적 보호를 받게 된 것이다.

2018년에는 미국 해양어업국도 결국 전례를 따라 앵무조개에게 멸종위기종 보호법상의 '멸종위기종' 지위를 부여했다. 그것도 고무적인 조치이긴 하지만, 그들은 후속 조치로 미국의 앵무조개 껍데기 수입량을 제한하진 않았다. 그러면서 CITES의 멸종위기종 목록이 이미 발효되어 수출량이 제한되었다는 점을 이유로 들었다.

CITES는 앵무조개 채집이나 수출을 금지하지 않지만, 입증 책임을 부과하긴 한다. 필리핀처럼 앵무조개를 수출하고자 하는 나라들은 이제 채집 활동이 야생 개체군에 해롭지 않음을, 다시 말해 앵무조개 어업이 지속 가능함을 입증하는 보고서를 내놓아야 한다. 앵무조개를 폭넓게 연구해오다 피터 워드와 합류해 알로나우틸루스를 재발견하기도 했던 그레고리 바로드 같은 과학자들은 열심히 데이터를 모아 그런 보고서의 작성을 도와주고 있다. 이상적인 결과는 우리가 앵무조개에 대해 충분히 배워 모두에게—그 동물들에게는 물론이고 현지 어부, 껍데기 애호가들에게도—알맞은 지속 가능한 어업을 실행하는 것이겠다.

바로드는 이렇게 말한다. "앵무조개가 사라지면 아무도 행복하지 않을 겁니다."[23]

맺음말

어디로 가고 있을까?

두족류는 특유의 융통성을 발휘해 수많은 대량 멸종 사건을 극복해왔는데, 그 과정에서 형태가 급격히 변한 경우도 많았다. 어쩌면 그런 융통성 덕분에 언젠가 또다시 바다를 지배할지도 모른다. 앵무조개는 수명이 길고 번식 속도가 느려서 남획에 특히 취약하지만, '짧고 굵게 살기' 전략을 쓰는 초형류는 대부분 회복력이 유난히 강하다. 어쩌면 오징어는 변화하는 지구에 가장 잘 적응할 동물군에 속하는지도 모른다. 그들은 식성이 전혀 까다롭지 않아 새로운 종류의 먹잇감을 선뜻 받아들이는데, 특정 종은 산소 농도가 줄어든 따뜻한 물에서도 매우 잘 견뎌낸다.

두족류가 진화적 혁신을 이루었다면, 인류는 과학적 혁신으로 해양 생물학과 고생물학의 어려운 문제들을 개선하고 있다. 정교한 잠수 로봇은 쓰레기 먹는 흡혈오징어처럼 더없이 예민한 심해 동물들과 그들의 더없이 특이한 습성을 탐색하며 표본을 채취하는 법을 배우고 있다. 민감도 높은 스캐너는 화석 내부의 아주 작고 복잡한 구조, 이를테면 바쿨리테스의 치설에 끼어 있는 마지막 식사의 흔적 같은 것을 시각화한다.

두족류의 수억 년 역사를 뒤로한 채 그들의 미래를 최대한 내다보자. 미래의 바다는 어떤 모습일까? 두족류는 다음 대량 멸종 사건도 극복해낼까?

인간의 시간 척도를 화석기록과 비교하면 덧없긴 하지만, 우리는 지난 수백 년간 이어져온 두족류 연구에서 아돌프 네프의 선견지명에서부터 이자벨 크루타의 최신 3D 스캔 기법에 이르기까지 방대한 지식을 얻었다. 앞으로는 채석장, 실험실, 난바다에서 무엇을 발견하게 될까?

세계적 번성

애들레이드 대학교의 조에 더블데이와 활력 넘치는 사샤 아르킵킨을 비롯한 동료들이 2016년에 모은 증거에 따르면, 세계는 지금 '두족류 붐'을 목격하고 있는지도 모른다. 그들이 연구를 시작한 계기는 과학자들은 물론이고 어부와 바다에 관심 많은 그 밖의 사람들도 더블데이 말마따나 '환경 변화에 대한 반응으로 두족류 개체 수가 급증하고 있다'고 인식했기 때문이었다.[1]

이는 캘리포니아주 출신의 오징어 생물학자인 나에게도 완전히 타당해 보인다. 우리 주의 주된 어획 대상은 캘리포니아화살꼴뚜기인데, 최근에는 포획량이 너무 많아져서 역사상 최초로 포획 제한량에 도달했다. 또 캘리포니아주 사람들은 훔볼트오징어의 분포 범위가 확장되는 모습을 맨 앞자리에서 목격하기도 했다. 훔볼트오징어는 한때 멕시코 연안 이남에서만 발견되었으나 2005년엔 알래스카 연안까지 진출했다. 여기 태평양 동쪽 가장자리에 사는 사람들은 오징어에 대해 상당히 낙관적이다.

그렇다면 '전' 세계의 '모든' 두족류는 어떨까?

그 문제를 다루려고 더블데이와 동료들은 그물을 넓게 쳐서 데이터를 수집했다. 그들의 데이터 수집망은 1950년대로 시간을 거슬러 올라가기도 했고, 얕은 바다에서 깊은 바다까지 다양한 서식지를 가로지르기도 했다.

그 수집망은 오징어, 문어, 갑오징어를 망라할 만큼 넓었다. 연구진은 어업에서 나온 데이터와 과학적 조사에서 나온 데이터를 모두 낚아 올렸다. 어업 데이터만으로 개체 수 변화 추세를 추정하면 오해를 하게 될 소지가 있다. 포획량이 늘어나는 이유가 단지 어부들이 평소보다 열심히 일하기 때문인지 어떤지 판단하기 어렵기 때문이다. 더 효율적인 장비를 썼을 가능성도 있고, 새로운 어장을 발견했을 가능성도 있다. 하지만 실측 데이터도 어업 데이터와 부합하는데, 모든 수치가 한 가지 사실을 가리킨다. 바로 두족류 개체 수가 오름세를 보이고 있다는 것이다.

이런 현상은 몇 가지 요인이 복합적으로 작용한 결과인 듯하다. 그중 하나는 야코부치가 암모나이트류에서 발견한 가소성이다. 진화 과정을 조각가에 비유한다면, 각종 생물은 다양한 재료로 볼 수 있을 것이다. 어떤 생물은 대리석 같아서, 형태가 변하는 데 오래 걸린다. 이런 비유에서 두족류는 축축한 진흙에 가까울 텐데, 어느 정도는 빠른 성장 속도 덕분이다. 초형류는 안 그래도 빨리 성숙하는데 지구 온난화 덕분에 더욱더 빨리 자라고 있을 수도 있다.

인간의 활동 때문에 두족류가 또 다른 이점을 얻었는지도 모른다. 두족류는 어류가 처음 등장했을 때부터 척추동물에게 쫓기고 잡아먹히고 경쟁에서 뒤처져왔다. 그런데 지금 대형 포식성 척추동물은 남획으로 가장 큰 타격을 입고 있는 동물군이다. 예를 두 가지만 들자면, 참다랑어와 귀상어는 시장에서 비싼 값에 팔리다 보니 바다에서 마구잡이로 포획되고 있다. 두족류는 이렇듯 뜻하지 않게 포식과 경쟁에서 해방된 것을 우리에게 감사하고 있지 않을까. "그럼 또 봐요. 그리고 물고기들을 '없애줘서' 고마웠어요!"

두족류 붐은 두족류를 먹는 (인간을 포함한) 온갖 포식자와 부식동물들에게 정말 좋은 소식이다. 하지만 두족류에게 잡아먹힐 만큼 작은 온갖 동물들에게는 그리 좋은 소식이 아니다. 그리고 안타깝게도 인간은 워낙 다재다

능하다 보니 그런 갖가지 작은 동물들, 이를테면 정어리와 새우'도' 먹는다. 어떤 어부들은 이미 이렇게 생각하고 있다. '오징어야, 우리가 먹고살 거리는 좀 건드리지 말라고!'

더블데이는 극히 절제된 표현으로 이렇게 쓰기도 했다. "두족류의 개체군 동태는 예측하기 어려운 것으로 악명 높다." 가소성과 적응성이 매우 높은 두족류는 계속해서 우리를 어리둥절하게 만들고 있다. 이 역시 내가 캘리포니아주에서 목격한 바 있다. 한번은 캘리포니아화살꼴뚜기가 두 해 연달아 엄청 많이 잡히더니 그다음에는 얼마간 포획량이 그저 그랬다. 5년간 훔볼트오징어가 몰려든다고 난리였던 적이 있었는데, 그다음에 캘리포니아 연안에서는 그 오징어가 한 마리도 안 보였고 멕시코 연안에서는 몸집이 눈에 띄게 작아졌다.

지금까지 두족류 이야기를 하긴 했지만, 개체 수 급증은 초형류에만 해당된다. 앵무조개류는 안타깝게도 불리해지고 있다. 앵무조개 종이 인간 때문에 멸종된 적은 아직 없지만, 특정 지역 개체군이 그런 적은 있다. 해당 지역의 개체군은 너무 외떨어져 있어서 회복되지 못하므로, 아마 영원히 멸종 상태일 것이다. CITES의 멸종위기종 목록이 앞으로 앵무조개가 남획되지 않고 보호받는 데 도움이 되면 좋겠지만, 인간 말고도 앵무조개를 위협하는 요인이 있다. 사실 앵무조개를 가장 많이 잡아먹는 동물은 껍데기에 구멍을 뚫고 독을 뱉는 문어다. 번성하는 초형류는 어망에서 정어리를 빼내어 먹길 삼갈 만큼 사려 깊지 않듯이 앵무조개도 그냥 계속 잡아먹을 뿐 그 동물이 멸종 위기에 처했든 말든 전혀 개의치 않을 것이다.

따라서 좋았던 옛 시절 오르도비스기에 그랬듯 앞으로 바다가 두족류로 넘쳐나게 된다고 해도 아무 문제가 없는 것은 아니다. 그런 예측이 불러일으키는 우려들은 세계 곳곳에서 해파리가 폭증하고 있다는 일화적 증거가 불러일으킨 '해파리 바다'에 관한 걱정들을 연상시킨다. 해파리는 초형류와 공통점이 몇 가지 있다. 그들은 수명이 짧고 적응력이 좋은 포식자로, 새끼를 많이 만드는 만큼 자기들에게 유익하기만 하다면 어떤 환경 변화에도 빨리 편승할 수 있다. 더블데이의 프로젝트 같은 과학 연구로 전 세계에서 해파리가 증가하고 있다는 증거가 발견된 적은 아직 없는데, 이는 무엇보다도 가용 데이터가 없기 때문이다.[2] 인간의 교란 활동 때문에 번성하는 '잡초 같은 종' 목록에 해파리가 초형류와 함께 최신 항목으로 오를 가능성도 꽤 있다. 우리 종은 과거에 유성과 화산만 할 수 있었던 방식으로 지구를 한창 변화시키고 있다. 오징어와 해파리가 쥐와 모기와 함께 살아남을 가능성이 있다는 점은 회복력이 비교적 약한 생물들이 대거 떠나야 할 듯한 상황에서 조금은 위안이 된다.[3]

인류가 그리 길지 않은 존속 기간 동안 죽인 생물이 얼마나 많을지 생각해보면 움찔 놀라게 되지만, 그래도 우리 중 상당수가 문제를 해결하려고 헌신해왔다는 사실을 생각하면 뿌듯하다. 결국 국제회의에서도 앵무조개 보호 문제를 다루기 시작했다. 변화를 되돌리기에는 너무 늦었는지 모르지만, 우리도 회복 과정에 동참할 수 있다는 점은 분명하다.

실험실 쥐와 데이터베이스

더블데이와 동료들이 두족류 붐을 최초로 수량화하긴 했지만, 이 현상을 예상한 연구자는 그들 말고도 많았다. 선견지명이 담긴 다음 인용문은 포르투갈 코임브라 대학교의 조제 사비에르가 2014년에 발표한 논문에서 따왔다.

두족류는 캄브리아기의 원시 연체동물에서부터 진화했다. 그들은 고생대 말과 중생대 말의 대량 멸종 사건을 겪고도 살아남아 어류와 경쟁하면서도 번성해왔다. 암모나이트와 벨렘나이트 같은 일부 두족류는 지질시대에 멸종되었지만, 초형류는 살아남아 다양한 종으로 분화해왔다. 그들은 생활사에서 나타나는 여러 특징 덕분에 생태적 기회를 잘 잡도록 적응해왔고, 새로운 선택압에 대응해 빨리 진화할 잠재력이 생겼다. 그러므로 그런 특징 덕분에 두족류는 지구 기후가 변화하는 와중에도 진화하여 멸종되지 않고 결국 새로운 형태들로 분화해 새로운 '온실 세계'에 적응하리라고 믿어볼 만 하다.[4]

사비에르와 동료들은 '두족류 연구에서 앞으로 해결해야 할 과제들'이라 는 워크숍에서 모였는데, 그 결과로 나온 앞서 인용된 논문에는 앞으로 과 학자들이 다뤄야 할 다양한 미해결 문제가 제시되어 있다. 논문 내용에 따 르면, 현생 두족류를 더 깊이 이해하기 위해서는 무엇보다도 두 가지 진보 가 특히 필요한 듯하다. 하나는 '실험실 쥐'고, 나머지 하나는 종 데이터베이 스다.

왜 그런지 이해하려면 거의 내 나이만큼 오래된 수수께끼부터 살펴보는 것이 좋겠다. 그것은 바로 큰 오징어의 역설이라는 문제다. 1988년에 생물 학자 다니엘 폴리는 오징어가 정말 커지려면 에너지를 정확히 얼마나 많이 소비해야 할지 계산해보고서 상당한 성장이 이뤄지려면 오랜 시간이 걸리 겠다고 확신했다. 그런데 평형석(오징어 귀에 들어 있는 작은 돌)에 나 있는 층 들로 오징어 나이를 계산해보니 성장 속도가 빠르다는 결론이 나왔다. 예를 들면 훔볼트오징어는 내 키만 하게 자라는 데 1년도 채 안 걸릴 것이다. (나 는 20년이 지나서야 1미터 50센티미터를 넘었다.) 폴리의 계산 과정에 오류가 있었을까? 어쩌면 그럴지도 모르지만, 아직까진 아무도 오류를 발견하지 못했다.

그렇게 큰 오징어를 실험실에서 기를 수 있다면, 그들이 얼마나 많이 먹 고 얼마나 빨리 자라는지 측정할 수 있을 것이다. 그러면 어느 쪽으로든 역 설이 해소될 것이다. 하지만 나는 박사 과정을 밟을 때 그 문제를 해결해보 려다 헛고생만 했다. 오징어는 정말 지나치게 까다롭다. 나는 열 살이란 어 린 나이에 문어를 반려동물로 키우긴 했지만, 오징어를 제대로 키워본 적은 한 번도 없다. 나보다 훨씬 노련하고 성공적인 사육가들이 많이 있다. 예컨 대 몬터레이 베이 수족관의 관리자들은 피그미오징어와 카리브해암초오징 어를 길러냈다. 하지만 그들도 훔볼트오징어 같은 원양 오징어는 기르지 못 했다.

일반적으로 오징어는 문어나 갑오징어보다 기르기 어렵다. 바닥 근처에 얌전히 자리잡고 있질 못하기 때문이다. 오징어는 헤엄치고 싶어 하기 때문 에 가둬놓으면 벽과 부딪쳐서 다칠 수밖에 없다. 원양 오징어를 기르기가 특히 어려운 이유는 그들이 넓고 탁 트인 푸른 공간에 익숙하기 때문이다. 그런 공간을 실험실에서 재현하기란 불가능하다. 게다가 훔볼트오징어 같 은 대형 원양 오징어는 오징어 중에서 가장 까다로운데, 그 이유는 새끼의 몸집이 가장 작기 때문이다. 작은 새끼들은 연약하고, 먹이를 먹이기 어렵 고, 잃어버리기 쉽다.

그런 동물들을 실험실에서 살려두기조차 어렵다면, 두족류를 이른바 '모델 생물model organism'로 바꾸려는 시도는 모두 헛일 같아 보이기도 할 것이다. 모델 생물이란 기르기가 확실히 쉬워서 생태를 거의 무한히 상세하 게 연구할 수 있는 종을 말한다. 초파리와 흰쥐 같은 종이 그 예다. 그럼에 도 불구하고 두족류 모델 생물 육종은 사비에르와 동료들이 예의 그 논문에 서 요청한 과학 발전 중 하나인데, 문어 유전체 분석에 기여했던 에릭 에드 싱어곤잘러스가 마침 귀여운 피그미오징어를 그런 모델 생물로 바꾸는 연 구를 해왔다. 그 종의 작은 몸집과 정적인 습성은 두족류 사육의 주요 난제 중 일부를 해결해준다.

사실 피그미오징어는 또 다른 수생 모델 생물 제브러피시zebrafish와 크 기가 비슷하다. 제브러피시는 세계 곳곳의 연구용 수조를 채우고 있다. 그 들은 1976년에 우주로 보내졌고, 1981년에 복제되었으며, 날마다 암, 선천 적 결손증 등의 질병에 관한 최신 연구에 쓰이고 있다. 피그미오징어와 제 브러피시는 극히 유용한 특징을 공유한다. 그것은 바로 알과 배아가 투명하다는 점이다. 당연한 이야기 같겠지만, 투명한 생물체는 과학 연구에 대단히 유용하다. 우리는 그런 동물의 모든 발달 단계를 분명히 볼 수 있고, 특정 신경 세포의 성장 같은 구체적인 특징을 형광 마커로 쉽게 추적할 수 있다(여기서 형광 마커란 교과서에 강조 표시를 하려고 쓰는 형광펜이 아니라 분자 표지자를 말한다). 더구나 감광성 유전자를 삽입해놓으면, 투명 생물체에 빛을 비추어 신경 세포를 통제하는 일도 가능하다. 에드싱어곤잘러스는 이렇게 말한다. "빛으로 심장 박동을 멈추었다 재개시킬 수도 있습니다. 벌레가 기어가게 만들 수도 있고요."[5]

두족류 모델 생물이 있으면, 우리와 유연관계가 멀지만 수렴 진화의 결과로 척추동물과 여러모로 흡사해진 동물에게 그와 같은 기법을 아무 때고 적용할 수 있다. 사비에르와 동료들에 따르면, 이로써 우리는 "두족류의 진화뿐 아니라 인간의 진화도 더 깊이 이해하게" 될 것이다.[6] 연체동물 계통에서 눈과 뇌, 행동 양식이 어떻게 진화했는지 알고 나면, 인류의 눈과 뇌, 행동 양식이 어떻게 진화했는지를 독특한 관점으로 볼 수 있을 것이다.

이상은 모두 실험복을 입고 현미경을 들여다보며 연구하는 미래의 생물학에 대한 이야기처럼 느껴진다. 박물학자들이 포충망을 가지고 야외를 걸어 다니며 공책에 동물 그림을 그리던 옛 시절의 모습과는 동떨어진 이야기 같다. 하지만 알고 보면 최첨단 과학도 '구식' 박물학에 의존한다. 유전학과 발생 생물학, 그리고 그 둘을 이어주는 이보디보는 모두 온전한 동물이란 맥락이 필요하다. 진화 계통수에서 특정 생물이 어느 위치에 적합한지 알아보려 할 때, 실제로 해당 생물을 보며 그 형태와 특징을 이해하고 측정하는 일을 대체할 만한 활동은 없다.

하지만 한 동물을 자세히 기술하고 그리며 기록하는 데는 시간과 노력이 많이 든다. 과학자들은 일생 동안 답할 수 있는 것보다 많은 의문을 다루다 보니 늘 시간에 쫓긴다. 그래서 대체로 해당 대상을 세심히 측정하기보다는 그냥 DNA 샘플을 채취하는 쪽을 택한다. 그들은 시료를 갈아서 DNA

몇 가닥을 해독한 다음 보통 그 결과를 온라인 기록과 대조하여 종을 동정한다. 하지만 동물 몸의 세부 사항은 아직 얻지 못한 상태다.

새로운 기술로 그 문제를 해결할 수 있을지도 모른다. 신기술을 쓰면 해부학적으로 정확한 형태를 확보하고 여러 가지 실험을 하면서도 시간을 절약할 수 있을지 모른다. 리터부시가 껍데기 화석 연구에 쓰고 크루타가 치설 화석 연구에 쓰는 3D 스캐너를 왜 현대 형태학 연구에 적용하지 못하겠는가? 사비에르는 기술 시대의 풍조를 따르자고 제안한다. 과학자들은 (지금 당신이 읽고 있는 책과 같은) 재미없고 오래된 2D 출판물 대신 이를테면 문어의 3D 스캔 이미지를 발표할 수도 있을 것이다. 사비에르는 이렇게 썼다. "두족류는 연체동물문의 꽤 작은 강綱, class에 해당하므로, 속이나 종별로 대표 동물을 하나씩 디지털 방식으로 스캔하는 것은 현실적인 목표일 터이다."[7]

컴퓨터나 가상 현실 헤드셋으로 열람할 수 있는 디지털 두족류 데이터베이스가 있다고 상상해보라. 그러면 대왕오징어의 몸길이를 걸음으로 잴 수도 있고, 파란고리문어를 걱정 없이 손에 올려놓을 수도 있을 것이다. 게다가 3D 스캔이 있으면 3D 프린트도 있을 수 있다. 우리는 어떤 두족류 종이든 선택하여 실험실이나 집에서 출력한 다음 한가할 때 살펴볼 수 있을 것이다. 그러면 분류학이라는 구닥다리 학문을 21세기의 시대 흐름에 맞게 격상시키는 셈이 된다.

이렇듯 컴퓨터 단층촬영, 3D 프린팅 및 스캐닝이 실용적 수단으로 일상적인 연구에 쓰이면 살아 있는 현생 두족류에 대한 연구가 죽은 화석 두족류에 대한 연구와 만나게 된다. 한 실험실에서는 사비에르가 문어를 스캔해 출력하고, 다른 실험실에서는 리터부시가 암모나이트류 껍데기를 스캔해 출력하는 모습을 상상해보자. 그 두 가지 길은 우리로 하여금 현재·과거 자연계의 경이로움과 장엄함에 눈뜨게 해준다.

과거의 미래

나는 멸종된 두족류에 대한 연구물을 파고들기 시작했을 때 『암모나이트류 순고생물학』이라는 크고 두꺼운 책을 몇 번이고 찾아보았다. 전문가들 사이에선 '빨간 책The Red Book'이라고만 불리는 그 벽돌책에서는 고대 두족류 중 가장 알을 많이 낳았던 무리에 대해 우리가 품어볼 만한 온갖 의문을 다루었다. 하지만 '빨간 책'은 1996년에 출간된 만큼 시대에 좀 뒤져 있었기에, 나는 그 책의 내용에서 개선하거나 고칠 부분을 찾으려고 비교적 최근에 나온 문헌들을 자주 뒤지게 되었다.

내가 자료를 조사하면서 정말 기뻤던 순간 중 하나는 '빨간 책' 신판이 만들어지고 있다는 소식을 접했을 때였다. 그래서 출간되자마자 한 질 구입했다. 2015년 판 『암모나이트류 순고생물학』은 벽돌책 두 권으로 증보되었으나, 다행히 나처럼 사무실이 좁은 사람을 위해 전자책으로도 나왔다.[8] 그런데 그 책이 묵직하다는 말은 무게가 많이 나간다는 뜻이기도 하지만 내용이 중대하다는 뜻이기도 하다. 신판 서문은 다음과 같이 멋진 비유로 시작된다. "당신에게 어떤 종교가 있는데, 최고신이 당신에게 이렇게 묻는다고 치자. '새 경전을 편집하는 것을 상상할 수 있겠느냐?'『암모나이트류 순고생물학』신판을 맡아보겠냐는 제의를 받을 때 암모나이트류 관련 업계 종사자의 심정은 바로 그런 것이다."

내가 자료를 조사하면서 정말 슬펐던 순간 중 하나는 그다음 단락을 읽었을 때였다. 거기서 편집자들은 평생을 바쳐 암모나이트류의 미스터리를 풀었던 초창기 석학들에게 경의를 표했다. "지난 20년 사이에 여러 중요한 두족류 연구자와 훌륭한 동료들이 세상을 떠났다." 편집진이 이어서 열거한 이름들은 내가 암모나이트류 관련 문헌에서 익히 보아온 성함이었다. 러시아 문학도에게는 톨스토이, 도스토옙스키, 체호프 같은 이름이 그 정도로 익숙할 것이다.

하지만 수많은 걸출한 고생물학자들을 잃었다는 내 슬픔은 젊은 세대의 전염성 있는 열정 덕분에 누그러졌다. 내가 어느 따뜻한 날 저녁 덴버에서 알게 된 바론 오늘날 국제 두족류 연구계는 과거 어느 때 못지않게 활기차고 부산하다.

미국 지질학회Geological Society of America의 연례 회의는 규모가 엄청나게 크다. 거기서 다루는 주제는 공룡에서 유전油田과 화산, 기후 변화에 이르기까지 무척 다양하다. 2016년에 나는 48개국에서 온 참석자 7000명 중 한 명이었다. ('대량 멸종의 원인을 알지 못한다'는 데이비드 본드를 비롯한) 여러 똑똑한 과학자들이 흥미로운 연설을 많이 해주기도 했지만, 나의 주목적은 '두족류의 친구들'이라는 특별한 소모임에 참석하는 것이었다.

1976년부터 줄곧 미국 지질학회 회의 기간 중 하루 저녁에는 두족류를 좋아하는 사람들이 모두 모여 전문적인 이야기를 나누었다. 맨 첫 모임에서 '두족류의 친구들'이란 이름에 대한 사람들의 반응이 뜨뜻미지근하니 모임명을 새로 지어야 한다는 이야기가 나오긴 했지만, 그 이름은 계속 쓰이게 됐고, 열성가들도 계속 참석하게 됐다. 게르트 베스터만은 첫 모임에 참석했고, 닐 랜드먼은 1981년부터, 페그 야코부치는 2000년부터 나오고 있다. 야코부치는 지금 그 모임을 조직하며 운영하고, 랜드먼은 시종일관 푸근한 존재감을 풍긴다. 하지만 2016년에 모두가 가장 기뻐한 것은 신입이 많다는 사실이었다. 그해 두족류와 친구들은 참석자 수가 마흔한 명으로 사상 최다였는데, 그중 상당수는 학생이었다.

누군가 랜드먼을 비롯한 몇몇 선배 과학자들 쪽으로 고갯짓을 하며 이렇게 말했다. "많은 학생들이 이 분야로 진입하는 걸 보시니 저분들도 참 흐뭇하시겠어요."

신세대 고생물학자들의 멋진 점은 그들이 정말로 채석장과 사막과 강바닥과 절벽 같은 '야외로' 나가서 오래된 암석을 보는 안목을 키운다는 사실이다. 언제든 새로운 화석들이 발견되게 마련인데, 어쩌면 그런 학생들 중

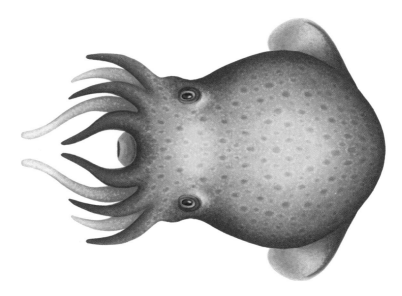

그림 9.1 폴세피아 마조넨시스*Pohlsepia mazonensis*는 여기 그려져 있듯이 작고 귀여운 문어였을 수도 있고, 문어와 공통점이 별로 없었을 수도 있다. 수많은 화석에 대한 결론은 아직 나오지 않았다. (출처: Franz Anthony)

누군가는 암모나이트류의 연질부 화석을 발견해, 엄청나게 번성했던 그 동물군의 비밀을 더 많이 밝혀낼지도 모른다.

기술이 발달하면 몇십 년 전에 캐낸 화석에서도 새로운 것을 발견할 수 있다. 정교한 스캔 기법을 쓰면 맨눈에는 전혀 보이지 않던 연조직 자국이 가시화되기도 한다. 그렇게 되면 갈수록 데이터의 양과 질이 향상되는 선순환 고리가 만들어진다. 화석을 채집하는 사람들이 가용 기술을 염두에 두다 보면 땅을 팔 때 좀 더 주의를 기울이게 되기 때문이다. 그들은 명백히 화석으로 보이는 부분뿐 아니라 그 주변의 암석까지 가져온다. 현장에서 글래디어스에 불과해 보이던 화석을 실험실에서 스캔하면 다리와 빨판 자국이 고스란히 드러날 수도 있기 때문이다.

이자벨 크루타는 이렇게 말한다. "이제 변화가 보여요. 저도 젊은 편이지만, 요즘 학부생과 석사과정생들은 CT 스캔을 하는 게 예사더군요."[9]

2016년에 크루타와 랜드먼을 비롯한 몇몇 연구자들은 문어 다리 신경 화석을 최초로 발견했다.[10] 그들은 '전파 위상차 싱크로트론 엑스선 마이크로단층촬영propagation phase contrast synchrotron X-ray microtomography'이라는 멋진 스캔 기법—나는 이 용어를 써서 사람들을 감탄시켜볼까 생각 중인데, 용어 자체를 기억이나 할 수 있을지 모르겠다—을 썼다. 연구진은 신경을 발견했을 뿐 아니라 빨판과 촉모(피부에서 말랑한 가시 모양으로 돌출되어 꼼지락거리는 짤막짤막한 털)도 하나하나 셀 수 있었다. 연조직 화석을 그 정도로 자세히 볼 수 있으면, 엄청나게 다양한 현생 두족류의 진화 과정을 이해하게 될 가능성이 열린다. 언젠가 우리는 이를테면 어떤 형질 덕분에 초형류가 얕은 물을 재침략하게 됐는지에 대한 가설을 검증할 수 있을지도 모른다.

그와 같은 연구 결과가 매달 나오는 만큼, 나는 미래에 우리가 과거에 대해 무엇을 알게 될지 몹시 궁금하다. 이 책에 나오는 해석 가운데 상당수는 아마 앞으로 몇 년 후면 부정확한 것으로 판명되어, 느림보 공룡이 단색 파충류 피부에 깃털도 없는 상태로 꼬리를 질질 끌며 다녔다는 이야기만큼이나 터무니없어 보일 것이다. 하지만 화석 자체에 대한 소견은 오래도록 남아 새로운 관점에서 새로운 도구로 재검토될 것이다. 나는 아주 오래된 공룡 책이 오늘날 웃음을 자아내기도 하듯 이 책이 훗날 내 손자들을 즐겁게 해준다면 더 바랄 것이 없겠다. 어쨌든 다음 세대 과학자들, 다음 세대 이야기꾼들에게 영감을 준 것은 바로 그런 책들이니까.

감사의 말

두족류의 친구들—2016년 덴버에서 열린 미국 지질학회에 모였던 고생물학자 마흔한 명과 전 세계의 아마추어·프로 수족관 관리자, 암석 수집가, 과학자들—은 내가 만나본 사람들 가운데 누구 못지않게 친절했다. 그들은 '두족류'라는 단어를 갓 배운 열 살짜리 꼬마에게도, 데이터를 찾는 대학원생에게도, 첫 책과 씨름하는 저술가에게도 똑같이 친절했다. 수년간 내게 영감과 정보를 주었던 모든 두족류 애호가들에게 감사드린다.

두족류 연구와 관련된 홈페이지 두 곳을 특별히 언급할 만하다. FAST-MOLL은 '빠른 연체동물'(물론 두족류라는 뜻)을 연구하는 학자들의 메일링 리스트다. 그 목록에 올라 있는 과학자들은 할 일이 많은데도 불구하고 내 질문에 바로바로 정성껏 답해주었다. TONMO(The Octopus News Magazine Online)는 문어를 비롯한 두족류에 관심 있는 프로·아마추어들을 위한 포럼이다. 나는 그 따뜻한 온라인 커뮤니티에 올라온 자료 덕을 톡톡히 보았다.

자연계에 대한 지식과 과학 연구에 대한 열정을 나눠준 수많은 연구자에게 감사한다. 내가 그들을 모두 기억하길 바라지만, 무심코 이름을 빠트린 사람이 있다면 사과드린다. 캐슬린 리터부시는 내가 아무리 모호하고 식상한 요청을 해도 재깍재깍 도와주었으며, 기이하고 흥미진진한 이야기들을 내가 이 책에 다 넣지 못할 만큼 많이 알려주었다. 케네스 더바츠는 내가 자료를 조사하고 책을 쓰는 내내 이메일로 엄청난 도움을 주었다. 닐 랜드먼과 페그 야코부치는 나를 두족류 연구계의 일원으로 따뜻이 맞이해주었고, 디르크 푹스, 크리스티나 이프림, 야코프 빈터와 함께 최선을 다해, 내가 그려본 진화 계통수를 바로잡아주었다. 루이즈 앨콕, 사샤 아르킵킨, 매슈 클래펌, 예지 지크, 에릭 에드싱어곤잘러스, 브렛 그래스, 키아나 해리스, 메건 옌센, 크리스티안 클루그, 디터 콘, 이자벨 크루타, 에이드리엔 메이어, 하이크 누마이스터, 스콧 매킨지, 닐 멍크스, 로이 노라, 앤드루 패커드, 리처드 로스, 이자벨 루제, 조슬린 세사, 마틴 스미스, 보이테흐 투레크는 모두 자기 일 하기도 바빴지만 내 수많은 질문에 찬찬히 답해주었다. 이 너그러운 사람들 중 상당수는 시간을 내어 원고를 부분부분 읽고 바로잡아주기도 했다. 그들이 그렇게 애써주었는데도 남아 있는 오류는 전적으로 내 탓이다.

출판사 디익스페리먼트 대표 매슈 로어가 이 프로젝트에 열정을 쏟아준 것에 깊이 감사한다. 그의 열정은 나의 열정도 북돋웠다. 내 성장 과정에 자크 이브 쿠스토가 영향을 미친 것을 기념해 책 제목을 변경하자는 생각은 로어가 내놓은 기막힌 아이디어였다. 내 원문을 고치고 다듬고 보완할 기회는 귀중한 선물이었다. 내가 제대로 했길 바란다.

편집자 라이나 윌리스와 함께 일해서 즐거웠다. 그녀는 출간에 이르기까지 내내 길잡이 역할을 해주었다. 이 책의 근사한 새 표지는 미술 담당자 베스 버글러의 작품이다. 버글러는 디자이너 잭 더닝턴과 함께 삽화도 작업했다. 책이 전체적으로 워낙 예뻐서 처음 봤을 때 꺅 하고 소리를 지를 뻔했다.

그리고 물론 이 책은 나의 첫 저서인 『오징어 제국Squid Empire』이 더없이 협조적인 편집진의 도움으로 세상에 나오지 않았더라면 존재하지 못했을 것이다. 나는 에이전트 리디아 모에드의 헌신, 편집자 스티븐 헐의 조언, 제작자 앤 브래시와 교열자 메리 브레커와 디자이너 에릭 브룩스의 각별한 노고를 늘 고맙게 생각한다. 크리스틴 하인리히스는 초기 원고를 보고 유익한 조언을 해주었고, 옐 키젤은 집필 과정 내내 매우 유용한 피드백을 해주었다.

본문을 이해하는 데 도움이 되는 작품을 내놓은 사진작가와 삽화가들에게도 깊이 감사한다. 그들의 작품이 없었더라면 내 책은 완성도가 많이 떨어졌을 것이다. 신시아 클라크는 주요 삽화들을 담당했고, 내가 보낸 모든 이메일에 대단히 참을성 있고 유머러스하게 답해주었다. 두족류 진화 계통수에 나타나 있는 매력 만점인 눈들은 모두 그녀가 그린 것이다. 『오징어 제국』이 처음 출간된 후에 삽화가 프랜츠 앤서니는 책에서 내가 언급했던 멸종 종들 가운데 상당수의 복원도를 솜씨 좋게 그려냈다. 나는 그의 삽화를 이 책에 넣을 수 있어서 무척 신난다.

이 책의 학문적 토대가 마련된 것은 누구보다도 내가 학부생일 때 지도 교수였던 아르망 쿠리스와 내게 고생물학을 가르쳐주었던 브루스 티프니 덕분이다. 쿠리스는 내가 문어에 더 깊이 빠져들도록 적극적으로 격려해주었고, 티프니는 내가 두족류의 진화에 대해 쓴 학기말 리포트를 좋게 봐주었다. 그 리포트가 이 책의 진짜 초안이라고 봐도 될 듯싶다. 나중에 도움을 준 사람은 내가 대학원생일 때 지도 교수였던 빌 길리다. 길리는 내게 훔볼트오징어를 소개하고 무균 실험법을 가르쳐주었을 뿐 아니라 엉킨 내 낚싯줄도 풀어주었다.

이런 여정 내내 아버지의 도움도 매우 중요했다. 나의 첫 어항을 설치해준 것부터 내가 원고와 씨름할 때 이 책과 관련된 여러 가지 일을 봐준 것까지 모두 감사한다. 우리 아이들에게도 고맙다. 아이들은 촉수가 달린 온갖 것들을 기꺼이 받아들여주었고, 화석과 멸종에 관해, 엄마의 책 집필이 언제 끝나는지에 대해 질문을 던져주었다. 우리 남편은 차를 몇 번이고 끓여주었고, 아이들을 데리고 공원에 가주었으며, 글과 그림을 비판적으로 봐주었다. 내가 남편에게 느끼는 고마움은 스피룰라의 속껍데기가 안쪽으로 파열될 수심만큼이나 깊다. 어쩌면 그보다 더 깊을지도 모른다.

옮기고 나서

꽤 친하게 지냈던 사람 중에 철학 덕후라 할 만한 형이 있다. 어릴 때부터 '철학'이라는 말만 들어도 심쿵할 정도였다고. 그래서 한국에서 동양 철학을 전공했고 나중에 미국에서 유학하기도 했다. 동양 철학과 서양 철학을 접목하고 싶었다나. 어쩌다 내가 철학 용어 같은 걸 물어보면 언제나 형은 눈을 반짝이며 신나게 설명해주었다. 형의 그런 열정이 나에게는 익숙한 것이었지만, 누군가에게는 살짝 부담스럽기도 했던 것 같다. 형도 그런 걸 자각하고 있었고. 자기가 가장 무서워하는 말이 "아, 몰라 몰라 몰라. 그게 뭐가 중요해?"라는 말이라고 했으니까. 철학에 대해 열나게 설명해줬는데 상대방이 "아, 몰라 몰라 몰라. 그게 뭐가 중요해?"라고 하면 솔직히 더이상 할 말이 없다고. '뭐, 그렇지. 이게 당신한테는 하나도 안 중요할 수도 있지' 하는 생각에.

원래 중요한 것, 절대적으로 중요한 것, 누구에게나 중요한 것은 아마 없을 것이다. 어떤 목적, 습관, 취향, 관습 등등 때문에 내가 중요시하는 것, 당신이 중요시하는 것, 다수가 중요시하는 것, 소수가 중요시하는 것 등등이 있을 뿐.

그리고 '중요'는 '필요', '당위'와도 꽤 비슷한 말이다. 경우에 따라서는 동의어로 봐도 되는 것 같다. 예전에 번역 공부할 때 동료의 번역문을 읽어보다가 "It's important that~"을 "~이 중요하다"로 옮기지 않고 "~해야 한다"로 옮겨놓은 것을 발견하고 놀란 적이 있다. 처음에는 저렇게 번역하면 의미가 좀 왜곡되지 않나 했지만, 맥락을 염두에 두고 곰곰이 생각해보니 그게 오히려 나은 번역 같았다. 이를테면 경우에 따라서는 "잠을 잘 자는 게 중요하다", "숙면이 필요하다"라고 말하는 것보다 그냥 "잠을 잘 자야 한다"라고 말하는 게 훨씬 나을 수 있다는 말씀.

그렇다면 원래 중요한 것, 절대적으로 중요한 것, 누구에게나 중요한 것이 없다는 말은 결국 꼭 필요한 것, 반드시 해야만 하는 일 따위가 없다는 뜻이기도 할 것이다. 내가/당신이/다수가/소수가 어떤 목적을 염두에 두고 봤을 때 꼭 필요할 듯싶은 것, 반드시 해야만 할 듯싶은 일 따위가 있을 뿐.

이 책을 쓴 대나 스타프는 두족류 덕후라 할 만하다. 어릴 때 가족여행 중에 수족관에서 대왕문어를 본 일이 계기가 되었던 모양이다. 아마 그 무렵부터 '두족류'라는 말만 들어도 가슴이 철렁 내려앉으며 설레지 않았을까 싶다. 그래서 두족류에 관한 정보를 섭렵하며 자라 무척추동물학 박사 학위를 받기에 이르렀고, 그간 고대 두족류를 제대로 소개해주는 과학서가 거의 없어 느껴왔던 아쉬움을 직접 그런 책을 써버리는 일로 승화시키기도 한 듯하다.

당연하게도 이 책에는 지은이의 그런 열정이 한가득 담겨 있다. 지은이가 몸소 습득한 정보, 전문 학술지에나 나오던 정보, 수년에 걸쳐 동료 연구자들과 소통하며 얻은 정보 등등이 빼곡히 소개되어 있다. 특히 동료 연구자들과 인터뷰한 내용은 여느 두족류 관련서에서 접하기 힘들었던 생생하고 귀한 이야기일 것이다.

열정이 그토록 뜨거우면 누군가에게는 부담스럽게 느껴질 법도 하지만, 적어도 나는 그런 느낌을 별로 받지 못했다. 내가 딱히 두족류에 관심이 많은 사람이 아닌데도. 오히려 지은이의 열정이 나에게도 전염된다는 느낌이 살짝살짝이나마 들었으면 들었지. 아무래도 지은이의 탁월한 과학 소통 능력, 독자에 대한 깊은 배려심, 적절한 유머 감각 덕분이 아닌가 싶다.

하지만 그런 열정이 궁극적으로 어디서 오는지는 잘 모르겠다. 한 단계 정도는 짐작이 간다. 위에서 중요와 필요, 당위 같은 관념에는 특정 목적을 염두에 둔 개인이나 집단의 주관이 반영되게 마련이라고 얘기했는데, 목적이라는 건 각자가 자신의 욕구를 충족하려고 스스로 선택하는 것 아닌가.

그럼 '~이 중요해', '~가 필요해', '~을 해야 해'라는 생각은 결국 욕구에서 비롯하는 셈 아닌가. 생각의 사다리를 타고 거슬러 올라가 보면 결국 '~을 하고 싶어', '~가 되고 싶어' 같은 욕구를 만나게 될 테니까. 그런데 그와 같은 욕구 자체는 어째서 생겨날까?

생물학을 전공한 사람답게 '그런 것도 따지고 보면 다 이기적 유전자 때문이야'라고 결론지어버릴 수도 있겠지만, 이제 와서 보면 그런 식의 환원주의는 사실 여부를 떠나 세상을 무미건조하고 재미없고 허무해 보이게 만드는 듯하다. 그냥 신비로운 영역이 있음을 인정하고 잘 모르겠는 걸 모르는 상태로 내버려 두는 게 오히려 나은 것 같다.

'잘 모르겠으면 친절하게 굴기라도 하라'는 말이 있던데, 그런 말이 환원주의보다 훨씬 실용적이고 마음에 와 닿는다. 친절하게 굴면 적어도 후회는 안 남지 않을까? 그래서 나는 어떤 분야에 지은이만큼 오래도록 깊이 열정을 쏟아본 적이 없어서인지 '뭘 저렇게까지 열심히?' 하는 삐딱한 의문이 간간이 일어나긴 했지만, 질투 어린 냉소적 태도로 초를 치기보다는 신비로운 어딘가에서 비롯했을 지은이의 경이로운 열정이 독자에게 고스란히 전달되길 바라는 마음으로 번역에 임했다. 아무쪼록 이 책의 번역본이 두족류의 진화에 관심 있는 독자들에게 재미있고 유익한 읽을거리가 되었으면 좋겠다.

희소하고 독특한 책의 번역을 온갖 우여곡절에도 불구하고 나에게 맡겨 준 뿌리와이파리에 깊이 감사한다. 부족한 점이 많았을 텐데도 번역 원고를 좋게 봐주셔서 힘이 났다. 오파비니아 시리즈 목록의 한구석에 번역자로서 이름을 올리게 된 것도 뿌듯하다.

2023년 11월
박유진

후주

머리말: 왜 하필 오징어인가?

1 Jacques-Yves Cousteau and Philippe Diole, *Octopus and Squid: The Soft Intelligence* (Doubleday, 1973).

2 다음은 2010년대에 나온 훌륭한 두족류 책들 중 일부다. 나는 어릴 때 이런 책을 보면서 군 침을 흘리곤 했다. 솔직히 말하면 성인이 된 지금도 조금 흘리긴 한다.

Roland C. Anderson, Jennifer A. Mather, and James B. Wood, *Octopus: The Ocean's Intelligent Invertebrate* (Timber Press, 2010).

Katherine Harmon Courage, *Octopus! The Most Mysterious Creature in the Sea* (Current, 2013).

Sy Montgomery, *The Soul of an Octopus: A Surprising Exploration into the Wonder of Consciousness* (Atria Books, 2015).

Wendy Williams, *Kraken: The Curious, Exciting, and Slightly Disturbing Science of Squid* (Harry N. Abrams, 2011).

3 Jack Prelutsky and Arnold Lobel, *Tyrannosaurus Was a Beast* (Scholastic, 1988).

4 John H. Ostrom, "Osteology of *Deinonychus antirrhopus*, an Unusual Theropod from the Lower Cretaceous of Montana," *Bulletin of the Peabody Museum of Natural History* 30 (1969). 1-165.

5 Robert T. Bakker, "Dinosaur Renaissance," *Scientific American* 232, no. 4 (1975): 58-78.

제1장 머리에 다리 달린 동물들의 세계

1 P. G. Rodhouse, T. R. Arnbom, M. A. Fedack, et al., "Cephalopod Prey of the Southern Elephant Seal, *Mirounga leonina* L.," *Canadian Journal of Zoology* 70

(1992): 1007-1015.

2 I. L. Boyd, T. A. Arnbom, and M. A. Fedak, "Biomass and Energy Consumption of the South Georgia Population of Southern Elephant Seals," in *Elephant Seals: Population Ecology, Behaviour and Physiology*, ed. B. J. LeBoef and R. M. Laws (University of California Press, 1994), 98-117. 사우스조지아섬은 남대서양에 있는 섬이다. 남아메리카 남단에서는 혼곶이 촉수처럼 뻗어 있고, 남극 대륙에서는 남극반도가 마찬가지로 촉수처럼 뻗어 나와 있는데, 두 촉수 모양이 함께 가리키는 곳이 바로 사우스조지아섬이다. 혹시 궁금해하는 사람이 있을까 봐 첨언하면, 코끼리물범의 위세척은 미리 마취를 해놓은 상태에서 진행되었다.

3 Food and Agriculture Organization of the United Nations, *FAO Yearbook: Fishery and Aquaculture Statistics* (FAO, 2014).

4 Peter Boyle and Paul Rodhouse, *Cephalopods: Ecology and Fisheries* (Blackwell Science, 2005).

5 '모든' 오징어가 옹골진 근육질인 것은 아니다. 젤리 같은 유리오징어는 몸의 대부분이 수분인데 암모니아 함량도 많아서 맛이 더욱더 별로다. 그래도 다양한 해양 포식자들이 유리오징어를 잡아먹으려 하지만, 인간은 그럴 생각이 없다.

6 A. L. Hodgkin and A. F. Huxley, "Action Potentials Recorded from Inside a Nerve Fibre," *Nature* 144, no. 3651 (1939): 710-711.

7 Henk-Jan T. Hoving and B. H. Robison, "Deep-Sea in Situ Observations of Gonatid Squid and Their Prey Reveal High Occurrence of Cannibalism," *Deep Sea Research Part I: Oceanographic Research Papers* 116 (2016): 94-98.

8 'octopus'의 복수형을 정확히 쓰려는 열정은 정말 주목할 만하다. 두족류에 갓 빠져들었을 때 나는 'octopi'란 복수형을 쓰는 것에 강력히 반대하는 입장이었다. 내가 언어 규범을 많이 따지는 편이어서 그랬던 것도 있었다. 그런 성향은 나이가 들면서 좀 누그러졌다. 다음은 'octopus'의 어원 역사에 대해 가장 잘 설명해주는 글인 듯하다. http://www.heracliteanriver.com/?p=240 (2016년 10월 22일에 접속) http://www.grammarphobia.com/

blog/2014/02/octopus.html (2016년 10월 22일에 접속).

9 Lawrence Edmonds Griffin, *The Anatomy of Nautilus pompilius*, vol. 5 (Johns Hopkins Press, 1903).

10 Shuichi Shigeno, Sasaki Takenori, and S. von Boletzky, "The Origins of Cephalopod Body Plans: A Geometrical and Developmental Basis for the Evolution of Vertebrate-Like Organ Systems," *Cephalopods: Present and Past* 1 (2010): 23-34.

11 Roger T. Hanlon and John B. Messenger, *Cephalopod Behaviour* (Cambridge University Press, 1998). 이 얇은 책은 엄밀히 말하면 교과서이지만 정말 이해하기 쉽고 흥미진진하다. 최신판은 2017년 12월에 나온다. 그러므로 당신이 이 글을 읽고 있을 무렵에는 아마 서점과 도서관에 구비되어 있을 것이고, 나도 한 권을 구해 탐독하고 있을 것이다.

12 Helen Nilsson Sköld, Sara Aspengren, and Margareta Wallin, "Rapid Color Change in Fish and Amphibians: Function, Regulation, and Emerging Applications," *Pigment Cell & Melanoma Research* 26, no. 1 (2013): 29-38.

13 Hannah Rosen, William Gilly, Lauren Bell, et al., "Chromogenic Behaviors of the Humboldt Squid (*Dosidicus gigas*) Studied in Situ with an Animal-Borne Video Package," *Journal of Experimental Biology* 218, no. 2 (2015): 265-275.

14 암몬Ammon의 뿔은 진짜 양에게서 얻은 것이 아니라 외국 신들이 융합되면서 생긴 것이다. 이집트인들은 쿠시 왕국을 정복했을 때 양의 머리를 한 주신을 접하고서 그 생김새를 아문Amun이란 신에 적용했다. 그리스인들은 나중에 그 신을 이집트의 다른 여러 지적 재산과 함께 받아들이면서 철자를 잘못 썼다.

15 Tingting Yu, Richard Kelly, Lin Mu, Andrew Ross, Jim Kennedy, Pierre Broly, Fangyuan Xia, Haichun Zhang, Bo Wang, and David Dilcher. "An ammonite trapped in Burmese amber." *Proceedings of the National Academy of Sciences* 116, no. 23 (2019): 11345-11350.

16 닐 멩크스가 2016년 5월 4일에 저자에게 보낸 이메일.

17 Neale Monks and Philip Palmer, *Ammonites* (Smithsonian Institution Press, 2002).

18 Ibid., 6.

19 Neale Monks, "Ammonite Wars," *Deposits Magazine*, February 2, 2016, https://depositsmag.com/2016/02/25/ammonite-wars/ (2017년 1월 28일에 접속).

20 Neil Shubin, *Your Inner Fish* (Pantheon, 2008). 이 책은 훌륭한 이보디보 입문서일 뿐 아니라 우리 자신의 해부학적 구조와 관련된 진화 메커니즘을 잘 설명해주는 책이기도 하다. 무엇보다 좋았던 것은 내가 이 책을 읽고 마침내 딸꾹질을 이해하게 되었다는 점이다. [국내에서는 『내 안의 물고기』(김영사, 2009)로 번역 출간됨.]

21 여기, 판구조론과 대륙이동설의 굴곡진 역사가 간결하고 훌륭하게 설명되어 있다. University of California, Berkeley's biography of Alfred Wegener: http://www.ucmp.berkeley.edu/history/wegener.html (2017년 1월 28일 접속).

22 David J. Bottjer, "Paleogenomics and Plate Tectonics: Revolutions in the Earth and Biological Sciences," Paper presented at the GSA Annual Meeting, Denver, December 25-28, 2016.

23 Eric T. Domyan, Zev Kronenberg, Carlos R. Infante, et al., "Molecular Shifts in Limb Identity Underlie Development of Feathered Feet in Two Domestic Avian Species," *eLife* 5 (2016): e12115.

24 페그 야코부치와 2016년 4월 1일에 했던 전화 인터뷰.

25 David M. Raup and J. John Sepkoski, Jr., "Mass Extinctions in the Marine Fossil Record," *Science* 215, no. 4539 (1982): 1501-1503. 이 논문은 생물 역사상의 이른바 '5대' 대량 멸종 사건을 식별한 글이다. 라우프와 셉코스키가 그런 멸종 사건들을 식별할 때 근거로 삼은 것은 셉코스키가 두족류를 비롯한 해양 생물의 화석에서 발견했던 패턴이었다.

제2장 제국의 발흥

1 Caroline B. Albertin, Oleg Simakov, Therese Mitros, et al., "The Octopus Genome and the Evolution of Cephalopod Neural and Morphological Novelties," *Nature* 524, no. 7564 (2015): 220-224.

2 Norman Bertram Marshall, *Explorations in the Life of Fishes*, Harvard Books in Biology, no. 7 (Harvard University Press, 1971).

3 에릭 에드싱어곤잘러스와 2016년 10월 5일에 했던 스카이프 인터뷰.

4 Allen P. Nutman, Vickie C. Bennett, Clark R. L. Friend, et al., "Rapid Emergence of Life Shown by Discovery of 3,700-Million-Year-Old Microbial Structures," *Nature* 537, no. 7621 (2016): 535-538. 2016년에 이 연구 결과가 발표되기 전까지 가장 오래됐다고 알려진 화석의 나이는 34억 년에 불과했다. 이 37억 년 된 화석이 발견된 이유는 '다름 아니라' 그린란드에서 얼음이 많이 녹아 그 화석이 드러났기 때문이다.

5 Peter Ward and Joe Kirschvink, *A New History of Life: The Radical New Discoveries about the Origins and Evolution of Life on Earth* (Bloomsbury, 2015). 원생 분자나 실제 세포가 외계에서 지구로 유입되었다는 가설은 '범종설/배종발달설/포자범재설panspermia'이라 불리는데, 이 책에 재미있게 상세히 설명되어 있다. 출간 후 훨씬 많은 증거가 혜성 탐사선 로제타가 발견한 복합 유기 분자의 형태로 나타났다. 또 이 책에는 해면동물의 출현과 진화에 대한 흥미진진한 이야기도 담겨 있다.

6 Mikhail A. Fedonkin and Benjamin M. Waggoner, "The Late Precambrian Fossil *Kimberella* Is a Mollusc-Like Bilaterian Organism," *Nature* 388, no. 6645 (1997): 868-871.

7 Douglas Erwin and James Valentine, *The Cambrian Explosion* (W. H. Freeman, 2013).

8 Douglas H. Erwin, Marc Laflamme, Sarah M. Tweedt, et al., "The Cambrian Conundrum: Early Divergence and Later Ecological Success in the Early History of Animals," *Science* 334, no. 6059 (2011): 1091-1097.

9 Mark A. S. McMenamin, "The Garden of Ediacara," *Palaios* (1986): 178-182.

10 하지만 가장 넓은 의미에서 포식 활동은 거의 언제나 있어왔다. 세포들은 처음 출현했을 때부터 서로서로 잡아먹으려고 했을 것이다.

11 Hong Hua, Brian R. Pratt, and Lu-Yi Zhang, "Borings in Cloudina Shells: Com-

plex Predator – Prey Dynamics in the Terminal Neoproterozoic," *Palaios* 18, no. 4-5 (2003): 454-459.

12 물론 논밭에 있는 진짜 달팽이도 외껍데기를 지고 다닌다. 그래서 달팽이도 때때로 단판류 univalve라고 불려왔다. 'univalve'는 '외껍데기'를 뜻하는 라틴어에서 유래한 말이다. 하지만 달팽이가 속하는 동물군을 가리키는 데 일반적으로 쓰이는 과학 용어는 '복족류gastropod'다. 'gastropod'는 그리스어가 어원인데, '배 아래에 다리가 있는' 해부학적 구조를 나타낸다.

13 Winston F. Ponder and David R. Lindberg (eds.), *Phylogeny and Evolution of the Mollusca* (University of California Press, 2008). 이 책에 듬뿍 담긴 유용한 정보 중 하나는 오스트리아의 연체동물학자 게르하르트 하스프루나르Gerhard Haszprunar가 단판류 '열풍'에 대해 했던 이야기다. 나는 2008년 서부 박물학회Western Society of Naturalists 모임의 하이쿠 경연 대회에서 이 책을 상품으로 받았다. 그 모임은 진지한 학술회의이지만 하이쿠 경연 대회를 열기도 한다. 내 수상작은 다음과 같다. "점액 · 섬모란 / 과거에서 부상한 / 오징어 패왕."

14 Björn Kröger, "Comments on Ebel's Benthic–Crawler Hypothesis for Ammonoids and Extinct Nautiloids," *Paläontologische Zeitschrift* 75, no. 1 (2001): 123-125.

15 신기하게도 연실세관의 정확한 위치는 계통별로 다르다. 암모나이트류와 초형류의 연실세관은 방의 바깥쪽 가장자리를 따라 이어져 있지만, 앵무조개류의 연실세관은 방 한가운데를 관통하며 이어져 있다. 왜냐고? 아무도 모른다.

16 M. J. Wells and R. K. O'Dor, "Jet Propulsion and the Evolution of the Cephalopods," *Bulletin of Marine Science* 49, no. 1-2 (1991): 419-432.

17 마틴 R. 스미스와 2016년 5월 11일에 했던 스카이프 인터뷰.

18 Martin R. Smith and Jean–Bernard Caron, "Primitive Soft–Bodied Cephalopods from the Cambrian," *Nature* 465, no. 7297 (2010): 469-472.

19 Dawid Mazurek and Michał Zatoń, "Is *Nectocaris pteryx* a Cephalopod?" *Lethaia* 44, no. 1 (2011): 2-4.

20 B. Runnegar, "Once Again: Is *Nectocaris pteryx* a Stem Group Cephalopod?" *Lethaia*, 44, no. 4 (2011): 373.

21 Björn Kröger, Jakob Vinther, and Dirk Fuchs, "Cephalopod Origin and Evolution: A Congruent Picture Emerging from Fossils, Development and Molecules," *Bioessays* 33, no. 8 (2011): 602-613. 이 논문은 구글 학술 검색에 따르면 지금까지 110번 인용되었다. 그렇다면 이 논문을 인용하는 논문이 다달이 한두 편씩 나오는 셈이다. 그 정도면 꽤 자주 인용되는 편이다!

22 Peter Douglas Ward, *In Search of Nautilus: Three Centuries of Scientific Adventures in the Deep Pacific to Capture a Prehistoric Living Fossil* (Simon & Schuster, 1988).

23 Neale Monks and Philip Palmer, *Ammonites* (Smithsonian Institution Press, 2002), 55.

24 Neale Monks, "A Broad Brush History of the Cephalopoda," *The Cephalopod Page*, http://www.thecephalopodpage.org/evolution.php (2017년 1월 20일에 접속).

25 삼엽충은 오르도비스기에 부유생물 및 유영생물의 형태로도 진화했다. 두족류 말고도 물속에서 자유롭게 돌아다닌 무척추동물이 있었던 것이다. 영국의 저명한 삼엽충 전문가 리처드 포티Richard Fortey는 심지어 '오르도비스기 바닷속에서 빠르게 헤엄친 유선형 삼엽충'도 발견했다. 두족류 포식자들이 그 작고 바삭바삭한 먹잇감의 헤엄 속도가 빨라지도록 진화적 압력을 가한 것이 아닐까 싶다. 삼엽충에 관심 있는 사람들에게는 다음 책을 강력히 추천한다. 『삼엽충: 고생대 3억 년을 누빈 진화의 산증인Trilobite! Eyewitness to Evolution』(뿌리와이파리, 2007).

26 Christian Klug, Kenneth De Baets, Björn Kröger, et al., "Normal Giants? Temporal and Latitudinal Shifts of Palaeozoic Marine Invertebrate Gigantism and Global Change," *Lethaia* 48, no. 2 (2015): 267-288.

27 디터 콘과 2016년 1월 29일에 했던 스카이프 인터뷰.

28 크리스티안 클루그와 2016년 1월 15일에 했던 전화 인터뷰.

29 Sarah E. Gabbott, "Orthoconic Cephalopods and Associated Fauna from the Late

Ordovician Soom Shale Lagerstatte, South Africa," *Palaeontology* 42, no. 1 (1999):
123-148.

30 껍데기의 뿔 모양을 가리키는 'ceras'가 또 들어가 있다. 내가 『오징어 제국』에서 'sphoo'의
의미를 찾지 못했다고 투덜거렸더니, 고전학 교수 다이애나 라이언Dianna Rhyan이 내게
메일을 보내 다음과 같이 알려주었다. "'spho'라는 어근은 '둘' 혹은 '둘 다'와 관련된 대명
사 내지 소유형용사 어근입니다.… 이게 해당 화석과 얼마나 관련이 있을지는 당신이 판단
하도록 남겨두겠습니다." 정말 관련이 많다. 고생물학자들은 스포케라스에 대한 가설을 세
울 때 두 종류의 화석에 근거했으니까. 하나는 살아 있던 개체의 절단형 껍데기 화석이고,
나머지 하나는 그런 개체가 버린 탈락성 부위의 화석이다. (이메일을 받은 날짜는 2019년
8월 29일이다.)

31 J. Barrande, "Troncature normale ou périodique de la coquille dans certains céph-
alopodes paléozoiques," *Bulletin de la Societe Geologique de France*, séries 2, 17
(1860): 573-601.

32 J. Dzik, "Phylogeny of the Nautiloidea," *Palaeontologia Polonica* 45 (1984): 1-255.

33 Vojtěch Turek and Štěpán Manda, "'An Endocochleate Experiment' in the Siluran
Straight-Shelled Cephalopod *Sphooceras*," *Bulletin of Geosciences* 87, no. 4 (2012):
767-813. 예지 지크를 포함해 아무도 투레크와 만다의 활자화된 가설을 논박하지 않았다.
오히려 몇몇 문헌에서는 그 가설이 유효한 증거로 뒷받침된다고 보았다. 그런데 내가 지
크에게 어떻게 생각하는지 물었더니, 그는 연체동물 껍데기에 보통 나무의 나이테 같은 생
장선이 있다는 점을 언급했다. 지크가 보기에 스포케라스 껍데기 뚜껑의 무늬는 개체의 연
질부가 나중에 덧붙인 모양이라기보다 그런 생장선과 닮았다. 지크는 이메일에 이렇게 썼
다. "얄궂게도 투레크와 만다가 관찰한 색 패턴은 스포케라스의 큼직한 끝부분이 태각胎殼,
protoconch[연체동물 껍데기에서 가장 일찍 배아기에 만들어지는 부분]에 해당한다는 가
설을 뒷받침하는 증거로 쓰일 수도 있어요! 저는 이게 사실이라고 주장하고 있는 것이 아닙
니다. 하지만 새로운 증거는 사실상 쟁점을 명확히 하기는커녕 흐리고 있습니다."(2016년
2월 9일에 저자에게 보낸 이메일)

34 예지 지크가 2016년 2월 9일에 저자에게 보낸 이메일.

제3장 헤엄 혁명

1 Christian Klug, Bjoern Kroeger, Wolfgang Kiessling, et al., "The Devonian Nekton Revolution," *Lethaia* 43, no. 4 (2010): 465-477.

2 크리스티안 클루그와 2016년 1월 15일에 했던 전화 인터뷰.

3 Christian Klug, Linda Frey, Dieter Korn, et al., "The Oldest Gondwanan Cephalopod Mandibles (Hangenberg Black Shale, Late Devonian) and the Mid Palaeozoic Rise of Jaws," *Palaeontology* 59, no. 5 (2016): 611-629.

4 클루그와 2016년 1월 15일에 했던 전화 인터뷰.

5 야코프 빈터와 2016년 3월 15일에 했던 스카이프 인터뷰.

6 디터 콘과 2016년 1월 29일에 했던 스카이프 인터뷰.

7 Neil H. Landman, William A. Cobban, and Neal L. Larson, "Mode of Life and Habitat of Scaphitid Ammonites," *Geobios* 45, no. 1 (2012): 87-98.

8 Mark Norman, *Cephalopods: A World Guide* (ConchBooks, 2000). 이 안내서에는 아주 멋진 사진이 한가득 들어 있고, 두족류의 무척 재미있는 교미 이야기도 대부분 들어 있다. '알 낳는 앵무조개', '호주참갑오징어 산란장', '이성으로 변장하는 갑오징어'(비열한 수컷), '정자 전쟁', '사랑과 죽음의 밤'(알을 많이 낳은 후 죽는 오징어 이야기), '대왕오징어 섹스', '알 품기와 알 낳기', '기묘한 섹스'(조개낙지 등의 교미).

9 Steve Etches, Jane Clarke, and John Callomon, "Ammonite Eggs and Ammonitellae from the Kimmeridge Clay Formation (Upper Jurassic) of Dorset, England," *Lethaia* 42, no. 2 (2009): 204-217.

10 Royal H. Mapes and Alexander Nuetzel, "Late Palaeozoic Mollusc Reproduction: Cephalopod Egg—Laying Behavior and Gastropod Larval Palaeobiology," *Lethaia* 42, no. 3 (2009): 341-356.

11 Aleksandr A. Mironenko and Mikhail A. Rogov, "First Direct Evidence of Am-

monoid Ovoviviparity," *Lethaia* (2015): 245-260.

12 페그 야코부치와 2016년 4월 1일에 했던 전화 인터뷰.

13 Kenneth De Baets, Christian Klug, Dieter Korn, and Neil H. Landman, "Early Evolutionary Trends in Ammonoid Embryonic Development," *Evolution* 66, no. 6 (2012): 1788-1806.

14 TONMO.com의 다음 게시판에는 '한밤중 수조 탈출' 이야기의 역사가 자세히 정리되어 있다. https://www.tonmo.com/threads/midnight-tank-escapes-fact-or-fiction.16560/ (2017년 1월 28일에 접속).

15 Brian Switek, *My Beloved Brontosaurus: On the Road with Old Bones, New Science, and Our Favorite Dinosaurs* (Macmillan, 2013).

16 Robert J. Diaz and Rutger Rosenberg, "Spreading Dead Zones and Consequences for Marine Ecosystems," *Science* 321, no. 5891 (2008): 926-929.

17 David Bond, Paul B. Wignall, and Grzegorz Racki, "Extent and Duration of Marine Anoxia During the Frasnian-Famennian (Late Devonian) Mass Extinction in Poland, Germany, Austria and France," *Geological Magazine* 141, no. 2 (2004): 173-193.

18 Robert Lemanis, Dieter Korn, Stefan Zachow, et al., "The Evolution and Development of Cephalopod Chambers and Their Shape," *PloS One* 11, no. 3 (2016): e0151404.

19 콘과 2016년 1월 29일에 했던 스카이프 인터뷰.

20 David P. G. Bond and Paul B. Wignall, "Large Igneous Provinces and Mass Extinctions: An Update," *Geological Society of America Special Papers* 505 (2014): SPE505-02.

21 매슈 클래펌과 2016년 3월 24일에 했던 인터뷰.

22 현재와 향후의 해양 산성화에 대한 과학 연구 결과를 더 자세히 알고 싶으면, 스미스소니언 박물관 해양관에서 관리하는 다음 웹사이트에 들어가 보라. http://ocean.si.edu/

ocean-acidification (2017년 1월 28일에 접속).

23 콘과 2016년 1월 29일에 했던 스카이프 인터뷰.

제4장 변화무쌍한 껍데기

1 R. Granot, "Palaeozoic Oceanic Crust Preserved Beneath the Eastern Mediterra-
nean," *Nature Geoscience* 9 (2016): 701-705. 애초에 지중해Mediterranean가 '지구의
중심'이란 뜻으로 명명된 것은 고대인들이 지리를 잘 몰랐기 때문이다. 하지만 그 이름은 지
중해가 지구에서 가장 오래된 바다로 꼽힌다는 매력적이고 독특한 특징을 반영하긴 한다.
지중해의 정확한 나이에 대해서는 아직도 의견이 엇갈린다. 아마도 예전의 테티스해가 지각
밑으로 들어가고 남은 모든 부분이 네오테티스Neo-Tethys해라는 비교적 새로운 (그래도
꽤 오래된!) 바다로 덮이고 나서 결국 지중해가 된 듯하다.

2 Brad A. Seibel, Fabienne Chausson, Francois H. Lallier, et al., "Vampire Blood:
Respiratory Physiology of the Vampire Squid (Cephalopoda: Vampyromorpha)
in Relation to the Oxygen Minimum Layer," *Experimental Biology Online* 4, no. 1
(1999): 1-10; Brad A. Seibel, N. Sören Häfker, Katja Trübenbach, et al., "Metabolic
Suppression During Protracted Exposure to Hypoxia in the Jumbo Squid, Dosidicus
gigas, Living in an Oxygen Minimum Zone," *Journal of Experimental Biology* 217,
no. 14 (2014): 2555-2568.

3 농도가 막 높아지기 시작한 산소를 고대 앵무조개류가 활용할 준비가 잘 돼 있었으리라는
가설은 다음 책에 나온다. Peter (BloomsWard and Joe Kirschvink, *A New History of
Life: The Radical New Discoveries about the Origins and Evolution of Life on Earth*
(Bloomsbury, 2015).

4 Tamaki Sato and Kazushige Tanabe, "Cretaceous Plesiosaurs Ate Ammonites," *Na-
ture* 394, no. 6694 (1998): 629-630; Judy A. Massare and Heather A. Young, "Gastric
Contents of an Ichthyosaur from the Sundance Formation (Jurassic) of Central Wyo-
ming," *Paludicola* 5, no. 1 (2005): 20-27.

5 Erle G. Kauffman, "Mosasaur Predation on Upper Cretaceous Nautiloids and Ammonites from the United States Pacific Coast," *Palaios* 19 (2004): 96-100.

6 케네스 더바츠와 2015년 7월 24일에 했던 스카이프 인터뷰.

7 Geerat J. Vermeij, "The Mesozoic Marine Revolution: Evidence from Snails, Predators and Grazers," *Paleobiology* 3, no. 3 (1977): 245-258.

8 페그 야코부치와 2016년 4월 1일에 했던 전화 인터뷰.

9 야코부치는 다음 논문에서 이 주제에 대해 더 자세히 이야기한다. Margaret M. Yacobucci, "Plasticity of Developmental Timing as the Underlying Cause of High Speciation Rates in Ammonoids," in *Advancing Research on Living and Fossil Cephalopods*, ed. Federico Olóriz and Francisco J. Rodríguez−Tovar (Springer, 1999), 59-76.

10 Margaret M. Yacobucci, "An Example from the Cenomanian Western Interior Seaway," In *Advancing Research on Living and Fossil Cephalopods: Development and Evolution Form, Construction, and Function Taphonomy, Palaeoecology, Palaeobiogeography, Biostratigraphy, and Basin Analysis*, ed. Federico Olóriz and Francisco J. Rodríguez−Tovar (Springer, 2013), 59.

11 캐슬린 리터부시와 2015년 8월 28일에 했던 스카이프 인터뷰.

12 Larisa A. Doguzhaeva and Harry Mutvei, "The Additional External Shell Layers Indicative of 'Endocochleate Experiments' in Some Ammonoids," in *Ammonoid Paleobiology: From Anatomy to Ecology*, ed. Christian Klug, Dieter Korn, Kenneth De Baets, et al. (Springer, 2015), 585-609. 이 논문에서는 스포케라스에 대한 투레크와 만다의 가설을 받아들이고, 그에 입각해 후기 암모나이트류에서도 비슷한 시도가 있었을 가능성을 검토한다.

13 야코부치와 2016년 4월 1일에 했던 전화 인터뷰.

14 Kathleen A. Ritterbush and David J. Bottjer, "Westermann Morphospace Displays Ammonoid Shell Shape and Hypothetical Paleoecology," *Paleobiology* 38, no. 3 (2012): 424-446.

15 K. A. Ritterbush, R. Hoffmann, A. Lukeneder, and K. De Baets, "Pelagic Palaeo-ecology: The Importance of Recent Constraints on Ammonoid Palaeobiology and Life History," *Journal of Zoology* 292, no. 4 (2014): 229-241.

16 Neale Monks and Philip Palmer, *Ammonites* (Smithsonian Institution Press, 2002), 93.

17 Neil H. Landman, J. Kirk Cochran, Neal L. Larson, et al., "Methane Seeps as Ammonite Habitats in the US Western Interior Seaway Revealed by Isotopic Analyses of Well−Preserved Shell Material," *Geology* 40, no. 6 (2012): 507-510.

18 Jocelyn Anne Sessa, Ekaterina Larina, Katja Knoll, et al., "Ammonite Habitat Revealed via Isotopic Composition and Comparisons with Co−occurring Benthic and Planktonic Organisms," *Proceedings of the National Academy of Sciences* 112, no. 51 (2015): 15562-15567.

19 Neale Monks and Jeremy R. Young, "Body Position and the Functional Morphology of Cretaceous Heteromorph Ammonites," *Palaeontologia Electronica* 1, no. 1 (1998): 15.

20 Alexander I. Arkhipkin, "Getting Hooked: The Role of a U−Shaped Body Chamber in the Shell of Adult Heteromorph Ammonites," *Journal of Molluscan Studies* (2014): eyu019.

21 알렉산드르 아르킵킨과 2016년 3월 14일에 했던 스카이프 인터뷰.

22 Neil H. Landman, Isabelle Kruta, John S. S. Denton, and J. Kirk Cochran, "Getting Unhooked: Comment on the Hypothesis That Heteromorph Ammonites Were Attached to Kelp Branches on the Sea Floor, as Proposed by Arkhipkin (2014)," *Journal of Molluscan Studies* 82, no. 2 (2016): 351-355.

23 Alexander I. Arkhipkin, "If Not Getting Hooked, Why Make One? Response to Landman et al.," *Journal of Molluscan Studies* (2016): eyv065.

24 Neil H. Landman, William A. Cobban, and Neal L. Larson, "Mode of Life and Habi-

tat of Scaphitid Ammonites," *Geobios* 45, no. 1 (2012): 87-98, at 93.

25 U. Lehmann, "Ammonite Jaw Apparatus and Soft Parts," *Ammonoidea: The Systematics Association Special* 18 (1981): 275-287.

26 Horacio Parent, Gerd E. G. Westermann, and John A. Chamberlain, "Ammonite Aptychi: Functions and Role in Propulsion," *Geobios* 47, no. 1 (2014): 45-55.

27 이자벨 크루타와 2016년 3월 31일에 했던 스카이프 인터뷰.

28 Isabelle Kruta, Neil Landman, Isabelle Rouget, et al., "The Role of Ammonites in the Mesozoic Marine Food Web Revealed by Jaw Preservation," *Science* 331, no. 6013 (2011): 70-72.

29 K. N. Nesis, "On the Feeding and Causes of Extinction of Certain Heteromorph Ammonites," *Paleontological Journal* (1986): 5-11.

30 야코프 빈터와 2016년 3월 15일에 했던 스카이프 인터뷰.

제5장 껍데기 에워싸기

1 A. Packard, "Operational Convergence Between Cephalopods and Fish: An Exercise in Functional Anatomy," *Archivio Zoologico Italiano* 51 (1966): 523-542.

2 P. Doyle and D. I. M. Macdonald, "Belemnite Battlefields," *Lethaia* 26 (1993): 65-80.

3 Mico Tatalovic, "Drawing with Ancient Ink," *Nature News*, August 19, 2009.

4 Quanguo Li, Ke-Qin Gao, Jakob Vinther, et al., "Plumage Color Patterns of an Extinct Dinosaur," *Science* 327, no. 5971 (2010): 1369-1372.

5 야코프 빈터와 2016년 3월 15일에 했던 스카이프 인터뷰.

6 Dirk Fuchs, Sigurd von Boletzky, and Helmut Tischlinger, "New Evidence of Functional Suckers in Belemnoid Coleoids (Cephalopoda) Weakens Support for the 'Neocoleoidea' Concept," *Journal of Molluscan Studies* 76, no. 4 (2010): 404-406.

7 여담이지만 일부 수컷 스카피테스는 껍데기 속에 갈고리 같은 구조물을 간직한 듯하다. 랜

드먼은 그 구조물을 교접완의 잔존물로 간주하며, 스카피테스가 교접완으로 정자를 전달할 때 그런 갈고리를 보조 수단으로 썼을 수도 있다고 보았다.

8 Feord, R. C., M. E. Sumner, S. Pusdekar, L. Kalra, P. T. Gonzalez-Bellido, and Trevor J. Wardill. "Cuttlefish use stereopsis to strike at prey." *Science Advances* 6, no. 2 (2020): eaay6036.

9 Alexandra C. N. Kingston, Alan M. Kuzirian, Roger T. Hanlon, and Thomas W. Cronin, "Visual Phototransduction Components in Cephalopod Chromatophores Suggest Dermal Photoreception," *Journal of Experimental Biology* 218, no. 10 (2015): 1596-1602.

10 Alexander L. Stubbs and Christopher W. Stubbs, "Spectral Discrimination in Color Blind Animals via Chromatic Aberration and Pupil Shape," *Proceedings of the National Academy of Sciences* 113, no. 29 (2016): 8206-8211.

11 Nadav Shashar, P. Rutledge, and T. Cronin, "Polarization Vision in Cuttlefish in a Concealed Communication Channel?" *Journal of Experimental Biology* 199, no. 9 (1996): 2077-2084.

12 Royal H. Mapes, Larisa A. Doguzhaeva, Harry Mutvei, et al., "The Oldest Known (Lower Carboniferous−Namurian) Protoconch of a Rostrum−Bearing Coleoid (Cephalopoda) from Arkansas, USA: Phylogenetic and Paleobiologic Implications," in "Proceedings of the 3rd International Symposium, 'Coleoid Cephalopods Through Time,' Dirk Fuchs (editor), Luxembourg October 8-11, 2008," *Travaux scientifiques du Musée national d'histoire naturelle Luxembourg* (2010): 114-125.

13 다음은 화석 두족류와 두족류 발생에 관한 네프의 대표적인 논문 두 편인데, 요즘도 참고 문헌 목록에 자주 오른다. *Die fossilen Tintenfische: Eine paläozoologische Monographie* (Fischer, 1922) and "Die Cephalopoden (Embryologie)," *Fauna Flora Golf Neapel* 35, no. 2 (1928): 1-357.

14 Christian Klug, Günter Schweigert, Dirk Fuchs, et al., "Adaptations to Squid−Style

High-Speed Swimming in Jurassic Belemnitids," *Biology Letters* 12, no. 1 (2016). http://rsbl .royalsocietypublishing .org/content/12/1/20150877 (2017년 1월 28일에 접속).

15 Ibid.

16 Ibid.

17 디르크 푹스와 2016년 1월 18일에 했던 스카이프 인터뷰.

18 Dominique Jenny, Dirk Fuchs, Alexander I. Arkhipkin, Rolf B. Hauff, Barbara Fritschi, and Christian Klug. "Predatory behaviour and taphonomy of a Jurassic belemnoid coleoid (Diplobelida, Cephalopoda)." *Scientific Reports* 9, no. 1 (2019): 7944.

19 Neale Monks and S. Wells, "A New Record of the Eocene Coleoid *Spirulirostra anomala* (Mollusca: Cephalopoda) and Its Relationships to Modern Spirula," *Tertiary Research* 19 (2000): 47-52

20 나는 대학원에서 같이 오징어를 연구했던 과학자들과 함께 'Squid4Kids'라는 프로그램을 시작하여 어린 학생들에게 오징어 남획에 대해 알려주었다. http://gillylab.stanford. edu/outreach.html (2017년 1월 28일에 접속).

21 Bruce Hopkins and S. V. Boletzky, "The Fine Morphology of the Shell Sac in the Squid Genus *Loligo* (Mollusca: Cephalopoda): Features of a Modified Conchiferan Program," *Veliger* 37 (1994): 344-357.

22 Dirk Fuchs and Iba Yasuhiro, "The Gladiuses in Coleoid Cephalopods: Homology, Parallelism, or Convergence?" *Swiss Journal of Palaeontology* 134, no. 2 (2015): 187-197, at 187.

23 Mark Sutton, Catalina Perales Raya, and Isabel Gilbert, "A Phylogeny of Fossil and Living Neocoleoid Cephalopods," *Cladistics* (2015): 1-11.

24 Brad A. Seibel, Erik V. Thuesen, and James J. Childress, "Flight of the Vampire: Ontogenetic Gait-Transition in *Vampyroteuthis infernalis* (Cephalopoda: Vampy-

romorpha)," *Journal of Experimental Biology* 201, no. 16 (1998): 2413-2424. 이 훌륭한 논문에서는 흡혈오징어 지느러미의 특이한 변형 과정을 자세히 설명해준다. 흡혈오징어는 어릴 때부터 한 쌍의 지느러미가 있지만, 자라는 과정에서 그와 모양이 다른 완전히 별개의 지느러미가 한 쌍 생긴다. 브래드 사이벨과 동료들은 흡혈오징어의 성장 과정에서 영법이 달라지기 때문에 그런 변화가 생긴다고 본다.

25 Dirk Fuchs, Christina Ifrim, and Wolfgang Stinnesbeck, "A New *Palaeoctopus* (Cephalopoda: Coeloidea) from the Late Cretaceous of Vallecillo, North-Eastern Mexico, and Implications for the Evolution of Octopoda," *Palaeontology* 51, no. 5 (2008): 1129-1139.

26 Romain Jattiot, Arnaud Brayard, Emmanuel Fara, and Sylvain Charbonnier, "Gladius-Bearing Coleoids from the Upper Cretaceous Lebanese Lagerstatten: Diversity, Morphology, and Phylogenetic Implications," *Journal of Paleontology* 89, no. 1 (2015): 148-167.

27 H. Woodward, "On a New Genus of Fossil 'Calamary' from the Cretaceous Formation of Sahel Alma, near Beirut, Lebanon, Syria," *Geological Magazine*, new series, 10 (1883): 1-5.

28 J. Roger, "Le plus ancien Céphalopode Octopode fossile connu: Palaeoctopus newboldi (Sowerby 1846) Woodward," *Bulletin mensuel de la Société linnéenne de Lyon* 13, no. 9 (1944): 114-118.

29 로이 노라가 2016년 10월 30일에 저자에게 보낸 이메일.

30 엑스포하켈의 웹사이트 주소는 다음과 같다. http://www.expohakel.com/.

31 Adrienne Mayor, *Fossil Legends of the First Americans* (Princeton University Press, 2007), 226-229.

32 Adrienne Mayor, "Fossils in Native American Lands: Whose Bones, Whose Story? Fossil Appropriations Past and Present," Paper presented at the History of Science Society annual meeting, November 1-2, 2007, Washington, DC.

33 Adrienne Mayor, *The First Fossil Hunters: Dinosaurs, Mammoths, and Myth in Greek and Roman Times* (Princeton University Press, 2011).

34 네팔의 루드라크샤Rudraksha라는 온라인 스토어에는 다음과 같은 문구가 있다. "진짜 신앙심이 있든 없든 간에 살리그람saligram[암모나이트 화석]을 앞에 놓고 진심을 담아 예배를 올리면, 분명 현상적 존재의 굴레에서 벗어나 자유로워질 것입니다. 살리그람을 향해 날마다 예배를 올리는 사람은 죽음에 대한 두려움에서 벗어나 생사의 강을 건너게 될 것입니다." http://www.rudrakshanepal.com/page-36-About_Saligram (2017년 1월 30일에 접속).

35 Michael G. Bassett, *Formed Stones, Folklore and Fossils*, Geological Series, no. 1 (National Museum of Wales, 1982).

36 Adrienne Mayor, "Dinosaurs with Native American Names," *Wonders & Marvels*, 2015. http://www.wondersandmarvels.com/2015/08/dinosaurs-with-native-american-names.html (2017년 1월 28일 접속).

제6장 제국의 몰락

1 L. W. Alvarez, W. Alvarez, F. Asaro, and H. V. Michel, "Extraterrestrial Cause for the Cretaceous-Tertiary Extinction," *Science* 208 (1980): 1095-1108. 바로 이 논문으로 월터 앨버레즈와 루이스 앨버레즈는 유성 충돌 때문에 공룡류(와 암모나이트류)가 멸종됐다는 가설을 제시해 논쟁을 일으켰다. 과학 저술가 앤 핑크바이너Ann Finkbeiner의 다음 글에는 논문 발표에 뒤따라 혼란과 혹평과 태세 전환이 이어졌던 상황이 잘 분석되어 있다. http://www.lastwordonnothing.com/2013/11/11/what-luis-alvarez-did/ (2017년 1월 28일).

2 Jost Wiedmann and Jürgen Kullman, "Crises in Ammonoid Evolution," in *Ammonoid Paleobiology*, ed. Neil H. Landman, Kazushige Tanabe, and Richard Arnold Davis (Springer, 1996), 795-813.

3 매슈 클래펌과 2016년 3월 24일에 했던 인터뷰.

4 Neil H. Landman, Stijn Goolaerts, John W. M. Jagt, et al., "Ammonites on the Brink of Extinction: Diversity, Abundance, and Ecology of the Order Ammonoidea at the Cretaceous/Paleogene (K/Pg) Boundary," in *Ammonoid Paleobiology: From Macroevolution to Paleogeography*, ed. Christian Klug, Dieter Korn, Kenneth De Baets, et al. (Springer, 2015), 497-553.

5 David P. G. Bond, "The Causes of Mass Extinctions: How Can We Better Understand How, Why and When Ecosystems Collapse?" Paper presented at the GSA Annual Meeting, Denver, September 25-28, 2016.

6 과학자들의 추산에 따르면, 시베리아와 인도의 범람 현무암 지대는 한때 면적이 훨씬 넓었었다. 인도에서는 약 150만 제곱킬로미터, 시베리아에서는 약 700만 제곱킬로미터에 이르렀었다.

7 "Did Dinosaur-Killing Asteroid Trigger Largest Lava Flows on Earth?" http://www.sciencenewsline.com/news/2015050109530049.html (2016년 11월 12일에 접속).

8 Peter Schulte, Laia Alegret, Ignacio Arenillas, et al., "The Chicxulub Asteroid Impact and Mass Extinction at the Cretaceous–Paleogene Boundary," *Science* 327, no. 5970 (2010): 1214-1218.

9 캐슬린 리터부시와 2015년 8월 28일에 했던 스카이프 인터뷰.

10 조슬린 세사와 2016년 1월 21일에 했던 스카이프 인터뷰.

11 Neil H. Landman, Stijn Goolaerts, John W. M. Jagt, et al., "Ammonite Extinction and Nautilid Survival at the End of the Cretaceous," *Geology* 42, no. 8 (2014): 707-710.

12 Ibid., 709.

13 Laia Alegret, Ellen Thomas, and Kyger C. Lohmann, "End-Cretaceous Marine Mass Extinction Not Caused by Productivity Collapse," *Proceedings of the National Academy of Sciences* 109, no. 3 (2012): 728-732.

14 Alexander I. Arkhipkin and Vladimir V. Laptikhovsky, "Impact of Ocean Acidifica-

tion on Plankton Larvae as a Cause of Mass Extinctions in Ammonites and Belemnites," *Neues Jahrbuch für Geologie und Paläontologie-Abhandlungen* 266, no. 1 (2012): 39-50.

15 페그 야코부치와 2016년 4월 1일에 했던 전화 인터뷰.

16 세사와 2016년 1월 21일에 했던 스카이프 인터뷰.

17 Adolf Naef, *Die fossilen Tintenfische: Eine paläozoologische Monographie* (Fischer, 1922).

18 Z. Lewy, "Octopods: Nude Ammonoids That Survived the Cretaceous – Tertiary Boundary Mass Extinction," *Geology* 24, no. 7 (1996): 627-630.

19 조개낙지의 명명 과정은 사실 그보다 훨씬 복잡하다. 처음에는 빈 껍데기에만 '*Argonauta*'라는 이름이 붙었다. 그리고 오랫동안, 가끔 껍데기 'argonaut' 속에서 발견된 낙지 'nautilus'는 소라게처럼 남의 껍데기를 빌려 쓰며 산다고 여겨져왔다.

20 Julian K. Finn and Mark D. Norman, "The Argonaut Shell: Gas—Mediated Buoyancy Control in a Pelagic Octopus," *Proceedings of the Royal Society of London B: Biological Sciences* (2010): rspb20100155.

21 Lewy, "Octopods: Nude Ammonoids."

22 Roger A. Hewitt and Gerd E. G. Westermann, "Recurrences of Hypotheses about Ammonites and Argonauta," *Journal of Paleontology* 77, no. 4 (2003): 792-795.

23 물론 이 가설을 검증하려면 껍데기가 실제로 얼마나 효율적인지 알아야 할 것이다. 그래서 리터부시는 암모나이트류 껍데기뿐 아니라 조개낙지 껍데기도 3D 프린터로 출력해왔다.

24 알렉산드르 아르킵킨과 2016년 3월 14일에 했던 스카이프 인터뷰.

25 Alexander I. Arkhipkin, Vyacheslav A. Bizikov, and Dirk Fuchs, "Vestigial Phragmocone in the Gladius Points to a Deepwater Origin of Squid (Mollusca: Cephalopoda)," *Deep Sea Research Part I: Oceanographic Research Papers* 61 (2012): 109-122.

26 아르킵킨과 2016년 3월 14일에 했던 스카이프 인터뷰.

27 Dirk Fuchs, Yasuhiro Iba, Christina Ifrim, et al., *Longibelus* gen. nov., a New Cretaceous Coleoid Genus Linking Belemnoidea and Early Decabrachia," *Palaeontology* 56, no. 5 (2013): 1081-1106.

제7장 재침략

1 Francesca A. McInerney and Scott L. Wing, "The Paleocene−Eocene Thermal Maximum: A Perturbation of Carbon Cycle, Climate, and Biosphere with Implications for the Future," *Annual Review of Earth and Planetary Sciences* 39 (2011): 489-516.

2 Henk Brinkhuis, Stefan Schouten, Margaret E. Collinson, et al., "Episodic Fresh Surface Waters in the Eocene Arctic Ocean," *Nature* 441, no. 7093 (2006): 606-609.

3 Ellen Thomas, "Descent into the Icehouse," *Geology* 36, no. 2 (2008): 191-192.

4 Andrew Packard, "Cephalopods and Fish: The Limits of Convergence," *Biological Reviews* 47, no. 2 (1972): 241-307.

5 J. A. Mather and R. C. Anderson, "What Behavior Can We Expect of Octopuses?" *The Cephalopod Page*, http://www.thecephalopodpage.org/behavior.php (2017년 1월 28일에 접속).

6 R. A. Byrne, U. Griebel, J. B. Wood, and J. A. Mather, "Squid Say It with Skin: A Graphic Model for Skin Displays in Caribbean Reef Squid (*Sepioteuthis sepioidea*)," in "Proceedings of the International Symposium 'Coleoid Cephalopods Through Time,' 17-19 September 2002," ed. K. Warnke, H. Keupp, and S. Boletzky, *Berliner paläobiologische Abhandlungen* 3 (2003): 29-35.

7 Neale Monks, "A Broad Brush History of the Cephalopoda," *The Cephalopod Page*, http://www.thecephalopodpage.org/evolution.php (2017년 1월 20일에 접속).

8 스미스소니언 국립 자연사 박물관 홈페이지에는 고래의 진화 과정을 아주 잘 보여주는 애니메이션이 있다. https://ocean.si.edu/ocean−videos/evolution−whales−animation (2017년 1월 28일에 접속).

9 Neale Monks, "Tertiary Cephalopods or Where Did All the Ammonites Go?" *Depos-*

its Magazine, November 8, 2016, 28-31.

10 David R. Lindberg and Nicholas D. Pyenson, "Things That Go Bump in the Night: Evolutionary Interactions Between Cephalopods and Cetaceans in the Tertiary," *Lethaia* 40, no. 4 (2007): 335-343.

11 디르크 푹스와 2016년 1월 18일에 했던 스카이프 인터뷰.

12 야코프 빈터와 2016년 3월 15일에 했던 스카이프 인터뷰.

13 Thomas Clements, Caitlin Colleary, Kenneth De Baets, and Jakob Vinther, "Buoyancy Mechanisms Limit Preservation of Coleoid Cephalopod Soft Tissues in Mesozoic *Lagerstätten*," *Palaeontology* 60, no. 1 (2017): 1-14.

14 암모니아는 처음에 암모니아염에서 분리되었는데, 암모니아염은 이집트의 암몬―암모나이트류라는 이름의 어원에 해당하는 양뿔 달린 신―신전 근처의 퇴적층에서 발견되었다. 그러므로 암모니아와 암모나이트류는 어원이 같다. 암모나이트류가 오징어처럼 암모니아를 조직 속에 품고 있었을 가능성도 있다.

15 과학 연구를 위해 6주간의 부패 실험을 견뎌낸 토머스 클레먼츠와 동료들에게 심심한 경의를 표하고 싶다. 그들은 '부력 메커니즘' 논문에서 다음과 같이 충실히 보고한다. "아홉째 날에는 문어 사체 주변의 물이 검게 변하면서 아주 불쾌한 냄새가 났다.… 문어 샘플이 들어 있는 병 속의 물은 부연 빨간색으로 변했고, 오징어 조직에서 나온 액체는 유백색으로 변했는데 그 액체 표면에는 두꺼운 노란색 거품층이 따로 형성되면서 독특하게도 역겹도록 달콤한 냄새를 풍겼다." 다시는 그들이 그런 '독특한' 실험으로 고통받는 일이 없길 바란다.

16 빈터와 2016년 3월 15일에 했던 스카이프 인터뷰.

17 빈터와 2016년 3월 15일에 했던 스카이프 인터뷰.

18 Robyn Crook and Jennifer Basil, "A Biphasic Memory Curve in the Chambered Nautilus, *Nautilus pompilius* L. (Cephalopoda: Nautiloidea)," *Journal of Experimental Biology* 211, no. 12 (2008): 1992-1998.

19 Peter Ward, Frederick Dooley, and Gregory Jeff Barord, "Nautilus: Biology, Sys-

tematics, and Paleobiology as Viewed from 2015," *Swiss Journal of Palaeontology* 135, no. 1 (2016): 169-185.

20 Claire Régnier, Guillaume Achaz, Amaury Lambert, et al., "Mass Extinction in Poorly Known Taxa," *Proceedings of the National Academy of Sciences* 112, no. 25 (2015): 7761-7766.

21 조슬린 세사와 2016년 1월 21일에 했던 스카이프 인터뷰.

22 Mariette Le Roux, "Scientists Warn of 'Deadly Trio' Risk to Ailing Oceans," October 3, 2013, https://phys.org/news/2013‒10‒scientists‒deadly‒trio‒ailing‒oceans. html (2017년 1월 28일에 접속).

제8장 지금은 어디에 있을까?

1 케네스 더바츠와 2015년 7월 24일에 했던 스카이프 인터뷰.

2 Helen Scales, *Spirals in Time: The Secret Life and Curious Afterlife of Seashells* (Bloomsbury Sigma, 2015).

3 'Tree Octopus' 홈페이지는 가장 오래된 웹사이트로 꼽힐 법한데, 정말 한번 볼 만하다. http://zapatopi.net/treeoctopus/ (2017년 1월 28일에 접속).

4 "Octopus Walks on Land at Fitzgerald Marine Reserve," 'tuantube'가 올린 이 영상은 조회 수가 700만을 넘었다. 붙임성 좋은 문어를 싫어하는 사람이 있을까? https://www. youtube.com/watch?v=FjQr3lRACPI (2017년 1월 28일에 접속).

5 나는 지구 표면의 몇 퍼센트가 민물로 덮여 있는지 계산하는 데 시간이 너무 오래 걸렸다. 내 출발점은 다음과 같은 사실이었다. 지구에 있는 모든 물의 0.01퍼센트가 지표에 있는 민물인데, 그중 87퍼센트는 호수에 있다. 위키피디아에서 호수들이 면적에 따라 나열된 목록을 보니, 표면적이 4000제곱킬로미터 이상인 호수는 38개였다. 그중 8개는 염수호인데, 카스피해도 거기 포함된다(카스피해가 호수로 간주된다는 사실을 알고 계셨는지? 나도 몰랐다!). 그렇다면 담수호는 30개가 남는데(의심스럽게 딱 떨어지는 수이긴 하지만 괜찮다). 이들의 면적을 합산하면 61만 6422제곱킬로미터가 된다. 그것이 지표 민물의 87퍼센트에 해

당한다면, 지표 민물의 100퍼센트는 그 수치를 0.87로 나눈 값인 70만 8531제곱킬로미터일 것이다. 하지만 앞서 말했듯 이들은 '가장 큰 축에 드는' 호수들에 불과하므로, 지표 민물의 87퍼센트가 아니라 80퍼센트만 차지한다고 보자. 그러면 지구 표면의 약 77만 제곱킬로미터가 담수로 덮여 있다는 계산 결과를 얻게 된다. 그 수치를 지구의 총면적(5억 1010만 제곱킬로미터)으로 나누면, 지구 표면의 0.15퍼센트가 담수로 덮여 있다는 결론이 나온다.

6 Clyde F. E. Roper and Elizabeth K. Shea, "Unanswered Questions about the Giant Squid *Architeuthis* (Architeuthidae) Illustrate Our Incomplete Knowledge of Coleoid Cephalopods," *American Malacological Bulletin* 31, no. 1 (2013): 109-122.

7 국립 진화 종합 센터National Evolutionary Synthesis Center의 과학 차장이자 〈심해 뉴스Deep Sea News〉의 편집장인 크레이그 매클레인Craig McClain은 다음 글에서 과장된 오징어 크기에 대해 유머러스하고 흥미진진하게 따져본다. "Whale Sharks and Giant Squids: Big or Bu!!$hit?" https://www.deepseanews.com/2013/02/whale-sharks-and-giant-squids-big-or-buhit (2017년 1월 28일에 접속).

8 Danna J. Staaf, William F. Gilly, and Mark W. Denny, "Aperture Effects in Squid Jet Propulsion," *Journal of Experimental Biology* 217, no. 9 (2014): 1588-1600. 이 논문의 초고 제목은 '가장 작은 오징어The Littlest Squid'였는데, 채택되지 못했다.

9 Norbert Cyran, Lisa Klinger, Robyn Scott, et al., *Characterization of the Adhesive Systems in Cephalopods* (Springer, 2010).

10 Julian K. Finn, Tom Tregenza, and Mark D. Norman, "Defensive Tool Use in a Coconut-Carrying Octopus," *Current Biology* 19, no. 23 (2009): R1069-R1070.

11 Christine L.Huffard, Farnis Boneka, and Robert J. Full, "Underwater Bipedal Locomotion by Octopuses in Disguise," *Science* 307, no. 5717 (2005): 1927-1927.

12 Hendrik J. T. Hoving and Bruce H. Robison, "Vampire Squid: Detritivores in the Oxygen Minimum Zone," *Proceedings of the Royal Society of London B: Biological Sciences* (2012): 4559-4567.

13 Julia S. Stewart, Elliott L. Hazen, Steven J. Bograd, et al., "Combined Climate- and

Prey—Mediated Range Expansion of Humboldt Squid (Dosidicus gigas), a Large Marine Predator in the California Current System," *Global Change Biology* 20, no. 6 (2014): 1832-1843.

14 Roy Caldwell, "Death in a Pretty Package: The Blue—Ringed Octopuses," *Freshwater and Marine Aquarium Magazine*, 23, no. 3 (2000): 8-18; reprinted http://www.thecephalopodpage.org/bluering1.php (2017년 1월 28일에 접속).

15 Roy Caldwell and Christopher D. Shaw, "Mimic Octopuses: Will We Love Them to Death?" *The Cephalopod Page*, http://www.thecephalopodpage.org/mimic.php (2017년 1월 28일 접속).

16 Ibid.

17 Jacquet, Jennifer, Becca Franks, Peter Godfrey—Smith, and Walter Sánchez—Suárez. "The case against octopus farming." *Issues in Science and Technology* 35, no. 2 (2019): 37-44.

18 캘리포니아화살꼴뚜기잡이에 관한 최신 정보는 캘리포니아 어류·야생동물부California Department of Fish and Wildlife 웹사이트에서 볼 수 있다. https://www.wildlife.ca.gov/Conservation/Marine/CPS—HMS/Market—Squid (2017년 1월 28일 접속).

19 Hoving, Henk—Jan T., S. L. Bush, S. H. D. Haddock, and B. H. Robison. "Bathyal feasting: post—spawning squid as a source of carbon for deep—sea benthic communities." *Proceedings of the Royal Society B: Biological Sciences* 284, no. 1869 (2017): 2017-2096.

20 Marnie Hanel, "The Octopus That Almost Ate Seattle," *New York Times*, October 16, 2013.

21 IUCN 적색 목록에 오른 문어 두 종은 메로우무문어*Opisthoteuthis mero*(멸종 위기 endangered 종)와 러퍼우무문어*Opisthoteuthis chathamensis*(절멸 위급critically endangered 종)다. 그 밖에도 한 종 이상이 취약vulnerable 종으로 지정되어 있고, 여러 종이 '정보 부족data deficient' 종으로 간주된다. 여기서 정보가 부족하다는 말은 해당 종

의 상태가 어떠하다고 말할 수 있을 만큼 우리가 잘 알지 못한다는 뜻이다. http://www.iucnredlist.org/details/163144/0; http://www.iucnredlist.org/details/162917/0 (2017년 1월 28일에 접속).

22 Gregory J. Barord, Frederick Dooley, Andrew Dunstan, et al., "Comparative Population Assessments of *Nautilus* sp. in the Philippines, Australia, Fiji, and American Samoa Using Baited Remote Underwater Video Systems," *PloS One* 9, no. 6 (2014): e100799.

23 그레고리 바로드가 2016년 11월 15일에 저자에게 보낸 이메일.

맺음말: 어디로 가고 있을까?

1 Zoë A. Doubleday, Thomas A. A. Prowse, Alexander Arkhipkin, et al., "Global Proliferation of Cephalopods," *Current Biology* 26, no. 10 (2016): R406-R407.

2 실제로 전 세계에서 해파리가 급증하는지에 대해서는 이론이 분분하다. 다음을 참고하라. Richard D. Brodeur, Jason S. Link, Brian E. Smith, et al., "Ecological and Economic Consequences of Ignoring Jellyfish: A Plea for Increased Monitoring of Ecosystems," *Fisheries* 41, no. 11 (2016): 630-637; and Marina Sanz-Martín, Kylie A. Pitt, Robert H. Condon, et al., "Flawed Citation Practices Facilitate the Unsubstantiated Perception of a Global Trend toward Increased Jellyfish Blooms," *Global Ecology and Biogeography* 25, no. 9 (2016): 1039-1049. 다음은 해파리 관찰에 관한 정보를 더 많이 모으기 위한 시민 과학 운동 웹사이트다. http://www.jellywatch.org/ (2017년 1월 28일에 접속).

3 Elizabeth Kolbert, *The Sixth Extinction: An Unnatural History* (A & C Black, 2014).

4 Jose C. Xavier, A. Louise Allcock, Yves Cherel, et al., "Future Challenges in Cephalopod Research," *Journal of the Marine Biological Association of the United Kingdom* 95, no. 5 (2015): 999-1015.

5 에릭 에드싱어곤잘러스와 2016년 10월 5일에 했던 스카이프 인터뷰.

6 Xavier at al., "Future Challenges," 9.

7 Ibid., 6.

8 암모나이트류 '경전'의 두 권짜리 개정판은 공교롭게도 내가 이 책을 쓰고 있는 중에 출간되었다. Christian Klug, Dieter Korn, Kenneth De Baets, et al., eds., *Ammonoid Paleobiology: From Anatomy to Ecology*, Topics in Geobiology, vol. 43 (Springer, 2015); Christian Klug, Dieter Korn, Kenneth De Baets, et al., eds., *Ammonoid Paleobiology: From Macroevolution to Paleogeography*, Topics in Geobiology, vol. 44 (Springer, 2015).

9 이자벨 크루타와 2016년 3월 31일에 했던 스카이프 인터뷰.

10 Isabelle Kruta, Isabelle Rouget, Sylvain Charbonnier, et al., "*Proteroctopus ribeti* in Coleoid Evolution," *Palaeontology* 59, no. 6 (2016): 767-773.

찾아보기

5, 139-41

껍데기 영역shell field 143-4

껍데기 주머니shell sac 143-4, 168

껍데기 펌핑shell pumping 110, 134

【ㄴ】

나선형 껍데기coiled shells 25, 32, 74-5, 82, 115, 128, 130, 141-2, 153

나선형 암모나이트 떼helical ammonites 114

나이피아Naefia 175, 185

낙엽성/탈락성 껍데기deciduous shells 70-2

남극하트지느러미오징어colossal squid(Mesonychoteuthis hamiltoni) 131, 204-6, 213

네오테티스해Neo-Tethys 254(주1)

네프, 아돌프Naef, Adolf 136, 167, 175, 226

넥토카리스Nectocaris 60-4, 76, 149

넥톤nekton 76, 113

노라, 로이Nohra, Roy 150

노라, 리즈칼라Nohra, Rizkallah 150

노섬브리아의 힐다(성녀)Hilda of Northumbria(saint) 154

누두siphon 21, 33, 59, 62, 90, 110, 120, 123, 134-8

누마이스터, 하이크Neumeister, Heike 222, 239

눈eyes 11-2, 21-2, 36, 48, 55, 62-5, 132-3, 141, 190-1, 212-4, 232

니포니테스Nipponites 105

【ㄷ】

다리arms 15, 17, 21-3, 25, 28, 33, 40-1, 80, 120, 128, 130, 146-7, 168, 199-200, 204

닥틸리오케라스 아틀레티쿰Dactylioceras athleticum 32, 34

단층촬영tomographic imaging 125, 233

단판류monoplacophorans 53-4, 144

단판류univalves 249(주12)

달팽이snails

다양성 200; 별보배조개 71-2; 분류 199-200, 249(주12); 유전체 분석 45; 해부학적 특징 25, 122, 143

대代eras 36

대량 멸종mass extinctions

'5대' 247(주25); 대멸종(페름기·트라이아스기) 91-4; 데본기 85-6; 백악기·고제3기 135, 156-63, 165, 183; 진화 38; 트라이아스기 99-100; 패턴 42

지은이 **대나 스타프**

스탠퍼드 대학교에서 무척추동물학 박사 학위를 받고 몇십 년간 두족류를 연구해왔다. 『사이언스Science』, 『아틀라스 옵스큐라Atlas Obscura』를 비롯한 여러 매체에 해양 생물에 관한 글을 기고하는 한편 『실험 생물학 저널Journal of Experimental Biology』, 『아쿠아컬처Aquaculture』 등의 학술지와 수많은 교과서에 연구 결과를 게재해왔다. 현재 캘리포니아주 북부에서 가족과 함께 살고 있다.

dannastaaf.com │ @DannaStaaf

옮긴이 **박유진**

서울대학교에서 생물학을 전공하고 번역가로 활동하고 있다. 옮긴 책으로 『수학, 영화관에 가다』, 『뉴턴과 화폐위조범』, 『브레인 온 파이어』, 『창조력 코드』, 『멋진 우주, 우아한 수학』 등이 있다.

바다의 제왕
두족류, 5억 년의 비범한 진화 이야기

2023년 12월 12일 초판 1쇄 찍음
2023년 12월 28일 초판 1쇄 펴냄

지은이 대나 스타프
옮긴이 박유진

펴낸이 정종주
편집주간 박윤선
편집 문혜림
마케팅 김창덕

펴낸곳 도서출판 뿌리와이파리
등록번호 제10-2201호 (2001년 8월 21일)
주소 서울시 마포구 월드컵로 128-4 (월드빌딩 2층)
전화 02)324-2142~3
전송 02)324-2150
전자우편 puripari@hanmail.net

표지디자인 페이지
본문조판 박마리아

종이 화인페이퍼
인쇄 및 제본 영신사
라미네이팅 금성산업

값 22,000원
ISBN 978-89-6462-195-0 (03470)